"十三五"普通高等教育规划教材

数控技术及编程应用

主　编　刘红军　任晓虹
参　编　马云存

国防工业出版社

·北京·

内 容 简 介

本书秉承"工程教育"的教学理念,在保证系统性、先进性的基础上,介绍了数控机床轨迹控制原理,通过大量典型的零件数控加工实例分析,介绍了数控加工工艺和手工编程两方面的知识,侧重数控加工技术的综合应用,以加强应用型人才的培养。

书中主要内容包括数控机床概述、数控机床轨迹控制、数控加工工艺基础知识、数控加工编程基础知识、各类常用数控机床加工程序的编程方法。

全书从培养工程技术应用型人才的目的出发,强调基础性,注重实用性,突出工程应用性,同时兼顾高等及中等职业技术教育的教学要求,强调理论联系实际。

本书可以作为一般本科、高等职业技术院校数控技术应用专业、机电类专业、机械制造及自动化等专业的教学用书,也可作为相关专业的师生和工程技术人员的参考资料和培训用书。

图书在版编目(CIP)数据

数控技术及编程应用/刘红军,任晓虹主编.—北京:国防工业出版社,2022.2
ISBN 978-7-118-10957-3

Ⅰ.①数… Ⅱ.①刘… ②任… Ⅲ.①数控机床-程序设计 Ⅳ.①TG659

中国版本图书馆 CIP 数据核字(2016)第 175307 号

※

国防工业出版社出版发行
(北京市海淀区紫竹院南路23号 邮政编码100048)
北京富博印刷有限公司印刷
新华书店经售

开本 787×1092 1/16 印张 14½ 字数 362 千字
2022 年 2 月第 1 版第 2 次印刷 印数 4001—5500 册 定价 38.00 元

(本书如有印装错误,我社负责调换)

国防书店:(010)88540777 发行邮购:(010)88540776
发行传真:(010)88540755 发行业务:(010)88540717

前　言

数控加工技术作为现代机械制造技术的基础,使得机械制造过程发生了显著的变化。现代数控加工技术与传统加工技术相比,无论在加工工艺、加工过程控制还是加工设备与工艺装备等诸多方面均有显著不同。高等院校将数控加工及编程技术作为机械类和机电类专业学生的必修知识是十分必要的。

本书从培养工程技术应用型人才的目的出发,首先介绍了数控机床及数控加工基本知识;对数控加工轨迹控制原理做了详细说明,重点介绍了逐点比较法和 DDA 法插补原理;介绍了数控加工的工艺设计知识;介绍了数控机床加工程序编制的基础知识,着重讲述了数控铣床、数控车床的编程方法。

全书强调基础性,注重实用性,突出工程应用性。例题和加工实例典型、详尽。数控加工编程各章节中的例题都是结合加工工艺分析进行加工程序编制的。各章所附的综合加工实例,则从零件图分析、数控工艺设计、数控加工程序编制几个方面,将基本概念与实际应用、数控加工程序的编制与工艺设计很好地结合在一起,以此增强数控编程技术的应用能力。

全书共分 6 章:第 1 章为概述;第 2 章为数控机床的加工轨迹控制原理;第 3 章为数控加工的工艺设计基础;第 4 章为数控加工的编程基础;第 5 章为数控铣床的程序编制;第 6 章为数控车床的程序编制。

本书由沈阳航空航天大学刘红军、纪俐、王晓燕和沈阳理工大学任晓虹、张玉璞共同编写,刘红军、任晓虹任主编。其中第 1 章由王晓燕编写,第 2 章由纪俐编写,第 3、6 章由刘红军编写,第 4、5 章由任晓虹编写,3.7 节及 4.5 节由张玉璞编写。全国自动化及系统集成标准委员会委员、沈阳景宏数控设备有限公司总工程师王军任本书主审,为本书的编写提出了许多有益的建议和支持。

由于篇幅和编者水平有限,书中难免有不足和缺点,恳请读者批评指正。

编者
2016 年 4 月

目 录

第1章 概述 ... 1
1.1 数字控制和数控机床 ... 1
1.1.1 数控机床的特点 ... 1
1.1.2 数控机床的应用 ... 2
1.1.3 数控装置的主要技术指标 ... 2
1.2 数控机床的组成与分类 ... 4
1.2.1 数控机床的组成 ... 4
1.2.2 数控机床的分类 ... 6
思考题与习题 ... 8

第2章 数控机床的加工轨迹控制原理 ... 9
2.1 数控装置的工作过程 ... 9
2.2 插补原理 ... 10
2.2.1 概述 ... 10
2.2.2 基准脉冲插补 ... 11
2.2.3 数据采样插补 ... 25
2.3 刀具补偿原理 ... 28
2.3.1 进行刀具补偿的原因 ... 28
2.3.2 刀具补偿的原理 ... 29
2.3.3 刀具半径的补偿算法 ... 30
2.3.4 刀具补偿的几种特殊情况 ... 33
2.4 进给速度控制原理 ... 34
2.4.1 进给速度控制 ... 34
2.4.2 基准脉冲法进给速度控制和加减速控制 ... 34
思考题与习题 ... 35

第3章 数控加工的工艺设计基础 ... 36
3.1 工艺规程设计概述 ... 36
3.2 数控加工工艺概述 ... 36
3.2.1 数控加工的工艺特点 ... 37
3.2.2 数控加工工艺的主要内容 ... 37
3.3 数控加工工艺性分析 ... 38
3.3.1 零件图分析 ... 38
3.3.2 零件的结构工艺性分析 ... 39
3.4 数控加工内容的选择及数控机床的合理选用 ... 39
3.4.1 数控加工内容的选择 ... 39
3.4.2 数控机床的合理选用 ... 39
3.5 数控加工工艺路线的设计 ... 41
3.5.1 定位基准的选择 ... 41
3.5.2 加工方法的选择 ... 42
3.5.3 工序的划分 ... 44
3.5.4 工序顺序的安排 ... 45
3.6 数控加工工序的设计 ... 45
3.6.1 走刀路线和工步顺序的确定 ... 45
3.6.2 工件的安装与夹具的选择 ... 48
3.6.3 刀具的选择 ... 48
3.6.4 加工余量的确定 ... 49
3.6.5 切削用量的选择 ... 49
3.7 数控夹具 ... 51
3.7.1 数控加工中使用的夹具 ... 51
3.7.2 夹具的组成 ... 51
3.7.3 数控机床夹具的作用与分类 ... 51
3.7.4 数控夹具的要求 ... 53
3.7.5 数控加工夹具的特点 ... 53
3.8 工件在数控夹具中的定位 ... 54
3.8.1 定位方式与定位元件 ... 54
3.8.2 工件以圆柱孔定位 ... 56
3.8.3 工件以圆锥孔定位 ... 57
3.9 工件的夹紧 ... 58
3.10 数控加工工艺文件 ... 61
思考题与习题 ... 63

第4章 数控加工的编程基础 ... 64
4.1 数控编程的基本概念 ... 64
4.1.1 数控编程的步骤和内容 ... 64
4.1.2 手工编程和自动编程 ... 65
4.2 程序编制中的数学处理 ... 66

  4.2.1 数控编程的数值计算 ……… 66
  4.2.2 数控编程的允许误差 ……… 72
 4.3 数控加工程序 …………………… 73
  4.3.1 相关标准 ……………………… 73
  4.3.2 加工程序中的指令字 ……… 74
  4.3.3 程序结构和程序段格式 …… 79
 4.4 数控机床的坐标系 …………… 82
  4.4.1 坐标系和运动方向的
     命名原则 ……………………… 82
  4.4.2 坐标轴的确定 ……………… 83
  4.4.3 机床坐标系与工件坐标系 … 85
  4.4.4 对刀点和换刀点的确定 …… 87
 4.5 常用编程指令及应用 ………… 88
  4.5.1 进给运动指令概述 ………… 88
  4.5.2 与坐标系有关的指令 ……… 89
  4.5.3 与坐标尺寸字尺寸数值属性
     有关的指令 …………………… 91
  4.5.4 与刀具运动方式有关的指令 … 92
  4.5.5 刀具补偿指令 ……………… 98
  4.5.6 返回参考点指令 …………… 103
 4.6 子程序和宏程序 ……………… 104
  4.6.1 子程序的应用 ……………… 104
  4.6.2 宏程序的概念及应用 …… 106
 思考题与习题 ……………………… 119

第5章 数控铣床的程序编制 …… 121

 5.1 数控铣床概述 ………………… 121
  5.1.1 铣床的分类、主要功能及
     加工对象 …………………… 121
  5.1.2 数控铣床的工艺装备及
     选用 ………………………… 123
 5.2 数控铣削加工的工艺分析与
   设计 …………………………… 129
  5.2.1 数控铣削加工的特点和
     方式 ………………………… 129
  5.2.2 数控铣削的工艺分析与
     设计 ………………………… 131
 5.3 数控铣削系统简化编程的
   方法 …………………………… 140

  5.3.1 极坐标编程 ………………… 140
  5.3.2 比例缩放编程 ……………… 142
  5.3.3 可镜像编程 ………………… 144
  5.3.4 坐标系旋转 ………………… 145
 5.4 典型结构的数控铣削加工方法
   及编程 ………………………… 147
  5.4.1 平面铣削及其编程 ………… 147
  5.4.2 轮廓铣削及其编程 ………… 151
  5.4.3 键槽加工及其编程 ………… 153
  5.4.4 型腔加工及其编程 ………… 156
 5.5 数控铣削加工综合实例 …… 161
  5.5.1 端盖零件的加工实例 …… 161
  5.5.2 动模板零件的加工实例 … 167
 思考题与习题 ……………………… 178

第6章 数控车床的程序编制 …… 181

 6.1 数控车削加工工艺 …………… 181
  6.1.1 数控车床 …………………… 181
  6.1.2 数控车削加工工艺 ………… 183
  6.1.3 典型零件的车削加工
     工艺分析 …………………… 190
 6.2 数控车床的编程基础 ………… 196
  6.2.1 数控车床的编程特点 …… 196
  6.2.2 数控车床编程的基本指令 … 196
  6.2.3 与工件坐标相关的指令 … 198
  6.2.4 返回参考点(G28)和返回
     参考点检查(G27) ………… 199
  6.2.5 与运动方式相关的G指令 … 200
  6.2.6 刀尖圆弧自动补偿功能 … 205
 6.3 数控车床的循环指令 ………… 207
  6.3.1 单一固定循环指令 ………… 207
  6.3.2 复合固定循环指令 ………… 209
  6.3.3 螺纹加工 …………………… 213
 6.4 编程与加工举例 ……………… 216
 6.5 数控车削加工综合实例 …… 220
 思考题与习题 ……………………… 223

参考文献 ………………………………… 226

第1章 概 述

1.1 数字控制和数控机床

数字控制(Numerical Control,NC)简称数控,是指用数字化信号对机床或加工过程进行控制的技术,包括对机床工作台运动的控制和各种开关量的控制。实现数字控制技术的设备就称为数控系统,装备了数控系统的机床称为数控机床。

用数控机床加工工件时,首先由编程人员按照零件的几何形状和加工工艺要求,将加工过程编成加工程序并记录在介质上。常用的记录加工程序的介质有纸带、磁带和磁盘等。数控系统首先读入记录在介质上的加工程序,由数控装置将其翻译成机器能够理解的控制指令,再由伺服系统将其变换和放大后驱动机床上的主轴电动机和进给伺服电动机转动,并带动机床的工作台移动,实现加工过程。数控系统实质上是完成了手工加工中操作者的部分工作。

数控装置是实现数控技术的关键,数控装置完成了数控程序的读入、解释,并根据数控程序的要求对机床进行运动和逻辑控制。在早期的数控装置中,所有这些工作都是由数字逻辑电路实现的,称为硬件数控。现代数控技术中,数控装置的大部分工作都是由计算机系统完成的。以计算机系统为主构成的数控装置称为计算机数控系统(Computer Numerical Control,CNC)。CNC装置中的数字信息处理功能主要由软件实现,因而十分灵活,并且可以处理逻辑电路难以处理的复杂信息,使数控装置的功能大大提高。现在的数控装置几乎都是计算机数控装置。

1.1.1 数控机床的特点

和普通机床相比,用数控机床有下列优点:

1. 适应性强

由于市场对产品的需求逐渐趋向于多样化,实现单件、小批量产品的生产自动化是制造业的当务之急。传统机床更换产品,往往要更换许多工装,费时费力。由于数控机床的零件制造信息是记录在介质上的加工程序,所以更换被加工零件时,只要改变加工程序就可以在短时间内加工出新的零件。因而使用数控机床进行生产,准备周期短,灵活性强,为多品种小批量生产和新产品的研制提供了方便。

2. 加工精度高、质量稳定

普通机床是靠人工控制切削用量,靠不断地测量来保证加工精度的,因此工件的加工精度和操作者的技术水平有很大的关系。数控机床的切削用量由加工程序指定,并且由数控系统自动控制机床实现,避免了人为的经验不足和操作失误以及每一次加工过程中参数控制的不一致。因此,数控机床能够达到较高的加工精度,特别是加工精度的一致性。现代数控系统还可以利用控制软件补偿机床本身的系统误差、利用自适应控制消除各种随机误差,获得更高的加工精度。

3. 生产效率高、经济效益好

数控机床的主轴转速和进给量的变化范围较大,因而在每道工序中都能选用最佳的切削用量。另外,数控机床结构简单,刚性通常较大,可以使用较大的切削用量,因而获得较高的生产率。数控机床的生产率高还因为它可以减少加工过程的辅助时间。对于复杂的零件可以用计算机辅助编程软件迅速编制加工程序;数控机床加工中通常使用较简单的夹具,减少了生产准备时间和装夹时间;尤其是使用带有刀具库和自动换刀装置的加工中心时,工件往往一次装夹就能完成多道工序的加工,减少了半成品的周转时间,生产率的提高更加明显。同时,由于减少了样板、靠模和钻模板等专用工装的制造,也降低了生产成本。

4. 减轻操作者的劳动强度、操作简单

数控机床是由程序控制机床工作的,操作者一般只需装卸零件和更换刀具并监督机床的运行,因而大大减轻了操作者的劳动强度,减少了对熟练技术工人的需求。

5. 有利于生产管理的现代化

用数控机床加工零件时,能准确计算零件的加工工时,并简化了检验、工装和半成品管理工作,这些特点都有利于生产管理的现代化。

6. 具有故障诊断和监控能力

CNC 系统一般具有用软件查找故障的功能,数控系统的故障可以通过诊断程序自动查找出来并显示在屏幕上,而且可以诊断出故障的种类,极大地提高了检修的效率。现代 CNC 系统还可以通过网络将数控机床的工作状态和故障信息传给远方的数控机床维修中心或生产厂家,帮助诊断一些疑难故障,在维修中心或生产厂家的指导下快速完成数控机床的修复。

但另一方面,数控机床在使用中也存在一些问题,主要有:

(1) 造价相对较高。

(2) 调试和维修比较复杂,需要专门的技术人员。

(3) 对编程人员的技术水平要求较高。

随着技术的进步,数控机床的造价已经有了较大幅度的下降,这使得越来越多的中小企业采用数控机床作为主要加工手段。

1.1.2 数控机床的应用

(1) 当零件不太复杂,生产批量又较小时,宜采用通用机床;当生产批量很大时,宜采用专用机床;而随着零件复杂程度的提高,数控机床越来越变得适用。

(2) 在多品种、小批量情况下,使用数控机床能获得较高的经济效益。

1.1.3 数控装置的主要技术指标

数控装置的性能指标反映了数控系统的基本性能,是选择数控系统的主要依据。

1. 控制轴数和联动轴数

控制轴数说明数控装置最多可以控制多少个坐标轴,其中包括移动坐标轴和回转坐标轴。通常用 X、Y、Z 表示三个相互垂直的移动坐标轴,用 A、B、C 分别表示绕 X、Y、Z 回转的坐标轴。

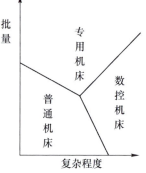

图 1-1 数控机床应用

联动轴数表示数控装置可按一定的规律同时控制其运动的坐标轴数,联动轴数和控制轴数是不同的概念。联动轴数越多,说明数控装置加工复杂空间曲面的能力越强,当然编程也越复杂。

2. 插补功能

插补功能表示数控装置能够按照什么样的规律协调控制多个坐标轴的运动。简单的数控装置只能实现直线和圆弧插补,高档的数控装置除直线和圆弧外还可具有抛物线、螺旋线、样条函数等复杂曲线的插补功能。插补坐标系可以从直角坐标系扩展到极坐标系、圆柱坐标系等。

3. 脉冲当量(分辨率)

脉冲当量反映了数控装置的运动控制精度,有两层含义:一是表示机床坐标轴可以达到的控制精度,表示数控装置每发一个控制脉冲,机床的移动部件所移动的距离,称为外部脉冲当量;二是指数控装置内部运算的最小单位,称为内部脉冲当量。一般内部脉冲当量比实际脉冲当量要小,为的是在运算当中不损失精度。数控装置在输出运动控制量之前,自动将内部脉冲当量转换为外部脉冲当量。

4. 定位精度和重复精度

定位精度指实际位置与指令位置的一致程度,定位误差是指系统稳定以后实际位置和指令位置之差;重复精度指在相同的条件下,操作方法不变,进行规定次数的操作所得到的实际位置的一致程度,其最大不一致量称为重复定位误差。

5. 行程

行程表示数控装置的控制范围和加工范围,例如 ±9999.999mm 表示数控装置的控制范围为 -9999.999mm ~ +9999.999mm,控制范围的大小反映了数控装置内部数据位数的多少。

6. 主轴转速和调节范围

主轴转速以每分钟转速的形式指定。机床面板上通常设有主轴转速倍率旋钮,倍率旋钮可以在不改变程序的情况下调整主轴转速,例如调节范围为 50% ~ 120% 时,可以将程序设定的转速在 50% ~ 120% 的范围内调节。具有恒线速功能的数控装置可以保证数控车床在端面切削时获得恒定的切削速度。

7. 进给速度和调节范围

刀具的进给速度以每分钟进给距离的形式给定。其中最大进给速度表示数控装置在给定的定位精度下所能达到的最大进给速度,它是评价数控装置实时性和高速加工能力的标志。最大快进速度表示工作台快速进给时所能达到的最大速度。和主轴转速一样,进给速度可以用机床控制面板上的倍率旋钮在一定范围内进行调节。

8. 准备功能(G 功能)

准备功能用来指示机床的动作方式,包括移动功能、程序暂停、平面选择、坐标设定、返回参考点、固定循环、公英制转换等。一般情况下,准备功能的数量越多,数控装置的功能越强。

9. 辅助功能(M 功能)

辅助功能用来指示机床执行主轴的起停、方向变换、切削液的开关、刀库的起停等动作。它也是衡量数控装置功能的一个重要指标。M 功能有立即型和段后型两种,立即型 M 指令在程序段开始动作时立即执行,段后型指令在程序段完成时才起作用。

10. 刀具的管理和补偿功能

用来选择刀具的指令,以 T 为字地址。数控装置应能根据 T 指令从一定容量的刀库中选择加工时所需的刀具。现代数控装置还可以进行刀具的半径补偿、长度补偿、寿命管理、自动测量等。

11. 零件程序的管理

零件程序管理功能反映在数控装置中可同时存储的零件加工程序的个数和可存储零件加工程序的长度。例如,用给出程序的字节数表示加工程序的长度,如 64KB、128KB。

12. 零件程序结构和编辑

零件程序的结构包括程序名的位数、程序段序号位数、是否可以调用子程序、子程序的嵌套层数、是否允许使用用户宏程序等。数控装置提供的零件程序结构越灵活,用户用起来越方便,编出的零件程序就越简单。

零件程序的编辑指数控装置的程序输入方式,通常包括手动输入(MDI)方式、数据输入方式和图形输入方式,其中图形输入方式最为方便。

13. 程序控制功能

数控装置通常能控制程序段的执行方式,包括程序段的跳步、机械运动屏蔽、辅助功能屏蔽、单段运行、加工仿真、示教功能等。一般地说,程序控制功能越丰富,用户使用越方便。

14. 误差补偿功能

加工过程中,机械传动链中往往存在反向间隙和螺距误差,导致实际加工出的零件尺寸和程序指定的尺寸不一样,造成加工误差。现代数控装置中一般具有反向间隙补偿和螺距误差补偿功能,把误差补偿量输入数控装置的存储器中,数控装置按补偿量修正刀具的位置坐标,加工出符合要求的零件。

15. 自动加减速功能

为保证伺服电动机在启动、停止或速度改变时不产生冲击、丢步、超程或振荡,必须对送到伺服电动机的进给脉冲频率或电压进行控制。在电动机启动、停止或速度大幅度变化时,控制加在伺服电动机上的进给脉冲频率或电压逐渐地变化。具有加减速控制功能的数控机床能够平稳地实现较高的进给速度。

16. 开关量接口

数控装置要通过开关量接口接收来自机床的信息,辅助功能、速度功能和刀具功能的处理结果要以 BCD 码的形式输出后才能控制机床的动作,一般 BCD 码的位数越多,系统的功能越强。

17. 机床的逻辑控制功能

现代数控装置往往具有内装型 PLC。PLC 的性能包括输入/输出点数、编程语言、指令条数、程序容量等。无内装 PLC 的数控装置,对复杂的顺序控制要借助于外部的 PLC 来完成。

18. 字符/图形显示

数控装置可配置彩色显示器,通过软件接口实现字符和图形显示。显示器可显示零件加工程序、加工参数、各种补偿量、坐标位置、故障信号、零件图形、刀具轨迹等。显示的内容越丰富、清晰,使用越方便。

19. 通信与通信协议

数控装置一般备有 RS232 接口,有的还配有 DNC 接口,并设有缓冲区,进行高速传输,高档数控装置还可以与 MAP 相连,接入工厂的通信网络,以适应 FMS、CIMS 的要求。

20. 自诊断功能

数控装置中设置有各种诊断程序,在故障发生后可迅速查明故障类型和部位,以便及时排除故障、减少停机时间和防止故障的扩大。诊断程序可以镶嵌在系统程序中,也可以是服务性程序。

以上性能指标可供选择数控装置时参考,随着数控技术的发展,数控装置的性能指标也在不断地丰富和提高。一般来说,性能越高的数控装置,价格也越高,所以对用户来说,应根据自己的实际需要,综合考虑性能和价格,作出最经济、实用的选择。

1.2 数控机床的组成与分类

1.2.1 数控机床的组成

图 1-2 是数控机床的组成框图。数控机床一般由输入输出设备、数控装置、主轴和进给伺

服单元、位置检测装置、PLC及其接口电路和机床本体等几部分组成。除了机床本体以外的部分统称为数控系统,数控装置是数控系统的核心。下面分别简要介绍各组成部分。

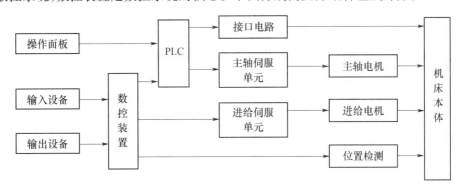

图1-2 数控机床的组成

1. 输入/输出设备

数控机床加工前,必须读入操作人员编好的零件加工程序,在加工过程中,要把加工状态告诉操作人员,包括刀具的位置、各种报警信息等,以便操作人员了解机床的工作情况,及时解决加工中出现的各种问题。这就是输入/输出设备的作用。最常用的输入设备是键盘,操作人员可以通过键盘输入,编辑和修改零件加工程序或输入控制指令。常见的输入设备还有纸带阅读机和串行输入/输出接口,纸带阅读机用来读入记录在纸带上的加工程序,串行输入/输出接口用来以串行通信的方式与上级计算机或其他数控机床传递加工程序。随着计算机技术的发展,一些计算机通用技术逐渐融入数控系统,计算机中的所有输入方式都将出现在数控系统中。

目前常见的输出设备是显示器,数控系统通过显示器为操作人员提供必要的信息,一般显示的信息包括正在编辑或运行的程序、当前的切削用量、刀具位置、各种故障信息、操作提示等。高档数控系统还可以用图形方式显示刀具的位置,看起来更加直观。随着计算机网络技术在数控系统中的应用,某些数控系统还可以通过局域网或Internet读入或输出零件加工程序或传递各种信息。

2. 数控装置

数控装置是数控系统的核心,数控装置由硬件和软件两大部分组成。现代数控系统普遍采用通用计算机作为数控装置的主要硬件,包括微型机系统的基本组成部分:CPU、存储器、局部总线以及输入/输出接口等。软件部分就是通常所说的数控系统软件。数控装置的基本功能:读入零件加工程序,根据加工程序所指定的零件形状计算出刀具中心的移动轨迹,并按照程序指定的进给速度求出每个微小的时间段(插补周期)内刀具应该移动的距离,在每个时间段结束前,把下一个时间段内刀具应该移动的距离送给进给伺服单元。数控装置的工作原理详见第2章。

3. 伺服单元

伺服单元包括主轴伺服单元和进给伺服单元两部分,主轴伺服单元接收来自PLC的转向和转速指令,经过功率放大后驱动主轴电动机转动。进给伺服单元在每个插补周期内接收数控装置的位移指令,经过功率放大后驱动进给电动机转动,同时完成速度控制和反馈控制功能。根据所选电动机的不同,伺服单元的控制对象可以是步进电动机、直流伺服电动机或交流伺服电动机,每种伺服电动机的性能和工作原理都不同。步进电动机是最简单的伺服电动机,随着交流电动机调速技术的发展,交流伺服系统的应用越来越普遍。

4. 可编程逻辑控制器（PLC）

PLC 和数控装置配合共同完成数控机床的控制,数控装置主要完成与数字运算和管理等有关的功能,如零件程序的编辑、译码、插补运算、位置控制等。PLC 主要完成与逻辑运算关的动作,将零件加工程序中的 M 代码、S 代码、T 代码等顺序动作信息译码后转换成对应的控制信号。控制辅助装置完成机床的相应开关动作,如工件的装夹、刀具的更换、切削液的开关等一些辅助功能;它接收来自机床操作面板和数控装置的指令,一方面通过接口电路直接控制机床的动作,另一方面通过伺服单元控制主轴电动机的转动。

用于数控机床的 PLC 一般分为两类:一类是内装型(或集成型)PLC,即数控系统生产厂家为实现数控机床的顺序控制,而将数控装置和 PLC 综合起来设计的 PLC;另一类是独立型(或外置型)PLC,即用 PLC 专业化生产厂家独立的 PLC 产品来实现顺序控制功能的 PLC。

5. 机床本体

数控机床的本体可以在普通机床的基础上改装,也可以单独设计。和普通机床比较,数控机床的机械部分有以下特点:

(1)数控机床的切削用量通常较普通机床大,所以要求机械部分有更大的刚度。

(2)数控机床的导轨要采取防止爬行的措施,如采用滚动导轨或塑料涂层导轨。

(3)数控机床的机械传动链要尽量地短,齿轮传动副和丝杠螺母副要采取消除间隙措施,一般采用滚珠丝杠以获得较好的动态性能。

(4)对要求加工精度较高的数控机床还应采取减小热变形、提高精度的措施。

6. 位置检测装置

位置检测装置也称反馈元件,通常安装在机床的工作台上或丝杠上,用来检测工作台的实际位移或丝杠的实际转角。在闭环数控系统中,这个实际的位移或转角要反馈给数控装置,由数控装置计算出实际位置和指令位置之间的差值,并根据这个差值的方向和大小控制机床,使之朝着减小误差的方向移动。位置检测装置的精度直接决定了数控机床的加工精度。

1.2.2 数控机床的分类

目前,数控机床的品种齐全,规格繁多,为了研究方便,可以从不同的角度对数控机床进行分类,常见的有以下几种分类方法:

1. 按控制轨迹的特点分类

1) 点位控制数控机床

点位控制数控机床的数控装置只要求能够精确地控制一个坐标点到另一个坐标点的定位精度,而不管从一点到另一点是按什么轨迹运动,在移动过程中不进行任何加工,其目的是精确定位和提高生产率。系统首先高速运行,然后按 1~3 级减速,使之慢速趋近定位点,减小定位误差。这类数控机床主要有数控钻床、数控坐标镗床、数控冲床和数控测量机等。

2) 直线控制数控机床

直线控制数控机床一般要在两点间移动的同时进行切削加工,所以不仅要求具有准确的定位功能,还要求从一点到另一点之间按直线规律运动,而且对运动的速度也要进行控制,对于不同的刀具和工件,可以选择不同的进给速度。这类机床包括简易数控车床、数控铣床等。一般情况下,这些机床可以有 2~3 个可控轴,但一般同时控制轴数只有 2 个。

3) 轮廓控制数控机床

这类机床的数控装置能同时控制 2 个或 2 个以上坐标轴,具有直线和圆弧或高次曲线插补功能,对位移和速度进行严格、不间断地控制,具有轮廓加工功能,即可以加工曲线或曲面形状的零件。例如有两坐标及两坐标以上的数控铣床,可以加工回转曲面的数控车床、加工中心等。

按联动轴数,可以分为 2 轴联动、2.5 轴联动、3 轴联动、4 轴联动和 5 轴联动的数控机床,其中 2.5 轴联动是指 3 个控制轴中只有 2 个轴具有联动功能。

2. 按伺服系统的类型分类

1) 开环控制数控机床

这类数控机床没有检测反馈装置,数控装置发出的指令信号流程是单向的,其精度主要取决于驱动元件和伺服电动机的性能,开环数控机床所用的电动机主要是步进电动机。这类机床性能比较稳定,调试方便,适用于经济型、中小型机床。图 1-3 为开环数控系统的示意图。

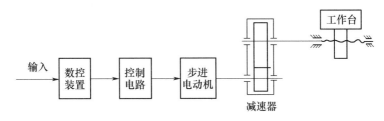

图 1-3 开环控制系统示意图

2) 闭环控制数控机床

这类机床的数控装置将插补器发出的指令信号与测得的工作台实际位置的反馈信号进行比较,根据其差值不断控制机床运动,进行误差修正,直至差值消除为止。采用闭环控制的数控机床可以消除传动部件制造中存在的误差给工件加工带来的影响,从而得到很高的精度。但是,由于很多机械传动环节包括在闭环控制的环路内,各部件的摩擦特性、刚性以及间隙等都是非线性量,直接影响伺服系统的调节参数。因此,闭环系统的设计和调整都有较大的难度,设计或调整得不好,很容易造成系统的不稳定。所以闭环数控机床主要用于一些精度要求很高的镗铣床、超精车床、超精磨床等。图 1-4 为闭环数控系统的示意图。

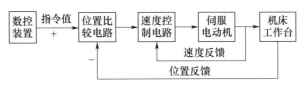

图 1-4 闭环控制系统

3) 半闭环控制数控机床

大多数数控机床采用半闭环控制系统,它的检测元件装在电动机或丝杠的端部。这种系统的闭环环路内不包括机械传动环节,因此可以获得稳定的控制特性。如果采用高分辨率的检测元件,则可以获得比较满意的精度与速度。图 1-5 为半闭环数控系统的示意图。

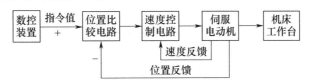

图 1-5 半闭环控制系统

3. 按功能水平分类

按功能水平可以把数控系统分为高级型、普及型和经济型 3 种。这种分类方法没有明确的定义和确切的界限。通常可以用下列指标作为评价数控系统档次的参考条件：主 CPU 档次、分辨率和进给速度、联动轴数、伺服水平、通信功能、人机界面等。

1）高级型数控系统

高级型数控系统一般采用 32 位或更高性能的 CPU，联动轴数在 5 轴以上，分辨率小于或等于 $0.1\mu m$，进给速度一般大于或等于 24m/min（$1\mu m$ 时）或大于或等于 10m/min（$0.1\mu m$ 时），采用数字化交流伺服驱动，具有 MAP 等高性能通信接口，有联网功能，具有三维动态图形显示功能。

2）普及型数控系统

普及型数控系统一般采用 16 位或更高性能的 CPU，联动轴数在 5 轴以下，分辨率为 $1\mu m$，进给速度小于或等于 24m/min，采用交、直流伺服驱动，具有 RS232 或 DNC 通信接口，有 CRT 字符显示和图形显示功能。

4. 经济型数控系统

经济型数控系统一般采用 8 位 CPU 单片机，联动轴数在 3 轴以下，分辨率为 0.01mm，进给速度为 6~8m/min，采用步进电动机驱动，具有简单的 RS232 通信功能，用数码管或简单 CRT 显示字符。我国现阶段的经济型数控系统大多数是开环数控系统。

思考题与习题

1. 什么是数控机床？
2. 数控（NC）和计算机数控（CNC）有何区别和联系？
3. 简述闭环控制系统的控制原理，以及它与开环及半闭环数控系统的区别。

第2章 数控机床的加工轨迹控制原理

2.1 数控装置的工作过程

CNC装置的工作是在硬件的支持下执行软件的过程,其工作过程如下。

1. 程序输入

将编写好的数控加工程序输入给CNC装置的方式有纸带阅读机输入、磁盘输入、通信接口输入及连接上一级计算机的DNC(Direct Numerical Control)接口输入。CNC装置在输入过程中还要完成校验和代码转换等工作,输入的全部信息都存放到CNC装置的内部存储器(RAM)中。

2. 译码

在输入的工件加工程序中含有工件的轮廓信息(起点、终点、直线、圆弧等)、加工速度(F代码)及其他辅助功能(M、S、T)信息等,译码程序以一个程序段为单位,按一定规则将这些信息翻译成计算机内部能识别的数据形式,并以约定的格式存放在指定的内存区间。

3. 数据处理

数据处理程序一般包括刀具半径补偿、速度计算以及辅助功能处理。刀具半径补偿是把零件轮廓轨迹转化成刀具中心轨迹,编程员只需按零件轮廓轨迹编程即可,减轻了工作量。速度计算是解决该加工程序段以什么样的速度运动的问题:编程所给定的进给速度是合成速度,速度计算是根据合成速度来计算各坐标轴运动方向的分速度,从而实现各坐标轴的控制。另外,还包括对机床允许的最低速度和最高速度的限制进行判断并处理。辅助功能,如换刀、主轴启停、切削液开关等一些开关量信号,也在此程序中处理。辅助功能处理的主要工作是识别标志,在程序执行时发出信号,让机床相应部件执行这些动作。

4. 插补

插补的任务是通过插补计算程序在已知有限信息的基础上进行"数据点的密化"工作,即在起点和终点之间插入一些中间点。

5. 位置控制

位置控制可以由软件实现,也可以由硬件实现。它的主要任务是在每个采样周期内,将插补计算的理论位置与实际反馈位置相比较,用其差值控制进给电动机,进而控制工作台或刀具的位移。插补周期可以与系统的位置控制采样周期相同,也可以是位置控制采样周期的整数倍。这是由于插补运算比较复杂,处理时间较长,而位置控制算法相对比较简单,处理时间较短,所以插补运算的结果可供位置环多次使用。

6. 输入/输出(I/O)处理控制

I/O处理主要处理CNC装置和机床之间来往信号的输入和输出控制。

7. 显示

CNC装置的显示主要是为操作者了解系统运行状态提供方便,通常有零件程序显示、参数设置、刀具位置显示、机床状态显示、报警显示、刀具加工轨迹动态模拟显示以及在线编程时的图形显示等。

8. 诊断

主要是指 CNC 装置利用内装诊断程序进行自诊断,主要有启动诊断和在线诊断。启动诊断是指 CNC 装置每次从通电开始进入正常的运行准备状态中,系统相应的内装诊断程序通过扫描自动检查系统硬件、软件及有关外设是否正常。只有当检查的每个项目都确认正确无误之后,整个系统才能进入正常的准备状态。否则,CNC 装置将通过报警方式指出故障信息,此时启动诊断过程不能结束,系统不能投入运行。在线诊断程序是指在系统处于正常运行状态中,由系统相应的内装诊断程序,通过定时中断周期扫描检查 CNC 装置本身以及各外设。只要系统不停电,在线诊断就不会停止。

2.2 插补原理

2.2.1 概述

在数控加工中,一般已知运动轨迹的起点坐标、终点坐标和曲线方程,如何使切削加工运动沿着预定轨迹移动呢?数控系统根据这些信息实时地计算出各个中间点的坐标,通常把这个过程称为"插补"。插补实质上是根据有限的信息完成"数据点的密化"工作。

加工各种形状的零件轮廓时,必须控制刀具相对工件以给定的速度沿指定的路径运动,即控制各坐标轴按某一规律协调运动,这一功能为插补功能。对于平面曲线的运动轨迹,需要 2 个运动来协调;对于空间曲线或曲面,则要求 3 个或 3 个以上的坐标产生协调运动。

插补工作可由硬件逻辑电路或执行软件程序来完成,在 CNC 系统中,插补工作一般由软件完成,软件插补结构简单、灵活易变、可靠性好。

插补运算速度直接影响系统的控制速度,而插补计算精度又影响到整个 CNC 系统的精度。因此,人们一直在努力探求一种计算速度快同时精度又高的插补方法。目前普遍应用的两类插补方法为基准脉冲插补和数据采样插补。

1. 基准脉冲插补

基准脉冲插补又称脉冲增量插补,这类插补算法是以脉冲形式输出,每插补运算一次,最多给每轴一个进给脉冲。把每次插补运算产生的指令脉冲输出到伺服系统,以驱动工作台运动,每发出一个脉冲,工作台移动一个基本长度单位,也称脉冲当量,脉冲当量是脉冲分配的基本单位。输出脉冲的最大速度取决于插补软件进行一次插补运算所需时间,例如,某基准脉冲插补算法大约需要 $40\mu s$ 的处理时间,当系统脉冲当量为 $0.001mm/$脉冲时,可求得单个坐标的极限速度为 $1.5m/min$。由此可知,进给速度受到限制。

2. 数据采样插补

数据采样插补又称时间增量插补,这类算法插补结果输出的不是脉冲,而是标准二进制数。根据程编进给速度,把轮廓曲线按插补周期分割为一系列微小直线段,然后将这些微小直线段对应的位置增量数据进行输出,以控制伺服系统实现坐标轴的进给。插补结果是一条微小直线段,进给速度越快,线段越长,它的进给速度不受限制,但插补程序比较复杂。插补周期与采样周期相同时,插补程序在每个采样周期中被调用一次,计算出各个坐标轴在一个周期内应进给的增量,就可以得到相应的指令位置。将指令位置与采样所得的实际位置进行比较,可求出跟随误差。根据所求得的跟随误差可计算出相应坐标轴的进给速度,并输出给驱动装置,从而使工作台向减少误差的方向移动,数据采样插补适用于以直流或交流伺服电动机作为执行元件的闭环和半闭环数控系统。

插补计算是计算机数控系统中实时性很强的一项工作,必须在有限的时间内完成计算任务,为了提高计算速度,缩短计算时间,可按以下结构方式进行改进。

1) 采用软/硬件结合的两级插补方案

由计算机软件先将加工轮廓按插补周期分割成若干微小直线段,这个过程为粗插补,接着利用硬件插补器对粗插补输出的线段再进行插补,以脉冲形式输出,这个过程为精插补,通过两者的配合,可实现高性能轮廓插补。采用粗、精二级插补的方法,对计算机的运算速度要求不高。该方法的响应速度和分辨率都比较高。

2) 采用多 CPU 的分布式处理方案

将数控系统的全部功能划分为几个子功能模块,并分别分配一个独立的 CPU 来完成该项子功能,可以专门由一个 CPU 承担插补工作,然后由系统软件来协调各个 CPU 之间的工作。

3) 采用单台高性能微型计算机方案

该方案采用性能极强的单台微型计算机来完成整个数控系统的软件功能。

2.2.2 基准脉冲插补

1. 逐点比较法

加工图 2-1 所示圆弧 AB,如果刀具在起始点 A,可以沿 -Y 或 +X 方向进给,假设让刀具先从 A 点沿 -Y 方向走一步,刀具处在圆内 1 点。为使刀具逼近圆弧,同时又向终点移动,需沿 +X 方向走一步,使得刀具到达 2 点,该点仍位于圆弧内,需再沿 +X 方向走一步,到达圆弧外 3 点,然后再沿 -Y 方向走一步,如此继续移动,直至走到终点。

加工图 2-2 所示直线 OE 也一样,先从 O 点沿 +X 方向进给一步,刀具到达直线下方的 1 点,为逼近直线,第二步应沿 +Y 方向移动,到达直线上方的 2 点,再沿 +X 方向进给,直到终点。

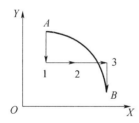
图 2-1 圆弧插补轨迹

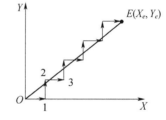
图 2-2 直线插补轨迹

所谓逐点比较法,就是每走一步都要和给定轨迹比较一次,根据比较结果决定下一步的进给方向,使刀具向减小偏差的方向并趋向终点移动,刀具所走的轨迹应该和给定轨迹非常相"像"。直线和圆弧是构成轮廓的基本几何元素,逐点比较法可以插补直线和圆弧,以折线逼近理论轨迹。

1) 插补原理

一般来说,逐点比较法插补过程可按以下 4 个步骤进行:

(1) 偏差判别:根据刀具当前位置,确定进给方向。

(2) 坐标进给:使加工点向给定轨迹趋进,即向减少误差方向移动。

(3) 偏差计算:计算新加工点与给定轨迹之间的偏差,作为下一步判别依据。

(4) 终点判别:判断是否到达终点,若到达,结束插补;否则,继续这 4 个步骤(图 2-3)。

逐点比较法特点:运算简单,过程清晰,插补误差小于一个脉冲当量,输出脉冲均匀,输出脉冲速度变化小,调节方便,但不易实现两坐标以上的插补。

2)直线插补

图 2-4 所示第一象限直线 OE,起点 O 为坐标原点,用户编程时,给出直线的终点坐标 $E(X_e,Y_e)$,直线方程为

$$X_e Y - X Y_e = 0 \qquad (2-1)$$

直线 OE 为给定轨迹,P 为动点坐标,动点与直线的位置关系有 3 种情况:动点在直线上方;动点在直线上;动点在直线下方。

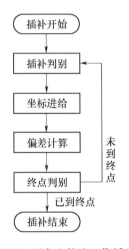
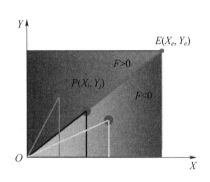

图 2-3 逐点比较法工作循环图　　图 2-4 动点与直线位置关系

(1) P 点在直线上方,则有

$$X_e Y - X Y_e > 0$$

(2) P 点在直线上,则有

$$X_e Y - X Y_e = 0$$

(3) P 点在直线下方,则有

$$X_e Y - X Y_e < 0$$

因此,可以构造偏差函数为

$$F = X_e Y - X Y_e$$

对于第一象限直线,其偏差符号与进给方向的关系如下:

$F=0$ 时,表示动点在 OE 上,可向 $+X$ 向进给,也可向 $+Y$ 向进给。

$F>0$ 时,表示动点在 OE 上方,应向 $+X$ 向进给,

$F<0$ 时,表示动点在 OE 下方,应向 $+Y$ 向进给。

这里规定动点在直线上时,为了插补能继续进行,要从无偏差状态到有偏差状态,可将其归入 $F>0$ 的情况一同考虑。

插补工作从起点开始,走一步,计算一步,判别一次,再走一步,当沿两个坐标方向走的步数分别等于 X_e 和 Y_e 时,停止插补。

因为插补过程中,每走完一步都要算一次新的偏差,如果按式(2-2)计算,需进行两次乘法和一次减法计算,运算复杂,速度较慢。下面介绍一种改进算法将偏差函数 F 的运算采用递推算法予以简化。动点 $P_i(X_i,Y_i)$ 的 F_i 值为

$$F_i = X_e Y_i - X_i Y_e \qquad (2-2)$$

若 $F_i \geq 0$,则表明 $P_i(X_i,Y_i)$ 点在 OE 直线上方或在直线上,应沿 $+X$ 向走一步,假设坐标值

的单位为脉冲当量,走完该步后新的坐标值为(X_{i+1},Y_{i+1}),且$X_{i+1}=X_i+1,Y_{i+1}=Y_i$,新点的偏差函数为

$$F_{i+1}=X_eY_{i+1}-X_{i+1}Y_e=X_eY_i-(X_i+1)Y_e$$
$$=X_eY_i-X_iY_e-Y_e$$

即
$$F_{i+1}=F_i-Y_e \qquad (2-3)$$

若$F_i<0$,则表明$P_i(X_i,Y_i)$点在OE的下方,应向$+Y$方向进给一步,新点坐标值为(X_{i+1},Y_{i+1}),且$X_{i+1}=X_i,Y_{i+1}=Y_i+1$,新点的偏差函数为

$$F_{i+1}=X_eY_{i+1}-X_{i+1}Y_e=X_e(Y_i+1)-X_iY_e$$
$$=X_eY_i-X_iY_e+X_e$$

即
$$F_{i+1}=F_i+X_e \qquad (2-4)$$

式(2-3)和式(2-4)是简化后的偏差计算公式,采用递推算法后,不用乘法,只用加减法,并且只需要终点坐标,不必计算和保存刀具中间点的坐标,计算量和运算时间减少,插补速度提高。

当开始加工时,将刀具移到起点,刀具正好处于直线上,偏差为零,即$F=0$,根据这一点偏差可求出新一点偏差,随着加工的进行,每一新加工点的偏差都可由前一点偏差和终点坐标相加或相减得到。

在插补计算、进给的同时还要进行终点判别。常用终点判别方法,是设置一个长度计数器,从直线的起点走到终点,刀具沿X轴应走的步数为X_e,沿Y轴走的步数为Y_e,计数器中存入X和Y两坐标进给步数总和$n=|X_e|+|Y_e|$,当X或Y坐标进给时,计数器减1,当计数长度减到0,即$n=0$时,停止插补,到达终点。

【例2-1】 加工第一象限直线OE,如图2-5所示,起点为坐标原点,终点坐标为$E(X_e,Y_e)$。其中$X_e=5,Y_e=3$,试用逐点比较法对该段直线进行插补,并画出插补轨迹。

直线插补运算过程见表2-1,插补轨迹见图2-5。

表2-1 直线插补运算过程

序号	工作步骤			
	判 别	进 给	运 算	比 较
1	$F_{00}=0$	$+\Delta x$	$F_{10}=F_{00}-y_e=0-3=-3$;$n_7=n_8-1=8-1=7$	$n\neq 0$
2	$F_{10}=-3<0$	$+\Delta y$	$F_{11}=F_{10}+x_e=-3+5=2$;$n_6=n_7-1=7-1=6$	$n\neq 0$
3	$F_{11}=2>0$	$+\Delta x$	$F_{21}=F_{11}-y_e=2-3=-1$;$n_5=n_6-1=6-1=5$	$n\neq 0$
4	$F_{21}=-1<0$	$+\Delta y$	$F_{22}=F_{21}+x_e=-1+5=4$;$n_4=n_5-1=5-1=4$	$n\neq 0$
5	$F_{22}=4>0$	$+\Delta x$	$F_{32}=F_{22}-y_e=4-3=1$;$n_3=n_4-1=4-1=3$	$n\neq 0$
6	$F_{32}=1>0$	$+\Delta x$	$F_{42}=F_{32}-y_e=1-3=-2$;$n_2=n_3-1=3-1=2$	$n\neq 0$
7	$F_{42}=-2<0$	$+\Delta y$	$F_{43}=F_{42}+x_e=-2+5=3$;$n_1=n_2-1=2-1=1$	$n\neq 0$
8	$F_{43}=3>0$	$+\Delta x$	$F_{53}=F_{43}-y_e=3-3=0$;$n_0=n_1-1=1-1=0$	$n=0$

由直线插补例子看出,在起点和终点处,刀具都在直线上。通过逐点比较法,控制刀具走出一条尽量接近零件轮廓直线的轨迹,当脉冲当量很小时,刀具走出的折线非常接近直线轨迹,逼近误差的大小与脉冲当量的大小直接有关。

3)其他象限的直线插补

假设有第三象限直线OE'(图2-6),起点坐标在原点O,终点坐标为$E'(-X_e,-Y_e)$,在第

一象限有一条和它对称于原点的直线,其终点坐标为 $E(X_e,Y_e)$,按第一象限直线进行插补时,从 O 点开始将沿 X 轴正向进给改为 X 轴负向进给,沿 Y 轴正向改为 Y 轴负向进给,这时实际插补出的就是第三象限直线,其偏差计算公式与第一象限直线的偏差计算公式相同,仅仅是进给方向不同,故输出驱动时,应使 X 轴和 Y 轴电动机反向旋转。

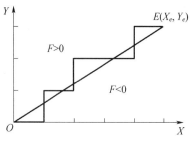

图 2-5 直线插补轨迹过程实例

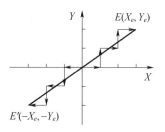

图 2-6 第三象限直线插补

4 个象限直线的偏差符号和插补进给方向如图 2-7 所示,用 L_1、L_2、L_3、L_4 分别表示第一、二、三、四象限的直线。为适用于 4 个象限直线插补,插补运算时用 $|X_e|$,$|Y_e|$ 代替 X_e,Y_e,偏差符号确定可将其转化到第一象限,动点与直线的位置关系按第一象限判别方式进行判别。由图 2-7 可见,靠近 Y 轴区域偏差大于 0,靠近 X 轴区域偏差小于 0。$F \geq 0$ 时,进给都是沿 X 轴,不管是 $+X$ 向还是 $-X$ 向,X 的绝对值增大;$F<0$ 时,进给都是沿 Y 轴,不论 $+Y$ 向还是 $-Y$ 向,Y 的绝对值增大。图 2-8 为第一象限直线插补流程图。

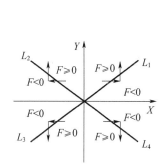

图 2-7 4 个象限直线偏差符号和进给方向

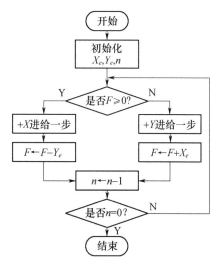

图 2-8 4 个象限直线插补流程图

4) 圆弧插补

在圆弧加工过程中,要描述刀具位置与被加工圆弧之间关系,可用动点到圆心距离大小来反映。设圆弧圆心在坐标原点,已知圆弧起点 $A(X_a,Y_a)$,终点 $B(X_b,Y_b)$,圆弧半径为 R。加工点所处位置可分为 3 种情况,即圆弧上、圆弧外、圆弧内。

当动点 $P(X,Y)$ 位于圆弧上时,有
$$X^2 + Y^2 - R^2 = 0$$

当动点 $P(X,Y)$ 位于圆弧外侧时,OP 大于圆弧半径 R,则有
$$X^2 + Y^2 - R^2 > 0$$

当动点 $P(X,Y)$ 位于圆弧内侧时，OP 小于圆弧半径 R，则有
$$X^2 + Y^2 - R^2 < 0$$
用 F 表示 P 点的偏差值，定义圆弧偏差函数判别式为
$$F = X^2 + Y^2 - R^2 \tag{2-5}$$

为使加工点逼近圆弧，动点位于圆弧外时，应向圆内进给，动点在圆弧内时，应向圆外走一步，当动点落在圆弧上时，为使加工进给继续下去，沿圆内或圆外均可，但一般约定将其与 $F>0$ 一并考虑。

图 2-9(b) 中 CD 为第一象限逆时针圆弧 NR_1，当 $F \geq 0$ 时，动点在圆弧上或圆弧外，应向圆内走一步，即向 $-X$ 向进给，然后计算出新点的偏差；当 $F<0$ 时，动点在圆内，应向 $+Y$ 向进给，计算出新一点的偏差，以此类推，走一步，算一步，直至终点。第一象限顺圆弧的进给方法与之类似。

由于偏差计算公式中有平方值计算，下面同样考虑采用改进算法，利用递推公式给予简化。对第一象限逆圆，$F_i \geq 0$，动点 $P_i(X_i, Y_i)$ 应向 $-X$ 向进给，新的动点坐标为 (X_{i+1}, Y_{i+1})，且 $X_{i+1} = X_i - 1$，$Y_{i+1} = Y_i$，则新点的偏差值为
$$F_{i+1} = X_{i+1}^2 + Y_{i+1}^2 - R^2 = (X_i - 1)^2 + Y_i^2 - R^2$$
即
$$F_{i+1} = F_i - 2X_i + 1 \tag{2-6}$$

当 $F_i < 0$ 时，沿 $+Y$ 向前进一步，到达 $(X_i, Y_i + 1)$ 点，新点的偏差值为
$$F_{i+1} = X_{i+1}^2 + Y_{i+1}^2 - R^2 = X_i^2 + (Y_i + 1)^2 - R^2$$
即
$$F_{i+1} = F_i + 2Y_i + 1 \tag{2-7}$$

进给后新点的偏差计算公式除与前一点偏差值有关外，还与动点坐标有关，动点坐标值随着插补的进行是变化的，所以在圆弧插补的同时，还必须修正新的动点坐标。

圆弧插补计算过程与直线插补过程基本相同，对于圆弧仅在一个象限内的情况，终点判别可采用与直线插补相同的方法，即将 X、Y 轴走的步数总和存入一个计数器，$n = |X_b - X_a| + |Y_b - Y_a|$，每走一步 $n-1$，当 $n=0$ 时发出停止信号。

在 CNC 系统用软件实现逐点比较法插补是比较方便的，第一象限顺圆弧软件插补流程见图 2-10。

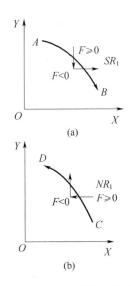
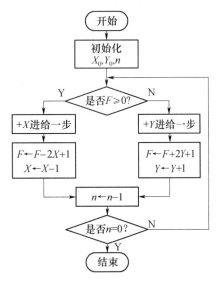

图 2-9 第一象限顺、逆圆弧
(a) 顺圆弧；(b) 逆圆弧。

图 2-10 第一象限顺圆弧插补流程

【例 2-2】 欲加工第一象限逆时针圆弧 AE,起点的坐标为 $A(4,3)$,终点坐标为 $E(0,5)$,试用逐点比较法进行插补。

圆弧插补运算过程见表 2-2,插补轨迹见图 2-11。

表 2-2 圆弧插补过程

序号	工作步骤			
	判别	进给	运算	比较
1	$F=0$	$-\Delta X$	$F=0-2\times 4+1=-7$ $X=4-1=3,Y=3;n=6-1=5$	$n\neq 0$
2	$F=-7<0$	$+\Delta Y$	$F=-7+2\times 3+1=0$ $X=3,Y=3+1=4;n=5-1=4$	$n\neq 0$
3	$F=0$	$-\Delta X$	$F=0-2\times 3+1=-5$ $X=3-1=2,Y=4;n=4-1=3$	$n\neq 0$
4	$F=-5<0$	$+\Delta Y$	$F=-5+2\times 4+1=4$ $X=2,Y=4+1=5;n=3-1=2$	$n\neq 0$
5	$F=4>0$	$-\Delta X$	$F=4-2\times 2+1=1$ $X=2-1=1,Y=5;n=2-1=1$	$n\neq 0$
6	$F=1>0$	$-\Delta X$	$F=1-2\times 1+1=0$ $X=1-1=0,Y=5;n=1-1=0$	$n=0$ (终止)

5) 4 个象限中的圆弧插补

上面讨论的是第一象限逆圆插补方法,参照图 2-9(a),第一象限顺圆弧 AB 的运动趋势是 Y 轴绝对值减少,X 轴绝对值增大,当动点在圆弧上或圆弧外,即 $F_i \geq 0$ 时,Y 轴沿负向进给,新动点的偏差函数为

$$F_{i+1} = F_i - 2X_i + 1 \qquad (2-8)$$

$F_i < 0$ 时,Y 轴沿正向进给,新动点的偏差函数为

$$F_{i+1} = F_i + 2Y_i + 1 \qquad (2-9)$$

与直线插补相似,如果插补计算都用坐标的绝对值,将进给方向另做处理,4 个象限中的插补公式可以统一起来,当对第一象限顺圆插补时,将 X 轴正向进给改为 X 轴负向进给,则走出的是第二象限逆圆,若将 X 轴沿负向、Y 轴沿正向进给,则走出的是第三象限顺圆。如图 2-12(a)、(b)所示,用 SR_1、SR_2、SR_3、SR_4 分别表示第一、二、三、四象限的顺时针圆弧,用 NR_1、NR_2、NR_3、NR_4 分别表示第一、二、三、四象限的逆时针圆弧,4 个象限圆弧的进给方向如图 2-12 所示。

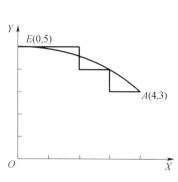

图 2-11 圆弧插补实例

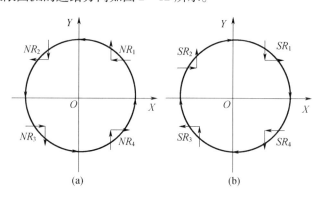

图 2-12 4 个象限圆弧进给方向
(a)逆圆弧;(b)顺圆弧。

所谓圆弧过象限,即圆弧的起点和终点不在同一象限内。若坐标采用绝对值进行插补运算,应先进行过象限判断,当 $X=0$ 或 $Y=0$ 时过象限,如图 2-13 所示,需将圆弧 AC 分成两段圆弧 AB 和 BC,到 $X=0$ 时,调用另外顺圆的插补程序。若用带符号的坐标值进行插补计算,在插补的同时,比较动点坐标和终点坐标的代数值,若两者相等,插补结束。

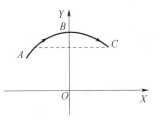

图 2-13 跨象限圆弧

6) 逐点比较法合成进给速度

逐点比较法的特点是脉冲源每发出一个脉冲,就进给一步,不是发向 X 轴,就是发向 Y 轴,如果 f_g 为脉冲源频率(Hz),f_X、f_Y 分别为 X 轴和 Y 轴的进给频率(Hz),则

$$f_g = f_X + f_Y \tag{2-10}$$

从而 X 轴和 Y 轴的进给速度(mm/min)为

$$v_X = 60\delta f_X, \quad v_Y = 60\delta f_Y$$

式中:δ 为脉冲当量(mm/脉冲)。

合成进给速度为

$$v = \sqrt{v_X^2 + v_Y^2} = 60\delta\sqrt{f_X^2 + f_Y^2} \tag{2-11}$$

式(2-11)中,当 $f_X=0$ 或 $f_Y=0$ 时,也就是刀具沿平行于坐标轴的方向切削,这时对应切削速度最大,相应的速度称为脉冲源速度 v_g,脉冲源速度与程编进给速度相同。

$$v_g = 60\delta f_g \tag{2-12}$$

合成进给速度与脉冲源速度之比为

$$\frac{v}{v_g} = \frac{\sqrt{v_X^2 + v_Y^2}}{v_X + v_Y} = \frac{\sqrt{\frac{v_X^2}{v^2} + \frac{v_Y^2}{v^2}}}{\frac{v_X + v_Y}{v}} = \frac{1}{\sin\alpha + \cos\alpha} \tag{2-13}$$

由式(2-13)可见,程编进给速度确定了脉冲源频率 f_g 后,实际获得的合成进给速度 v 并不总等于脉冲源的速度 v_g,与角 α 有关。插补直线时,α 为加工直线与 X 轴的夹角;插补圆弧时,α 为圆心与动点连线和 X 轴夹角。根据上式可作出 v/v_g 随 α 而变化的曲线。如图 2-14 所示,$v/v_g = 0.707 \sim 1$,最大合成进给速度与最小合成进给速度之比为 1.414,这对于一般机床来讲可以满足要求,因此,逐点比较法的进给速度是比较平稳的。

2. 数字积分法

数字积分法又称数字微分分析法(Digital Differential Analyzer,DDA),是在数字积分器的基础上建立起来的一种插补算法。最初在硬件数控系统中是使用逻辑电路实现积分运算,现在可由软件实现。数字积分法的优点:易于实现多坐标联动,较容易地实现二次曲线、高次曲线的插补,运算速度快,应用广泛等。

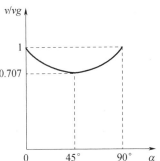

图 2-14 逐点比较法进给速度

如图 2-15 所示,设有一函数 $Y=f(t)$,求此函数在 $t_0 \sim t_n$ 区间的积分,就是求出此函数曲线与横坐标 t 在区间 (t_0,t_n) 所围成的面积。如果将横坐标区间段划分为间隔为 Δt 的很多小区间,当 Δt 取足够小时,此面积可近似地视为曲线下许多小矩形面积之和,即

$$S = \int_{t_0}^{t_n} Y \mathrm{d}t \approx \sum_{i=0}^{n-1} Y_i \Delta t \tag{2-14}$$

式中:Y_i 为 $t=t_i$ 时 $f(t)$ 的值。

式(2-14)说明,求积分的过程也可以用累加的方式来近似。在数学运算时,取 Δt 为基本单位"1",则式(2-14)可简化为

$$S = \sum_{i=0}^{n-1} Y_i \qquad (2-15)$$

具体实现时,数字积分器通常由函数寄存器、累加器和与门等组成,其工作过程:每隔 Δt 时间发一个脉冲,与门打开一次,将函数寄存器中的函数值送累加器里累加一次,令累加器的容量为一个单位面积,当累加和超过累加器的容量一个单位面积时,便发出溢出脉冲,这样累加过程中产生的溢出脉冲总数就等于所求的总面积,也就是所求积分值。数字积分器结构框图见图2-16。

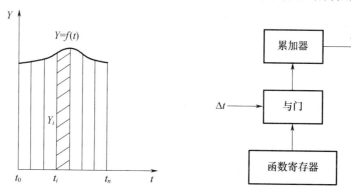

图2-15 函数 $Y = f(t)$ 的积分   图2-16 数字积分器结构框图

1) 数字积分法直线插补

若要产生平面坐标上的直线 OE,起点为坐标原点 O,终点坐标为 $E(7,4)$,若要使从 O 点到 E 点的插补过程进给脉冲均匀,就必须使分配给 X、Y 方向的单位增量成比例。设寄存器和累加器容量为1,将 $X_e = 7$,$Y_e = 4$ 分别分成8段,每一段分别为 $7/8$,$4/8$,将其存入 X 和 Y 函数寄存器中,当第一个时钟脉冲来到时,将 X 寄存器和 Y 寄存器的数分别送入相应的累加器中进行累加,因为不大于累加器容量,故没有溢出脉冲,累加器里的值分别为 $7/8$,$4/8$。第二个时钟脉冲来到时,再将 X、Y 寄存器中的数送入各自的累加器中,X 累加器累加结果为 $7/8 + 7/8 = 1 + 6/8$,因累加器容量为1,满1就溢出一个脉冲,则往 X 方向发出一进给脉冲,余下的 $6/8$ 仍寄存在累加器里,累加器又称余数寄存器。Y 累加器中累加为 $4/8 + 4/8$,其结果等于1,Y 方向也进给一步。第三个脉冲到来时,仍继续累加,X 累积器为 $6/8 + 7/8$,大于1,X 方向再走一步,Y 累加器为 $0 + 4/8$,其结果小于1,无溢出脉冲,Y 向无进给。如此下去,直到输入第8个脉冲时,积分器便工作一个周期,因经8次累加,X 方向溢出脉冲总数为 $7/8 \times 8 = 7$,Y 方向溢出脉冲总数为 $4/8 \times 8 = 4$,到达终点 E(图2-17)。由此可见,OE 直线插补过程实质上是一个累加过程(即积分过程)。

以上过程可以描述为:将直线按精度要求进行分段,以折线代替直线,分段逼近,相连给定轨迹。

若要加工第一象限直线 OE,如图2-18所示,起点为坐标原点 O,终点为 $E(X_e, Y_e)$,刀具以匀速 v 由起点移向终点,其 X、Y 坐标的速度分量分别为 v_X、v_Y,对于直线函数,下式成立。

$$\frac{v}{OE} = \frac{v_X}{X_e} = \frac{v_Y}{Y_e} = k \quad (k \text{ 为常数}) \qquad (2-16)$$

各坐标轴的位移量为

$$\begin{cases} X = \int v_X \mathrm{d}t = \int k X_e \mathrm{d}t \\ Y = \int v_Y \mathrm{d}t = \int k Y_e \mathrm{d}t \end{cases} \qquad (2-17)$$

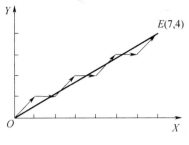 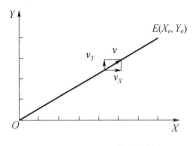

图2-17 直线插补走步过程　　图2-18 DDA直线插补

数字积分法是求式(2-17)从 O 到 E 区间的定积分。此积分值等于由 O 到 E 的坐标增量，因积分是从原点开始的，所以坐标增量即是终点坐标。

$$\begin{cases} \int_{t_0}^{t_n} kX_e \mathrm{d}t = X_e - X_0 \\ \int_{t_0}^{t_n} kY_e \mathrm{d}t = Y_e - Y_0 \end{cases} \tag{2-18}$$

式(2-18)中 t_0 对应直线起点的时间，t_n 对应终点时间。数字积分法插补实际上是利用速度分量进行数字积分来确定刀具在各坐标轴上坐标值的过程。

下面用累加来代替积分，刀具在 X，Y 方向移动的微小增量分别为

$$\begin{cases} \Delta X = v_X \Delta t = kX_e \Delta t \\ \Delta Y = v_Y \Delta t = kY_e \Delta t \end{cases} \tag{2-19}$$

动点从原点出发走向终点的过程，可以看作是各坐标轴每经过一个单位时间间隔 Δt 分别以增量 kX_e 及 kY_e 同时累加的结果，即

$$\begin{cases} X = \sum_{i=1}^{m} \Delta X_i = \sum_{i=1}^{m} kX_e \Delta t_i \\ Y = \sum_{i=1}^{m} \Delta Y_i = \sum_{i=1}^{m} kY_e \Delta t_i \end{cases}$$

取 $\Delta t_i = 1$（一个单位时间间隔），则

$$\begin{cases} X = kX_e \sum_{i=1}^{m} \Delta t_i = kmX_e \\ Y = kY_e \sum_{i=1}^{m} \Delta t_i = kmY_e \end{cases}$$

若经过 m 次累加后，X，Y 都到达终点 $E(X_e, Y_e)$，则

$$\begin{cases} X = kmX_e = X_e \\ Y = kmY_e = Y_e \end{cases}$$

可见累加次数与比例系数之间的关系为

$$km = 1 \quad \text{或} \quad m = 1/k$$

两者互相制约，不能独立选择，m 是累加次数，取整数，k 取小数。即先将直线终点坐标 X_e，Y_e 缩小到 kX_e，kY_e，然后再经 m 次累加到达终点。另外还要保证沿坐标轴每次进给脉冲不超过一个，保证插补精度，应使下式成立：

$$\begin{cases} \Delta X = kX_e < 1 \\ \Delta Y = kY_e < 1 \end{cases}$$

如果存放 X_e，Y_e 寄存器的位数是 n，对应最大允许数值为 $2^n - 1$（各位均为1），所以 X_e，Y_e 最大寄存数值为 $2^n - 1$，则

$$k(2^n-1)<1$$
$$k<\frac{1}{2^n-1}$$

为使上式成立,不妨取 $k=\frac{1}{2^n}$,则

$$\frac{2^n-1}{2^n}<1$$

累加次数

$$m=\frac{1}{k}=2^n$$

上式表明,若寄存器位数是 n,则直线的整个插补过程要进行 2^n 次累加才能到达终点。

对于二进制数来说,一个 n 位寄存器中存放 X_e 和存放 kX_e 的数字是一样的,只是小数点的位置不同而已,X_e 除以 2^n,只需把小数点左移 n 位,小数点出现在最高位数 n 的前面。采用 kX_e 进行累加,累加结果大于 1,就有溢出。若采用 X_e 进行累加,超出寄存器容量 2^n 有溢出。将溢出脉冲用来控制机床进给,其效果是一样的。在被积函数寄存器里可只存 X_e,而省略 k。

例如,$X_e=100101$ 在一个 6 位寄存器中存放,若 $k=1/2^6$,$kX_e=0.100101$ 也存放在 6 位寄存器中,数字是一样的,若进行一次累加,都有溢出,余数数字也相同,只是小数点位置不同而已,因此可用 X_e 替代 kX_e。

图 2-19 为平面直线插补器框图,它由两个数字积分器组成,每个坐标轴的积分器由累加器和被积函数寄存器组成,被积函数寄存器存放终点坐标值,每经过一个时间间隔 Δt,将被积函数值向各自的累加器中累加,当累加结果超出寄存器容量时,就溢出一个脉冲,若寄存器位数为 n,经过 2^n 次累加后,每个坐标轴的溢出脉冲总数就等于该坐标的被积函数值,从而控制刀具到达终点。

【例 2-3】 设有一直线 OE,如图 2-20 所示,起点坐标为 $O(0,0)$,终点坐标为 $E(4,3)$,累加器和寄存器的位数为 3 位,试采用 DDA 法对其进行插补。

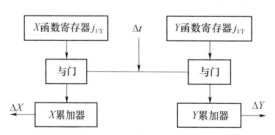

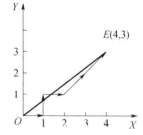

图 2-19 平面直线插补器框图　　图 2-20 DDA 直线插补实例

DDA 直线插补运算过程见表 2-3,插补轨迹见图 2-20。

表 2-3　DDA 直线插补运算过程

累加次数	X 轴积分器			Y 轴积分器			终点判别
	J_{VX}	J_{RX}	X 溢出	J_{VY}	J_{RY}	Y 溢出	
0	100	000	0	011	000	0	000
1	100	100	0	011	011	0	001
2	100	000	1	011	110	0	010
3	100	100	0	011	001	1	011
4	100	000	1	011	100	0	100
5	100	100	0	011	111	0	101

(续)

累加次数	X轴积分器			Y轴积分器			终点判别
	J_{VX}	J_{RX}	X溢出	J_{VY}	J_{RY}	Y溢出	
6	100	000	1	011	010	1	110
7	100	100	0	011	101	0	111
8	100	000	1	011	000	1	000

2) 数字积分法圆弧插补

以第一象限顺圆为例,如图 2-21 所示,设圆弧的圆心在坐标原点 O,起点为 $A(X_a,Y_a)$,终点为 $B(X_b,Y_b)$。数字积分法是采用曲线中每一微小线段的相应切线来代替该小段曲线,在圆弧插补时,要求刀具沿圆弧切线做等速运动,设圆弧上某一点 $P(X,Y)$ 的速度为 v,则在两个坐标方向的分速度为 v_X,v_Y,根据图中几何关系,有如下关系式:

$$\frac{v}{R}=\frac{v_X}{Y}=\frac{v_Y}{X}=k \quad (2-20)$$

对于时间增量 Δt 而言,在 X、Y 坐标轴的位移增量分别为

$$\begin{cases}\Delta X = v_X\Delta t = kY\Delta t\\ \Delta Y = -v_Y\Delta t = -kX\Delta t\end{cases} \quad (2-21)$$

由于第一象限顺圆对应 Y 坐标值逐渐减小,所以式(2-21)中 ΔY 表达式取负号,即 v_X,v_Y 均取绝对值计算。

与 DDA 直线插补类似,也可用两个积分器来实现圆弧插补,如图 2-22 所示。

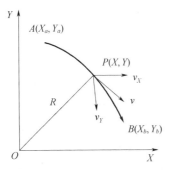

图 2-21 DDA 圆弧插补

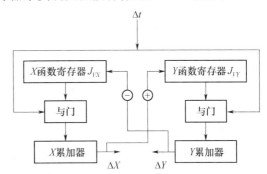

图 2-22 第一象限顺圆弧插补器框图

DDA 圆弧插补与直线插补的主要区别:圆弧插补中被积函数寄存器寄存的坐标值与对应坐标轴积分器的关系恰好相反,X 被积函数寄存器中放的是动点坐标 Y,而 Y 积分器里放的是动点坐标 X;而直线插补的对应关系是一致的,即 X、Y 被积函数寄存器中对应存放 X_e,Y_e。

圆弧插补中被积函数是变量,在起点时放起点坐标值,随着刀具的移动,要根据刀具位置的变化进行修改,直线插补的被积函数是常数,寄存的是终点坐标。

圆弧插补终点判别需采用两个终点计数器,把 X 和 Y 坐标要输出的脉冲数分别存放在两个计数器中,当某一坐标计数器为 0 时,说明该坐标已到达终点,停止迭代。当两个终点计数器均为 0 时,插补结束。对于直线插补,如果寄存器位数为 n,无论直线长短都需迭代 2^n 次到达终点。

【例 2-4】 设有第一象限顺圆 AB,如图 2-23 所示,起点 A

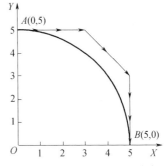

图 2-23 DDA 圆弧插补实例

$(0,5)$,终点 $B(5,0)$,所选寄存器位数 $n=3$。若用二进制计算,试用 DDA 法对此圆弧进行插补。DDA 圆弧插补运算过程见表 2-4,插补轨迹见图 2-23。

表 2-4 DDA 圆弧插补运算过程

累加次数	X 轴积分器				Y 轴积分器			
	J_{VX}	J_{RX}	X 溢出	终点判别	J_{VY}	J_{RY}	Y 溢出	终点判别
0	101	000	0	101	000	000	0	101
1	101	101	0	101	000	000	0	101
2	101	1010	1	100	001	000	0	101
3	101	111	0	100	001	001	0	101
4	101	1100	1	011	010	010	0	101
5	101	1001	1	010	011	100	0	101
6	101	110	0	010	011	111	0	101
7	100	1011	1	001	100	1010	1	100
8	100	111	0	001	100	110	0	100
9	011	1011	1	000	101	1010	1	011
10	011	停止			101	111	0	011
11	010				101	1100	1	010
12	001				101	1001	1	001
13	001				101	110	0	001
14	000				101	1011	1	000
15					101	停止		

3) 数字积分法插补的象限处理

DDA 插补不同象限直线和圆弧时,将寄存器所放数值取绝对值,用绝对值进行累加,进给方向另做讨论,这样插补程序相对简单。DDA 插补是沿着工件切线方向移动,4 个象限直线进给方向如图 2-24 所示。圆弧插补时被积函数是动点坐标,在插补过程中要进行修正,坐标值的修改要看动点运动是使该坐标绝对值是增加还是减少,从而确定是加 1 还是减 1。第二象限逆圆弧如图 2-25 所示,插补过程中动点坐标是变化的,每溢出一个 X 脉冲,Y 被积函数寄存器里的值应加 1,加 1 的原因是因为刀具做逆圆运动时,沿 X 轴负向进给,使动点坐标的绝对值增加。溢出一个 Y 脉冲时,X 被积函数寄存器减 1,原因是动点 Y 的坐标绝对值减少。4 个象限直线进给方向和圆弧插补的坐标修改及进给方向如表 2-5 所示。

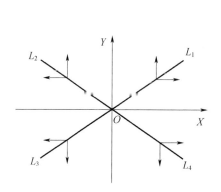

图 2-24 4 个象限直线插补进给方向

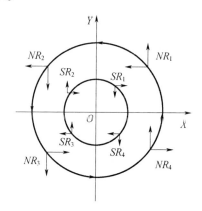

图 2-25 4 个象限圆弧插补进给方向

表2-5　直线进给方向、圆弧插补进给方向及坐标修改

		L_1	L_2	L_3	L_4	NR_1	NR_2	NR_3	NR_4	SR_1	SR_2	SR_3	SR_4
进给	ΔX	+	−	−	+	−	−	+	+	+	+	−	−
修正	J_{VY}					−1	+1	−1	+1	+1	−1	+1	−1
进给	ΔY	+	+	−	−	+	−	−	+	−	+	+	−
修正	J_{VX}					+1	−1	+1	−1	−1	+1	−1	+1

4) 数字积分法合成进给速度

数字积分法的特点是，脉冲源每产生一个脉冲，作一次累加计算，如果脉冲源频率为 f_g（Hz），插补直线的终点坐标为 $E(X_e, Y_e)$，则 X、Y 方向的平均进给频率 f_X、f_Y 为

$$\begin{cases} f_X = \dfrac{X_e}{m} f_g \\ f_Y = \dfrac{Y_e}{m} f_g \end{cases} \tag{2-22}$$

式中：m 为累加次数，$m = 2^n$。

假设脉冲当量为 δ（mm/脉冲），可求得 X 和 Y 方向进给速度（mm/min）为

$$\begin{cases} v_X = 60 f_X \delta = 60 \delta f_g \dfrac{X_e}{m} \\ v_Y = 60 f_Y \delta = 60 \delta f_g \dfrac{Y_e}{m} \end{cases} \tag{2-23}$$

合成进给速度为

$$v = \sqrt{v_X^2 + v_Y^2} = v_g \dfrac{L}{m} \tag{2-24}$$

式中：L 为被插补直线长度，$L = \sqrt{X_e^2 + Y_e^2}$，若插补圆弧，L 为圆弧半径 R；V_g 为脉冲源速度，$v_g = 60 \delta f_g$。

数控加工程序中 F 代码指定进给速度后，f_g 基本维持不变。这样合成进给速度 v 与被插补直线的长度或圆弧的半径成正比。如图2-26所示，如果寄存器位数是 n，加工直线 L_1，L_2 都要经过 $m = 2^n$ 次累加运算，L_1 直线短，进给慢，速度低；L_2 直线长，进给快，速度高。加工 L_1 时生产效率低；

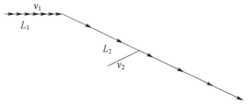

图2-26　进给速度与直线长度的关系

加工 L_2 时零件表面质量差。为克服以上缺点，使脉冲均匀化，速度变化小，必须采取措施加以改进。

5) 数字积分法稳速控制

（1）左移规格化。数字积分法的特点是脉冲源每产生一个脉冲，作一次积分运算。在直线插补时，必须完成 2^m 次累加运算。脉冲源的频率是固定的，即插补运算时间是不变的，则被积函数寄存器中的数值大，插补产生溢出脉冲的速度就快，反之则溢出产生脉冲的速度慢。

产生进给速度不均匀的原因是被积函数寄存器中数值大小不同，这使得加工速度不均匀，影响加工的表面质量，这种情况是不允许的，必须设法加以改善。使进给速度均匀，一个常用的方法是左移规格化。当被积函数寄存器中的数较小时，即最高位不为1，就将被积函数寄存器中的数左移，使最高位为1，且低位补0。这样使插补迭代时每计算一次都可有溢出产生，以提高加工

速度。这种使被积函数寄存器中前零移去的方法称左移规格化。在插补开始计算前,先判别是否需要左移规格化,如需要对直线和圆弧插补时左移规格化略有不同。

直线插补左移规格化处理过程:先判断 X 或 Y 被积函数寄存器中的数最高位是否为 1,如为 1,则不需左移规格化。如两被积函数寄存器中的数最高位都为 0,则将两数同时左移,直到 X 或 Y 被积函数寄存器中任一个的最高位为 1,停止左移,转入插补运算。如采用迭代次数法判断终点,左移的同时,为了使发生的脉冲总数不变,就要相应地减少累加次数,将 1 从最高位输入,使终点计数器右移同样的位数,缩短计数长度,减少累加次数,如图 2-27 所示。

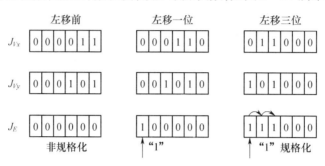

图 2-27 直线插补左移规格化举例

对圆弧插补,进行左移规格化处理与直线插补处理原则相同。不同的是,圆弧插补的左移规格化是使被积函数寄存器的次高位为 1,则停止左移进行插补。这是因为圆弧插补过程中要对被积函数寄存器的值进行加 1 处理,数值可能不断增加,若仍取得最高位值为 1 作左移规格处理,则可能在加 1 处理后溢出,使插补出错。

左移 Q 位相当于 X,Y 坐标扩大了 2^Q 倍,当 X 或 Y 积分器有溢出时,则被积函数寄存器应加 1 或减 1。

$$\begin{matrix} 2^Q(X-1) = 2^Q X - 2^Q \\ 2^Q(Y+1) = 2^Q Y + 2^Q \end{matrix} \quad (2-25)$$

即若规格化过程中左移 Q 位,相应被积函数寄存器不是加、减 1,而是加、减 2^Q。

由此可见,直线和圆弧左移规格化处理方式不同,但均能提高溢出速度,使溢出脉冲变得比较均匀。

(2) 按进给速率数 FRN 编程。为实现不同长度程序段的恒速加工,在编程时考虑被加工直线长度或圆弧半径,用 FRN 表示"F"功能:

$$\begin{cases} FRN = \dfrac{V}{L} = \dfrac{1}{2^n}\delta & (直线) \\ FRN = \dfrac{V}{R} = \dfrac{1}{2^n}\delta & (圆弧) \end{cases}$$

式中:V 为切削速度;L 为被加工直线长度;R 为被加工圆弧半径。

则 $V = FRN \cdot L$ 或 $V = FRN \cdot R$,通过 FRN 调整插补脉冲频率 f,使其与给定的进给速度相协调,消除线长 L 与圆弧半径 R 对进给速度的影响。

(3) 提高插补精度的措施。对于 DDA 圆弧插补,径向误差可能大于一个脉冲当量,数字积分器溢出脉冲的频率与被积函数寄存器中的数值成正比,在坐标轴附近进行累加时,一个积分器的被积函数值接近 0,而另一个积分器的被积函数值接近于最大值,累加时后者连续溢出,而前者几乎没有。两个积分器的溢出脉冲频率相差很大,致使插补轨迹偏离给定圆弧距离较大,使圆弧误差增大。

减少误差的方法:减小脉冲当量,虽然误差减少,但寄存器容量增大,累加次数增加,而且要获得同样的进给速度,需要提高插补速度;余数寄存器预置数法,即在 DDA 插补之前,累加器(又称余数寄存器)J_{RX},J_{RY}的初值不置零,而是预置 $2^n/2$,若用二进制表示,其最高有效位置"1",其他各位置零,使积分器提前溢出,这种处理方式称为"半加载",也可以实现全加载,这在被积函数较小、迟迟不能产生溢出的情况时,可改善溢出脉冲的时间分布,从而减小插补误差。

【例 2 - 5】 加工第一象限逆时针圆弧 AB,如图 2 - 28 所示,起点 A(6,0),终点 B(0,6),选用寄存器位数 n = 3,经过"全加载"处理后,试用 DDA 法进行插补计算。"全加载"后 DDA 圆弧插补运算过程见表 2 - 6,插补轨迹见图 2 - 28。

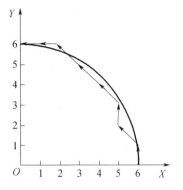

图 2 - 28 "全加载"后 DDA 圆弧插补轨迹

表 2 - 6 "全加载后"DDA 圆弧插补运算过程

累加次数	X 轴积分器				Y 轴积分器			
	J_{VX}	J_{RX}	X 溢出	终点判别	J_{VY}	J_{RY}	Y 溢出	终点判别
0	000	111	0	6	110	111	0	6
1	001	111	0	6	110	1101	1	6 - 1 = 5
2	010	000	1	6 - 1 = 5	101	011	1	5 - 1 = 4
3	011	010	0	5	101	000	1	4 - 1 = 3
4	011	101	0	5	101	010	0	3
5	100	000	1	5 - 1 = 4	100	010	1	2 - 1 = 2
6	100	001	1	4	101	100	1	2
7	101	000	1	4 - 1 = 3	011	010	1	2 - 1 = 1
8	101	101	0	3	011	101	0	1
9	110	010	1	2 - 1 = 2	010	000	1	2 - 1 = 0
10	110	000	1	2 - 1 = 1				
11	110	110	0	1				
12	110	100	1	2 - 1 = 0				

2.2.3 数据采样插补

1. 数据采样法插补原理

数据采样插补又称为时间分割法,与基准脉冲插补法不同,数据采样法插补得出的不是进给脉冲,而是用二进制表示的进给量。这种方法是根据程编进给速度 F 将给定轮廓曲线按插补周期 T(某一单位时间间隔)分割为插补进给段(轮廓步长)TF,即用一系列首尾相连的微小线段来逼近给定曲线。每经过一个插补周期就进行一次插补计算,算出下一个插补点即算出插补周期内各坐标轴的进给量,如 ΔX、ΔY 等,得出下一个插补点的指令位置。

插补周期越长,插补计算误差越大,插补周期应尽量选得小一些。CNC 系统在进行轮廓插补控制时,除完成插补计算外,数控装置还必须处理一些其他任务,如显示、监控、位置采样及控制等。因此,插补周期应大于插补运算时间和其他实时任务所需时间之和。插补周期约为8ms。随着CNC系统处理速度的提高,插补周期会越来越短,从而使插补误差越来越小。

采样是指由时间上连续信号取出不连续信号,对时间上连续的信号进行采样,就是通过一个采样开关S(这个开关S每隔一定的周期T_c闭合一次),在采样开关的输出端形成一连串的脉冲信号。这种把时间上连续的信号转变成时间上离散的脉冲系列的过程称为采样过程,周期T_c叫采样周期。计算机定时对坐标的实际位置进行采样,采样数据与指令位置进行比较,得出位置误差用来控制电动机,使实际位置跟随指令位置。对于给定的某个数控系统,插补周期T和采样周期T_c是固定的,通常$T \geq T_c$,一般要求T是T_c的整数倍。

对于直线插补,动点在一个插补周期内运动的直线段与给定直线重合,不会造成轨迹误差。在圆弧插补中,要用切线、割线或弦线来逼近圆弧,因而会带来轨迹误差,如图2-29所示。对于内接弦线,其最大径向误差e_r与步距角δ的关系为(R为被插补圆弧半径)

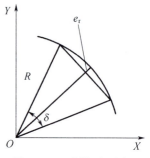

图2-29 弦线逼近圆弧

$$e_r = R\left(1 - \cos\frac{\delta}{2}\right) \quad (2-26)$$

将式(2-26)中的$\cos(\delta/2)$用幂级数展开,得

$$e_r = R\left(1 - \cos\frac{\delta}{2}\right) = R\left\{1 - \left[1 - \frac{(\delta/2)^2}{2!} + \frac{(\delta/2)^4}{4!} - \cdots\right]\right\} \approx \frac{\delta^2}{8}R \quad (2-27)$$

设T为插补周期,F为进给速度,则轮廓步长

$$l = TF \quad (2-28)$$

用轮廓步长l代替弦长,有

$$\delta \approx \frac{l}{R} = \frac{TF}{R} \quad (2-29)$$

将式(2-29)代入式(2-27),得

$$e_r = \frac{(TF)^2}{8R} \quad (2-30)$$

可见圆弧插补过程中,用弦线逼近圆弧时,插补误差e_r与程编进给速度F的平方、插补周期T的平方成正比,与圆弧半径R成反比。

2. 直线函数法

1) 直线插补

设要加工图2-30所示直线OE,起点在坐标原点O,终点为$E(X_e, Y_e)$,直线与X轴夹角为α,则有

$$\tan\alpha = \frac{Y_e}{X_e}$$

$$\cos\alpha = \frac{1}{\sqrt{1 + \tan^2\alpha}}$$

若已计算出轮廓步长从而求得本次插补周期内各坐标轴进给量为

$$\begin{cases} \Delta X = l\cos\alpha \\ \Delta Y = \frac{Y_e}{X_e}\Delta X \end{cases} \quad (2-31)$$

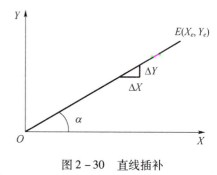

图2-30 直线插补

2) 圆弧插补

圆弧插补,需先根据指令中的进给速度 F 计算出轮廓步长 l 再进行插补计算。以弦线逼近圆弧,就是以轮廓步长为圆弧上相邻两个插补点之间的弦长,由前一个插补点的坐标和轮廓步长,计算后一插补点,实质上是求后一插补点到前一插补点两个坐标轴的进给量 $\Delta X,\Delta Y$。如图 2-31 所示,$A(X_i,Y_i)$ 为当前点,$B(X_{i+1},Y_{i+1})$ 为插补后到达的点,图中弦 AB 正是圆弧插补时每个插补周期的步长 l,需计算 X 轴和 Y 轴的进给量 $\Delta X = X_{i+1} - X_i, \Delta Y = Y_{i+1} - Y_i$。$AP$ 是 A 点的切线,M 是弦的中点,$OM \perp AB, ME \perp AG, E$ 为 AG 的中点。圆心角计算如下:

$$\phi_{i+1} = \phi_i + \delta$$

式中:δ 为弧 AB 所对应的圆心角增量,也称为角步距。

因为

$$OA \perp AP (AP 为圆弧线)$$

所以

$$\triangle AOC \sim \triangle PAG$$

则

$$\angle AOC = \angle GAP = \phi_i$$

因为

$$\angle PAB + \angle OAM = 90°$$

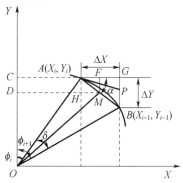

图 2-31 圆弧插补

所以

$$\angle PAB + \angle AOM = \frac{1}{2} \angle AOB = \frac{1}{2}\delta$$

设

$$\alpha = \angle GAB = \angle GAP = \angle PAB = \phi_i + \frac{1}{2}\delta$$

则在 $\triangle MOD$ 中,有

$$\tan\left(\phi_i + \frac{1}{2}\delta\right) = \frac{DM}{OD} = \frac{DH + HM}{OC - CD}$$

将 $DH = X_i, OC = Y_i, HM = \frac{1}{2}l\cos\alpha = \frac{1}{2}\Delta X, CD = \frac{1}{2}l\cos\alpha = \frac{1}{2}\Delta Y$ 代入上式,则有

$$\tan\alpha = \tan\left(\phi_i + \frac{1}{2}\delta\right) = \frac{X_i + \frac{1}{2}l\cos\alpha}{Y_i - \frac{1}{2}l\sin\alpha} = \frac{X_i + \frac{1}{2}\Delta X}{Y_i - \frac{1}{2}\Delta Y} \tag{2-32}$$

又因为

$$\tan\alpha = \frac{GB}{GA} = \frac{\Delta Y}{\Delta X}$$

由此可以推出 (X_i, Y_i) 与 $\Delta X, \Delta Y$ 的关系为

$$\frac{\Delta Y}{\Delta X} = \frac{X_i + \frac{1}{2}\Delta X}{Y_i - \frac{1}{2}\Delta Y} = \frac{X_i + \frac{1}{2}l\cos\alpha}{Y_i - \frac{1}{2}l\sin\alpha} \tag{2-33}$$

式(2-33)反映了圆弧上任意相邻两插补点坐标之间的关系,只要求得 ΔX 和 ΔY 就可以计算出新的插补点 $B(X_{i+1}, Y_{i+1})$,即

$$\begin{cases} X_{i+1} = X_i + \Delta X \\ Y_{i+1} = Y_i - \Delta Y \end{cases}$$

式(2-33)中,$\sin\alpha$ 和 $\cos\alpha$ 均为未知,求解较困难。为此,采用近似算法,用 $\sin45°$ 和 $\cos45°$ 代替 $\sin\alpha$ 和 $\cos\alpha$,即

$$\tan\alpha' = \frac{X_i + \frac{1}{2}l\cos45°}{Y_i - \frac{1}{2}l\sin45°}$$

$\tan\alpha'$ 与 $\tan\alpha$ 不同,从而造成了 $\tan\alpha$ 的偏差,在 $\alpha = 0°$ 处偏差较大。如图 2-32 所示,由于 α 角成为 α',因而影响到 ΔX 值,使之为 $\Delta X'$,即

$$\Delta X' = l\cos\alpha' = AT \qquad (2-34)$$

为保证下一个插补点仍在圆弧上,$\Delta Y'$ 的计算应按下式进行,即

$$X_i^2 + Y_i^2 = (X_i + \Delta X')^2 + (Y_i - \Delta Y')^2$$

展开整理,得

$$\Delta Y' = \frac{\left(X_i + \frac{1}{2}\Delta X'\right)\Delta X'}{Y_i - \frac{1}{2}\Delta Y'} \qquad (2-35)$$

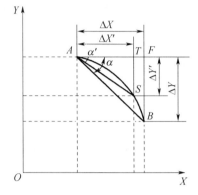

图 2-32 近似处理引起的进给速度偏差

由式(2-35)可用迭代法解出 $\Delta Y'$。

采用近似算法可保证每次插补点均在圆弧上,引起的偏差仅是 $\Delta X \to \Delta X'$,$\Delta Y \to \Delta Y'$,$AB \to AS$ 即 $l \to l'$ 这种算法仅造成每次插补进给量的微小变化,而使进给速度有偏差,实际进给速度的变化小于指令进给速度的1%,在加工中是允许的。

直线函数法,用弦线逼近圆弧,因此插补误差主要为半径的绝对误差。因插补周期是固定的,该误差取决于进给速度和圆弧半径,当加工的圆弧半径确定后,为了使径向绝对误差不超过允许值,对进给速度要有一个限制,即

$$F \leq \frac{\sqrt{8e_r R}}{T}$$

2.3 刀具补偿原理

2.3.1 进行刀具补偿的原因

如图 2-33 所示,在铣床上用半径为 r 的刀具加工外形轮廓为 A 的工件时,刀具中心沿着与轮廓 A 距离为 r 的轨迹 B 移动。因为控制系统控制的是刀具中心的运动,所以要根据轮廓 A 的坐标参数和刀具半径 r 值计算出刀具中心轨迹 B 的坐标参数,然后再编制程序进行加工。在轮廓加工中,由于刀具总有一定的半径,如铣刀半径,因此刀具中心(刀位点)的运动轨迹并不等于所加工零件的实际轨迹(直接按零件廓形编程所得轨迹),数控系统的刀具半径补偿就是把零件轮廓轨迹转换成刀具中心轨迹。

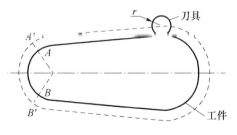

图 2-33 刀具半径补偿

当实际刀具长度与编程长度不一致时,利用刀具长度补偿功能可以实现对刀具长度差额的补偿。加工中心的一个重要组成部分就是自动换刀装置,为了能在一次加工中使用多把长度不同的刀具,需要有刀具长度补偿功能。轮廓加工时,为了既使编程容易,又使刀具中心沿所需轨迹运动,需要有刀具半径补偿功能。在数控车床上可以使用多种刀具,它们的长度及刀尖半径都不相同。每次编程时都考虑刀具长度和刀尖半径的影响会带来很多麻烦。数控系统具备了刀具长度和刀具半径补偿功能,使数控加工程序与刀具形状和刀具尺寸尽量无关,可大大简化编程。

当数控机床具有刀具补偿功能,在编制加工程序时,就可以按零件实际轮廓编程,加工前测量实际的刀具半径、长度等,作为刀具补偿参数输入数控系统,就能加工出合乎尺寸要求的零件轮廓。刀具补偿功能还可以满足加工工艺等其他一些要求,例如,为了达到一定的加工精度,加工零件需要多个加工循环来完成,这时可以通过逐次改变刀具半径补偿值大小的办法,调整每次进给量,以达到利用同一程序实现粗、精加工循环。另外,因刀具磨损、重磨而使刀具尺寸变化时,若仍用原程序,势必造成加工误差,用刀具长度补偿可以解决这个问题。还可利用刀具直径输入值小数点后的数值,控制轮廓尺寸精度。

2.3.2 刀具补偿的原理

刀具补偿一般分为刀具长度补偿和刀具半径补偿。对于铣刀一般需要刀具半径和长度补偿;对于钻头只需长度补偿;对于车刀却需要两坐标长度补偿和刀具半径补偿。

1. 刀具长度补偿

先以数控车床为例进行说明。数控装置控制的是刀架参考点的位置,实际切削时是利用刀尖来完成,刀具长度补偿是用来实现刀尖轨迹与刀架参考点之间的转换。如图 2-34 所示,P 为刀尖,Q 为刀架参考点,这里假设刀尖圆弧半径为 0。利用刀具长度测量装置测出刀尖点相对于刀架参考点的坐标 X_{pq},Z_{pq},存入刀补内存表中。

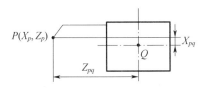

图 2-34 刀具长度补偿

因为零件轮廓轨迹是由刀尖切出的,所以编程时以刀尖点 P 来编程,设刀尖 P 点坐标为 (X_p,Z_p),刀架参考点坐标 $Q(X_q,Z_q)$ 可由下式求出:

$$\begin{cases} X_q = X_p - X_{pq} \\ Z_q = Z_p + Z_{pq} \end{cases} \quad (2-36)$$

这样,零件轮廓轨迹通过式(2-45)进行补偿后,就能通过控制刀架参考点 Q 来实现。

加工中心上常用刀具长度补偿方式为,首先将刀具装入刀柄,再用对刀仪测出每个刀具前端到刀柄基准面的距离,然后将此值按刀具号码输入到控制装置的刀补内存表中,进行补偿计算。刀具长度补偿是用来实现刀尖轨迹与刀柄基准点之间的转换。

在数控立式镗铣床和数控钻床上因刀具磨损、重磨等使长度发生改变时,不必修改程序中的坐标值,可通过刀具长度补偿,使刀具位置伸长或缩短一个偏置量来补偿其尺寸的变化,以保证加工精度。刀具长度补偿原理比较简单 G43、G44 及 H(D)代码指定。

2. 刀具半径补偿

ISO 标准规定,当刀具中心轨迹在编程轨迹(零件轮廓 *ABCD*)前进方向的左侧时,称为左刀补,用 G41 表示。反之,当刀具处于轮廓前进方向的右侧时称为右刀补,用 G42 表示,如图 2-35 所示,G40 为取消刀具补偿指令。刀具半径补偿通常不是程序编制员完成,而是由 CNC 装置系统软件中的刀补程序完成,编程人员在零件程序中指明刀具半径,左刀补或右刀补,及撤消刀补即可。

在切削过程中,刀具半径补偿的补偿过程分为3个步骤:
(1) 刀补建立。刀具从起刀点接近工件,刀具中心轨迹的终点不在下一个程序段指定轮廓的起点,而是在法线方向上偏移一个刀具半径的距离,即刀具中心从与编程轨迹重合过渡到与编程轨迹距离一个刀具半径值。在该段中,动作指令只能用 G00 或 G01。

图 2 - 35 刀具补偿的建立
(a) G41 左刀补;(b) G42 右刀补。

(2) 刀具补偿进行。刀具补偿进行期间,刀具中心轨迹始终偏离编程轨迹一个刀具半径的距离。在此状态下,G00、G01、G02、G03 都可使用。

(3) 刀补撤消。刀具撤离工件,返回原点。即刀具中心轨迹从与编程轨迹相距一个刀具半径值过渡到与编程轨迹重合。此时只能用 G00 或 G01。

2.3.3 刀具半径的补偿算法

刀具半径补偿计算就是根据零件尺寸和刀具半径值计算出刀具中心轨迹。一般的 CNC 装置所能实现的轮廓仅限于直线和圆弧。刀具半径补偿分 B 功能刀补与 C 功能刀补,B 功能刀补能根据本段程序的轮廓尺寸进行刀具半径补偿,不能解决程序段之间的过渡问题,编程人员必须先估计刀补后可能出现的间断点和交叉点等情况,进行人为处理。

1. 直线加工时刀具半径补偿计算

对直线而言,刀具补偿后的轨迹是与原直线平行的直线,只需要计算出刀具中心轨迹的起点和终点坐标值。

如图 2 - 36 所示,被加工直线段的起点在坐标原点,终点坐标为 $A(X,Y)$。假定上一程序段加工完后,刀具中心在 O' 点坐标已知。刀具半径为 r,现要计算刀具右补偿后直线段 $O'A'$ 的终点坐标 $A'(X',Y')$。设刀具补偿矢量 AA' 的投影坐标为 ΔX、ΔY,则

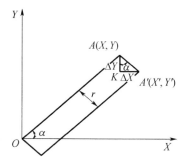

$$\begin{cases} X' = X + \Delta X \\ Y' = Y + \Delta Y \end{cases} \quad (2-37)$$

图 2 - 36 直线加工刀具半径补偿

$$\angle XOA = \angle A'AK = \alpha$$

$$\begin{cases} \Delta X = r\sin\alpha = r\dfrac{Y}{\sqrt{X^2+Y^2}} \\ \Delta Y = -r\cos\alpha = -r\dfrac{X}{\sqrt{X^2+Y^2}} \end{cases} \quad (2-38)$$

$$\begin{cases} X' = X + \dfrac{rY}{\sqrt{X^2+Y^2}} \\ Y' = Y - \dfrac{rX}{\sqrt{X^2+Y^2}} \end{cases} \quad (2-39)$$

式(2-48)为直线刀补计算公式,是在增量编程下推导出的。对于绝对值编程,仍可应用此公式计算,所不同的是(X,Y)和(X',Y')应是绝对坐标。

2. 圆弧加工时刀具半径补偿计算

对于圆弧而言,刀具补偿后的刀具中心轨迹是一个与圆弧同心的一段圆弧。只需计算刀补后圆弧的起点坐标和终点坐标值。如图2-37所示,被加工圆弧的圆心坐标在坐标原点O,圆弧半径为R,圆弧起点$A(X_a,Y_a)$终点$B(X_b,Y_b)$,刀具半径为r。

假设上一个程序段加工结束后刀具中心为A',其坐标已知,那么刀具半径补偿计算的目的,就是计算出刀具中心轨迹的终点坐标$B(X_b',Y_b')$。设BB'在两个坐标方向上的投影为ΔX, ΔY,则

$$\begin{cases} X_b' = X_b + \Delta X \\ Y_b' = Y_b + \Delta Y \end{cases} \quad (2-40)$$

$$\angle BOX = \angle B'BK = \beta$$

$$\begin{cases} \Delta X = r\cos\beta = r\dfrac{X_b}{R} \\ \Delta Y = r\sin\beta = r\dfrac{Y_b}{R} \end{cases} \quad (2-41)$$

$$\begin{cases} X' = X_b + \dfrac{rY}{R} \\ Y' = Y_b + \dfrac{rX}{R} \end{cases} \quad (2-42)$$

加工如图2-38所示,外部轮廓零件$ABCD$时,由AB直线段开始,接着加工直线段BC,根据给出的两个程序段,按B刀补处理后可求出相应的刀心轨迹A_1B_1和B_2C_1。事实上,加工完第一个程序段,刀具中心落在B_1点上,而第二个程序段的起点为B_2,两个程序段之间出现了断点,只有刀具中心走一个从B_1至B_2的附加程序,即在两个间断点之间增加一个半径为刀具半径的过渡圆弧B_1B_2,才能正确加工出整个零件轮廓。

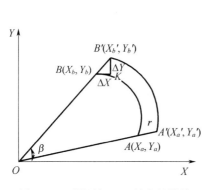

图2-37 圆弧加工刀具半径补偿

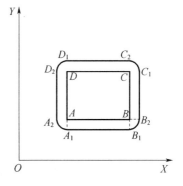

图2-38 B刀补示例

B刀补采用了读一段,算一段,再走一段的控制方法,这样,无法预计到由于刀具半径所造成的下一段加工轨迹对本程序段加工轨迹的影响。为解决下一段加工轨迹对本段加工轨迹的影响,在计算本程序段轨迹后,提前将下一段程序读入,然后根据它们之间转接的具体情况,再对本段轨迹作适当修正,得到本段的正确加工轨迹,这就是C功能刀具补偿。C功能刀补更为完善,这种方法能根据相邻轮廓段的信息自动处理两个程序段刀具中心轨迹的转换,并自动在转接点处插入过渡圆弧或直线从而避免刀具干涉和断点情况。

3. 程序段间过渡情况

在 CNC 装置中，处理的基本廓形是直线和圆弧，它们之间的相互连接方式有，直线与直线相接、直线与圆弧相接、圆弧与直线相接、圆弧与圆弧相接。在刀具补偿执行的 3 个步骤中，都有转接过渡。下面以直线与直线转接为例来讨论刀补建立、刀补进行过程中可能碰到的 3 种转接形式。

图 2-39 和图 2-40 表示了两个相邻程序段为直线与直线，左刀补 G41 的情况下，刀具中心轨迹在连接处的过渡形式。图中 α 为工件侧转接处两个运动方向的夹角，其变化范围为 $0° < α < 360°$，对于轮廓段为圆弧时，只要用其在交点处的切线作为角度定义的对应直线即可。在图 2-40(a)中，编程轨迹为 FG 和 GH，刀具中心轨迹为 AB 和 BC，相对于编程轨迹缩短一个 BD 与 BE 的长度，这种转接为缩短型。在图 2-40(b)中，刀具中心轨迹 AB 和 BC 相对于编程轨迹 FG 和 GH 伸长一个 BD 与 BE 的长度，这种转接为伸长型。在图 2-40(c)中，若采用伸长型，刀心轨迹为 AM 和 MC，相对于编程轨迹 FG 和 GH 来说，刀具空行程时间较长，为减少刀具非切削的空行程时间，可在中间插入过渡直线 BB_1，并令 BD 等于 B_1E 且等于刀具半径 r，这种转接为插入型。根据转接角 α 不同，可以将 C 刀补的各种转接过渡形式分为 3 类：

(1) 当 $180° < α < 360°$ 时，属缩短型，见图 2-39(a)和图 2-40(a)。
(2) 当 $90° ≤ α < 180°$ 时，属伸长型，见图 2-39(b)和图 2-40(b)。
(3) 当 $0° < α < 90°$ 时，属插入型，见图 2-39(c)和图 2-40(c)。

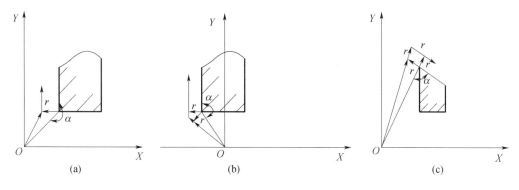

图 2-39　G41 刀补建立示意图

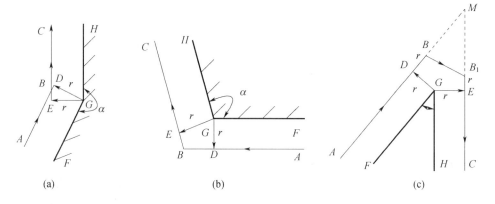

图 2-40　刀补直线与直线转接情况

为了便于交点计算以及对各种编程情况进行分析，从中找出规律，必须将 C 功能刀具补偿方法所有的编程输入轨迹、计算中的各种线型都当作矢量看待。显然，直线段本身就是一个矢量,而圆弧要将起点、终点的半径及起点到终点的弦长都看作矢量,刀具半径也作为矢量看待。刀具半径矢量,是指在加工过程中始终垂直于编程轨迹,大小等于刀具半径值,方向指向刀具中心的一个矢量。在直线加工过程中,刀具半径矢量始终垂直于刀具移动方向。当圆弧加工时,半径矢量始终垂直于编程圆弧的瞬时切点的切线,它的方向是一直在改变的。

2.3.4 刀具补偿的几种特殊情况

1. 在切削过程中改变刀补方向

如图 2-41 所示,切削轮廓段 MN 采用 G42 刀补,而后加工 PQ 段,改变了刀补方向,应采用 G41 刀补,这时必须在 P 点产生一个具有长度为刀具半径的垂直矢量以获得一段过渡圆弧 AB。

2. 改变刀具半径值

在零件切削过程中刀具半径值改变了,则新的补偿值在下个程序段中产生影响。如图 2-42 所示,N10 段补偿用刀具半径 r_1,N11 段变为 r_2 后,则开始建立新的刀补,进入 N12 段后即按新刀补 r_2 进行补偿。刀具半径的改变可通过改变刀具号或通过操作面板等方法来实现。

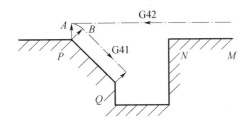
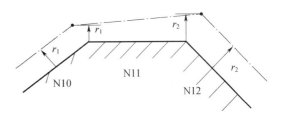

图 2-41 刀补方向改变的切削实例　　　图 2-42 刀补半径改变的实例

3. 过切问题

(1) 刀具半径补偿可使刀具中心轨迹在走刀平面(如 XY 面)内偏移零件轮廓一个刀具半径值。在刀补建立后的刀补进行中,如果存在有 2 段以上没有移动指令或存在非指定平面轴的移动指令段,则能产生过切。

如图 2-43 所示,设刀具开始位置距工件表面上方 50mm 切削深度为 8mm。Z 轴垂直于走刀平面(XY 面),则按下述方法编程,会产生过切:

N01 G91 G41 G00 X20.0 Y10.0 H01;
N02 Z-48.0;
N03 G01 Z-10.0 F200;
N04 Y30.0;
N05 X30.0;
N06 Y-20.0;
N07 X-40.0;
N08 G00 Z58.0;
N09 G40 X-10.0 Y-20.0;
N10 M02;

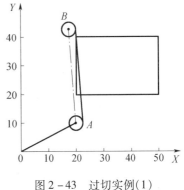

图 2-43 过切实例(1)

当 N01 段进入刀补建立阶段后,读入 N02 和 N03 两个程序段,这两个程序段是 Z 轴进给指令,不是刀补平面轴的移动指令,作不出矢量,确定不了前进方向。尽管用 G41 进入到了刀补状态,但刀具中心却未加上刀补,而直接移动到了程序给定点 A,当在 A 点执行完第二、三程序段后,再执行 N04 段,刀具中心由 A 点移动到 B,产生了过切。

（2）在两个运动指令之间有一个位移为 0 的运动指令时。因为运动为 0 的程序段没有零件轮廓信息,所以刀补时可能产生过切。

（3）在两个运动指令之间有两个辅助功能程序段,也可能造成过切,假设有如下加工程序:
……
N05 G91 X60.0;
N06 M08;
N07 M09;
N08 Y - 15.0;
N09 X40.0;
……

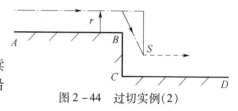

图 2-44 过切实例(2)

如图 2-44 所示,当 N05 程序段加工 AB 轮廓,同时读入 N06 和 N07 两段,因这两段为辅助功能指令,作不出沿 BC 轮廓垂直矢量,而直接到达 S 点,造成过切现象。

2.4 进给速度控制原理

2.4.1 进给速度控制

对于任何一个数控机床来说,都要求能够对进给速度进行控制,尤其是连续切削的数控机床,进给速度的控制调整不仅直接影响到加工零件的表面粗糙度和精度,而且与刀具和机床的寿命及生产效率密切相关。按照加工工艺的需要,进给速度的给定一般是将所需的进给速度用 F 代码编入程序,对于不同材料的零件,需根据切削速度、切削深度、表面粗糙度和精度的要求,选择合适的进给速度。在进给过程中,还可能发生各种不能确定或没有意料到的情况,需要随时改变进给速度,因此还应有操作者可以手动调节进给速度的功能。数控系统能提供足够的速度范围和灵活的指定方法。另外,在机床加工过程中,由于进给状态的变化,如启动、升速、降速和停止,为了防止产生冲击、失步、超程等,保证运动平稳和准确定位,必须按一定规律完成升速和降速的过程。下面主要以基准脉冲法速度控制为例进行简要说明。

2.4.2 基准脉冲法进给速度控制和加减速控制

1. 速度控制

进给速度控制方法和所采用的插补算法有关。基准脉冲插补多用于以步进电动机作为执行元件的开环数控系统中,各坐标的进给速度是通过控制向步进电动机发出脉冲的频率来实现的,所以进给速度处理是根据程编的进给速度值来确定脉冲源频率的过程。进给速度 F 与脉冲源频率 f 之间关系为

$$F = 60\delta f \tag{3-43}$$

式中:δ 为脉冲当量(mm/脉冲);f 为脉冲源频率(Hz);F 为进给速度(mm/min)。

脉冲源频率为

$$f = F/(60\delta)$$

下面介绍程序计时法,利用调用延时子程序的方法来实现速度控制。

根据要求的进给速度 F 求出与之对应的脉冲频率 f,再计算出两个进给脉冲的时间间隔(插补周期)$T = 1/f$,在控制软件中,只要控制两个脉冲的间隔时间,就可以方便地实现速度控制。

进给脉冲的间隔时间长,进给速度慢;反之,进给速度快。这一间隔时间 T 通常由插补运算时间 t_{ch} 和程序计时时间 t_j 两部分组成,即 $T = t_{ch} + t_j$,由于插补运算所需时间一般来说是固定的,因此只要改变程序计时时间就可控制进给速度。程序计时时间(每次插补运算后的等待时间)可用空运转循环来实现,用 CPU 执行延时子程序的方法控制空运转循环时间,延时子程序的循环次数少,空运转等待时间短,进给脉冲间隔时间短,速度就快;延时子程序的循环次数多,空运转等待时间长,进给脉冲间隔时间长,速度就慢。

【例 3-5】 已知系统脉冲当量 $\delta = 0.01$ mm/脉冲,进给速度 $F = 300$ mm/min,插补运算时间 $t_{ch} = 0.1$ ms,延时子程序延时时间为 $t_y = 0.1$ ms,求延时子程序循环次数。

脉冲源频率 $f = \dfrac{F}{60\delta} = \dfrac{300}{60 \times 0.1 \times 60} = 500$ (Hz)

插补周期 $T = \dfrac{1}{f} = 0.002$ (s) = 2 (ms)

程序计时时间 $t_j = T - t_{ch} = 1.9$ (ms)

循环次数 $n = \dfrac{t_j}{t_y} = 19$ (次)

程序计时法比较简单,但占用 CPU 时间较长,适合于较简单的控制过程。

2. 加减速控制

因为步进电动机的起动频率比它的最高运行频率低得多,为了减少定位时间,常常通过加速使电动机在接近最高的速度运行。随着目标位置的接近,为使电动机平稳的停止,再使频率降下来。因此步进电动机开环控制系统过程中,运行速度都需要有一个加速—恒速—减速—低恒速—停止的过程,如图 2-45 所示。各种系统在工作过程中,都要求加减速过程尽量短,恒速时间尽量长。

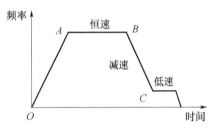

图 2-45 速度控制曲线

具体实现时,可按直线加减速或指数加减速规律控制。当按直线加减速规律控制时,其加速度理论上为恒定,但实际上电动机转速升高时,输出转矩有所下降,从而导致加速度有所变化。如按指数加减速规律控制时,加速度是逐渐下降的,这比较接近电动机输出转矩随转速变化的规律。

加减速控制,实际上就是改变输出脉冲的时间间隔,升速时使脉冲串逐渐加密,减速时使脉冲串逐渐稀疏。对加减速控制有许多种方法,软、硬件均可实现。

思考题与习题

1. CNC 装置是如何工作的?
2. 何为插补?
3. 目前应用的插补方法分为哪几类?各有何特点?
4. 简述逐点比较法的基本原理。
5. 简述数字积分法的插补原理。
6. DDA 插补时合成进给速度与脉冲源速度有何关系?说明了什么?
7. 简述左移规格化的原理及作用。
8. 简述刀具补偿的作用。
9. C 功能与 B 功能刀补各有何特点?

第3章　数控加工的工艺设计基础

数控编程工作中的工艺设计是实现数控加工非常重要的环节,它关系到零件加工的正确性与合理性。数控加工过程是在数控加工程序控制下自动进行的,因此对加工程序的正确性与合理性要求极高,不能有丝毫差错。正因为如此,在编写程序前,编程人员必须对加工过程、工艺路线、刀具、切削用量等进行正确、合理地确定和选择。

数控加工工艺与普通机床加工工艺基本理论是一致的,数控加工工艺过程也是由一个或若干个顺序排列的工序组成的,工序是组成工艺过程的基本单元,也是制定生产计划、进行经济核算的基本单元。

3.1　工艺规程设计概述

工艺规程设计需要的原始资料:
(1) 产品装配图、零件图。
(2) 产品验收质量标准。
(3) 产品的年生产纲领。
(4) 毛坯材料与毛坯生产条件。
(5) 制造厂的生产条件(包括机床设备和工艺装备的规格、性能和现有的技术状态,工人的技术水平,工厂自制工艺装备的能力以及工厂供电、供气的能力等有关资料)。
(6) 工艺规程设计、工艺装备设计所需用到的设计手册和有关标准。

机械加工工艺规程设计的内容和步骤:
(1) 分析零件图和产品装配图。
(2) 对零件图和装配图进行工艺审查。
(3) 确定毛坯种类。
(4) 拟定零件加工工艺路线。
(5) 确定各工序所用机床设备和工艺装备(含刀具、夹具、量具、辅具等)。
(6) 确定各工序的加工余量,计算工序尺寸及公差。
(7) 确定各工序的技术要求及检验方法。
(8) 确定各工序的切削用量和工时定额。
(9) 编制工艺文件。

3.2　数控加工工艺概述

数控机床是用数字化信号对机床的运动及其加工过程进行控制的机床,它是一种技术密集度及自动化程度很高的机电一体化加工设备。数控加工则是根据被加工零件的图样和工艺要求编制成以数控代码表示的数控程序,输入到机床的数控装置或控制计算机中,以控制工件和工具的相对运动,使之加工出合格零件。在数控加工过程中,如果数控机床是硬件,则数控工艺和数控程序相当于软件,两者缺一不可。实现数控加工,编程是关键,但必须在编程前做必要的准备工作,在编程后做必要的善后处理工作。严格来讲,数控编程也属于数控工艺的范畴。

数控加工具有如下特点:
(1) 自动化程度高。
(2) 加工精度高。
(3) 对加工对象的适应性强。
(4) 生产效率高。
(5) 易于建立计算机通信网络。

3.2.1 数控加工的工艺特点

1. 数控加工的工艺内容十分明确而具体

进行数控加工时,数控机床是接受数控系统的指令,完成各种运动,实现加工的主体。因此,在编制加工程序之前,需要对影响加工过程的各种工艺因素,如切削用量、进给路线、刀具的几何形状,甚至工步的划分与安排等都要一一做出定量描述,对每一个问题都要给出确切的答案和选择,而不能像用通用机床加工时一样,在大多数情况下对许多具体的工艺问题由操作工人依据自己的实践经验和习惯自行考虑和决定。也就是说,通用机床加工时本来由操作人员在加工中灵活掌握并可通过适时调整来处理的许多工艺问题,在数控加工时就转变为编程人员必须事先具体设计和明确安排的内容。

2. 数控加工的工艺内容准确而严密

数控加工不能像通用机床加工时一样,可以根据加工过程中出现的问题由操作者自由地进行调整。例如,加工内螺纹时操作者对于一个字符、一个小数点或一个逗号的调整都有可能酿成重大机床事故和质量事故。因为数控机床比同类的普通机床价格高得多,在数控机床上加工的也往往是一些形状比较复杂、价值较高的工件,生产中机床出现损坏或工件出现报废事故都会造成较大损失。

根据对大量加工实例分析得知,数控工艺考虑不周和计算与编程时的粗心大意是造成数控加工失误的主要原因。因此,要求编程人员除必须具备较扎实的工艺基础知识和较丰富的实际工作经验外,还必须具有严谨的工作作风。

3. 数控加工的工序相对集中

一般来说,在普通机床上加工是根据机床的种类进行单工序加工,而在数控机床上加工往往采用"工序集中"的方式,即尽量在工件的一次装夹中完成工件的钻、扩、铰、铣、镗、攻螺纹等多工序的加工。在特殊情况下,甚至在一台加工中心上可以完成某工件的全部加工内容。

3.2.2 数控加工工艺的主要内容

工艺设计是对工件进行数控加工的前期准备工作,它必须在编制程序之前完成。因为只有在工艺设计方案确定以后,编程才有依据。否则,由于工艺方面的考虑不周,将可能造成数控加工的错误,造成废品、次品。同时,如果工艺设计不好,往往要成倍增加工作量,有时甚至要推倒重来。可以说,数控加工工艺分析的质量决定了数控程序的质量。因此,编程人员一定要先把工艺设计做好,然后再进行编程工作。

一般来说,零件的数控加工生产过程如下:
(1) 根据零件加工图样进行工艺分析,确定加工方案、工艺参数和位移数据。

(2) 用规定的程序代码和格式编写零件加工程序单,或用自动编程软件直接生成零件的加工程序文件。

(3) 输入程序。由手工编写的程序,可以通过数控机床的操作面板输入程序;由编程软件生成的程序,可通过计算机的串行通信接口直接传输到数控机床的数控单元(MCU),完成程序的输入。

(4) 将输入到数控单元的加工程序,进行刀具路径模拟、试运行等。

(5) 通过对机床的正确操作,运行程序,完成零件的加工。

根据以上数控加工零件的生产过程和实际应用中的经验,数控加工工艺设计主要包括以下内容:

(1) 选择并决定零件的数控加工内容。

(2) 零件图样的数控加工分析。

(3) 数控加工的工艺路线设计。

(4) 数控加工工序设计。

(5) 数控加工专用技术文件的编写。

3.3 数控加工工艺性分析

在制定零件的机械加工工艺规程之前,对零件进行工艺性分析,以及对产品零件图提出修改意见,是一项重要工作。为了保证数控加工的顺利进行,有必要对零件图进行分析,分析的内容主要包含对零件图的正确性、完整性、工艺性进行分析,涉及结构表达、尺寸标注、技术要求等内容。

3.3.1 零件图分析

零件图的分析应从以下几个方面进行:

(1) 尺寸标注应符合数控加工的特点。在数控编程中,所有点、线、面的尺寸和位置都是以编程原点为基准的,因此,为了方便计算及检验,零件图样上最好直接给出坐标尺寸,或尽量以同一基准标注尺寸。

(2) 几何要素的条件应完整、准确。在程序编制中,编程人员必须充分掌握构成零件轮廓的几何要素参数及各几何要素间的关系。因为在自动编程时,要对零件轮廓的所有几何元素进行定义,手工编程时要计算出每个节点的坐标,无论哪一点不明确或不确定,编程都无法进行。另外,由于设计人员在设计过程中考虑不周或疏忽,常常会出现参数不全或表达不清楚的情况,例如圆弧与直线、圆弧与圆弧之间是相切还是相交或相离表达不清。所以在审查与分析图纸时一定要仔细核算,发现问题时应及时与设计人员联系。

(3) 定位基准应可靠。在数控加工中,加工工序往往较集中,为了取得较好的加工效果,避免基准不重合误差,故以同一基准定位十分重要。因此,往往需要设置一些辅助基准或在毛坯上增加一些工艺凸台。以图 3-1(a)所示的零件为例,为增加定位的稳定性,可在底面增加一工艺凸台,如图 3-1(b)所示。这些辅助基准在完成定位加工后可除去。

(4) 应统一几何类型及尺寸。零件的外形、内腔最好采用统一的几何类型及尺寸,这样不但可以减少换刀次数,还可能应用流程控制程序或专门的子程序以缩短程序长度。另外,零件的形状应尽可能对称,以便于利用数控机床的镜向加工功能来编程,节省编程时间。

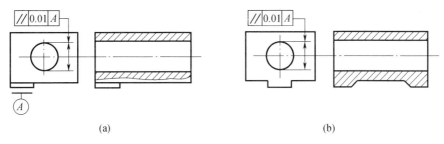

图 3-1 工艺凸台的应用
(a) 改进前的结构；(b) 改进后的结构。

3.3.2 零件的结构工艺性分析

零件的结构工艺性对其工艺过程影响很大,使用性能相同而结构不同的两个零件,它们的制造成本可能会有很大差别。结构工艺性好就是指这种结构在同样的生产条件(加工设备、工艺装备、加工方法、操作技术水平等)下,能够采用较经济的方法,保质、保量地制造出来。结构工艺性涉及毛坯制造、零件加工以及装配、包装等几个方面。对于加工来说,零件的结构工艺性分析应从以下几个方面进行：

(1) 零件的内腔与外形应尽量采用统一的几何类型和尺寸。尤其是加工面转接处的凹圆弧半径,一根轴上直径相差不大的各轴肩处的退刀槽宽度等最好统一尺寸。

(2) 内槽圆角半径不应过小。这是因为此处圆角半径大小决定了刀的直径,而刀具直径的大小对工件加工质量及效率有直接影响。

(3) 铣削零件底平面时,槽底圆角半径 r 不应过大,圆角半径 r 越大,铣刀端刃铣削平面的能力就越差,效率也越低。当 r 大到一定程度时,甚至无法用球头铣刀加工,这是应该尽量避免的。

3.4 数控加工内容的选择及数控机床的合理选用

3.4.1 数控加工内容的选择

一般情况下,并非零件的全部加工内容都采用数控加工,而经常只是其中的一部分进行数控加工。选择哪些内容和工序进行数控加工,一般可按以下顺序考虑：

(1) 普通机床无法加工的内容应作为优先选择内容。
(2) 普通机床难加工,质量也难以保证的内容应作为重点选择内容。
(3) 普通机床加工效率低,工人手工操作劳动强度大的内容,可在数控机床尚有加工能力的基础上进行选择。

相比之下,下列一些加工内容则不宜选择为数控加工的内容：

(1) 需要用较长时间占机调整的加工内容。
(2) 加工余量极不稳定,且数控机床上又无法自动调整零件坐标位置的加工内容。
(3) 不能在一次安装中加工完成的零星分散部位,采用数控加工很不方便,效果不明显时,可以安排普通机床补充加工。

3.4.2 数控机床的合理选用

数控机床的合理选用是指通过技术上和经济上的分析、评价与比较,从可以满足相同需要的多种型号、规格的设备中选择最佳者的决策。此时需要分析的因素很多,涉及加工工件的尺寸、材料、类型、加工精度、零件数量以及热处理等,应综合这些分析,选择合适的数控机床进行加工。

选择时应遵循的基本原则有以下3点:

1. 生产上适用

生产上适用即应保证加工零件的技术要求能够生产出合格的产品。对于平面轮廓和二维轮廓的工件,采用2轴或3轴数控机床加工,对于复杂曲面的工件,可以选用3轴或5轴联动数控机床。

1)要保证对工艺的适用性要求

典型零件的加工工艺中要求的设备选用如下:

轴类零件:铣端面打中心孔→数控车床(粗加工)→数控磨床(精加工)。

法兰和盘类件:数控车床(粗加工)→车削中心(精加工)。

型腔模具零件:普通机床加工外形及基面→数控铣床加工型面→高速数控铣床(精加工)→抛光或电腐蚀型面。

板类零件:双轴铣床或龙门铣床加工大平面→立式加工中心上加工各类孔。

箱体零件:立式加工中心上加工底面→卧式加工中心上加工四周各工艺面。

2)要保证加工工件的尺寸的适用性要求

数控机床的最主要规格是几个数控轴的行程范围和主轴电动机功率。机床的3个基本直线坐标(X,Y,Z)行程反映该机床允许的加工空间。在车床中,两个坐标(X,Z)反映允许回转体的大小,一般情况下,加工工件的轮廓尺寸应在机床的加工空间范围之内。例如,典型工件是450mm×450mm×450mm的箱体,那么应选取工作台面尺寸为500mm×500mm的加工中心。选用工作台面比典型工件稍大一些是基于安装夹具的考虑。机床工作台面尺寸和3个直线坐标行程都有一定的比例关系。如上述工作台(500mm×500mm)的机床,X轴行程一般为700~800mm,Y轴为500~700mm,Z轴为500~600mm。因此,工作台面的大小基本上确定了加工空间的大小。个别情况下也允许工件尺寸大于坐标行程,这时必须要求零件上的加工区域处在行程范围之内,而且要考虑机床工作台的允许承载能力,以及工件是否与机床交换刀具的空间发生干涉、与机床防护罩等附件发生干涉等系列问题。

3)要保证工件的加工精度要求

典型零件的关键部位加工精度要求决定了选择数控机床的精度等级。数控机床根据用途又分为简易型、全功能型、超精密型等,其能达到的精度也是各不一样的。简易型目前还用于一部分车床和铣床,其最小运动分辨力为0.01mm,运动精度和加工精度都在0.03~0.05mm以上,超精密型用于特殊加工,其精度可达0.001mm以下。

2. 技术上先进

在保证加工质量和加工精度要求的前提下,机床的精度要与工件要求的精度一致,尽量选用技术先进的机床加工,以提高效率。

3. 经济上合理

对于简单零件,加工过程不复杂的可以选择普通机床进行加工,没有必要把数控机床降为普通机床使用,以降低成本。

目前,数控机床品种繁多,可供选择的余地很大,在机型选择中应在满足加工工艺要求的前提下越简单越好。例如,车削中心和数控车床都可以加工轴类零件,但一台满足同样加工规格的车削中心价格要比数控车床高几倍,如果没有相应工艺要求,选择数控车床应是合理的。在加工型腔模具零件中,同规格的数控铣床和加工中心都能满足基本加工要求,但两种机床价格相差20%~50%,所以对于在加工中要采用常更换刀具的工艺时可安排选用加工中心,而固定用一把刀具长时间铣削时可选用数控铣床。

3.5 数控加工工艺路线的设计

零件机械加工的工艺路线是指零件生产过程中,由毛坯到成品所经过的工序先后顺序。在拟定工艺路线时,除了首先考虑定位基准的选择外,还应当考虑各表面加工方法的选择,工序集中与分散的程度,加工阶段的划分和工序先后顺序的安排等问题。

3.5.1 定位基准的选择

在制定工艺规程时,定位基准选择的正确与否,对能否保证零件的尺寸精度和相互位置精度要求,以及对零件各表面间的加工顺序安排都有很大影响,当用夹具安装工件时,定位基准的选择还会影响到夹具结构的复杂程度。因此,定位基准的选择是一个很重要的问题。

选择定位基准时,是从保证工件加工精度要求出发的,因此,定位基准的选择应先选择精基准,再选择粗基准。

1. 精基准的选择原则

选择精基准时,主要应考虑保证加工精度和工件安装方便可靠,其选择原则如下:

(1)基准重合原则。选用设计基准作为定位基准,以避免定位基准与设计基准不重合而引起的基准不重合误差。

(2)基准统一原则。应采用同一组基准定位加工零件上尽可能多的表面。这样做可以简化工艺规程的制订工作,减少夹具设计、制造的工作量和成本,缩短生产准备周期。由于减少了基准转换,便于保证各加工表面的相互位置精度。例如加工轴类零件时,采用中心孔定位加工各外圆表面就符合基准统一原则;箱体零件采用一面两孔定位;齿轮的齿坯和齿形加工多采用齿轮的内孔及一端面为定位基准,均属于基准统一原则。

(3)自为基准原则。某些要求加工余量小而均匀的精加工工序,选择加工表面本身为定位基准。例如浮动镗刀镗孔、珩磨孔、拉孔、无心磨外圆等均为自为基准的实例。

(4)互为基准原则。当对工件上两个相互位置精度要求很高的表面进行加工时,用两个表面互相作为基准,反复进行加工,以保证位置精度要求。例如要保证精密齿轮的齿圈跳动精度,在齿面淬硬后,先以齿面定位磨内孔,再以内孔定位磨齿面,从而保证位置精度;车床主轴的前锥孔与主轴支承轴颈有严格的同轴度要求,加工时就是先以轴颈外圆为定位基准加工锥孔,再以锥孔为定位基准加工外圆,如此反复多次,最终达到加工要求。这都是互为基准的典型实例。

(5)便于装夹原则。所选精基准应保证工件安装可靠,夹具设计简单、操作方便。

2. 粗基准的选择原则

选择粗基准时,主要要求保证各加工面有足够的余量,使加工面与不加工面间的位置符合图样要求,并应特别注意要尽快获得精基准面,具体选择时应考虑下列原则:

(1)选择重要表面为粗基准。为保证工件上重要表面的加工余量小而均匀,应选择该重要表面为粗基准。重要表面一般是指工件上加工精度以及表面质量要求较高的表面,如床身的导轨面、车床主轴箱的主轴孔,都是各自的重要表面。因此,加工床身和主轴箱时,应以导轨或主轴孔为粗基准。

(2)选择不加工表面为粗基准。为了保证加工面与不加工面间的位置要求,一般应选择不加工面为粗基准。如果工件上有多个不加工面,则应选其中与加工面位置要求较高的不加工面为粗基准,以便保证精度要求,使外形对称等。

(3)选择加工余量最小的表面为粗基准。在没有要求保证重要表面加工采量均匀的情况下,如果零件上每个表面都要加工,则应选择其中加工余量最小的表面为粗基准,以避免该表面在加工时因余量不足而留下部分毛坯面,造成工件废品。

（4）选择较为平整光洁、加工面积较大的表面为粗基准,以便工件定位可靠、夹紧方便。

（5）粗基准在同一尺寸方向上只能使用一次,因为粗基准本身都是未经机械加工的毛坯面,其表面粗糙且精度低,若重复使用将产生较大的误差。

实际上,无论精基准还是粗基准的选择,上述原则都不可能同时满足,有时还会互相矛盾。因此,在选择时应根据具体情况进行分析,权衡利弊,保证其主要的要求。

3.5.2 加工方法的选择

加工方法的选择,就是为零件上每个有质量要求的表面选择一套合理的加工方法,以保证加工表面精度和表面粗糙度的要求。在选择时,一般先根据表面的精度和粗糙度要求选定最终加工方法,然后再确定精加工前准备工序的加工方法,即确定加工方案。由于获得同一精度和粗糙度的加工方法往往有几种,因此在选择时,除了要考虑生产效率要求和经济效益外,还应考虑下列因素：

（1）工件材料的性质。例如,材料为淬硬钢的零件的精加工通常要用磨削的方法实现,而有色金属零件的精加工应采用精车或精镗等加工方法,而不应采用磨削。

（2）工件的结构和尺寸。例如,对于IT7级精度的孔采用拉削、铰削、镗削和磨削等加工方法都可,但是对于箱体上的孔一般不采用拉削或磨削,而常常采用铰孔和镗孔,直径大于60mm的孔不宜采用钻、扩、铰。

（3）生产类型。选择加工方法要与生产类型相适应。大批大量生产应选用生产效率高和质量稳定的加工方法。例如,平面和孔可采用拉削加工。单件小批生产则采用刨削、铣削平面和钻、扩、铰孔。又如为保证质量可靠和稳定,保证较高的成品率,在大批大量生产中采用珩磨和超精加工工艺加工较精密零件。

（4）具体生产条件。应充分利用现有设备和工艺手段,不断引进新技术,对老设备进行技术改造,挖掘企业潜力,提高工艺水平。

表3-1~表3-4分别列出了外圆、内孔和平面的加工方案及经济精度,供选择加工方法时参考。

表3-1 外圆表面加工方案

序号	加工方案	经济精度等级	表面粗糙度 Ra 值/μm	适用范围
1	粗车	IT11以下	50~12.5	适用于淬火钢以外的各种金属
2	粗车—半精车	IT8~IT10	6.3~3.2	
3	粗车—半精车—精车	IT7、IT8	1.6~0.8	
4	粗车—半精车—精车—滚压（或抛光）	IT7、IT8	0.2~0.025	
5	粗车—半精车—磨削	IT7、IT8	0.8~0.4	主要用于淬火钢、未淬火钢,但不宜加工有色金属
6	粗车—半精车—粗磨—精磨	IT6、IT7	0.4~0.1	
7	粗车—半精车—粗磨—精磨—超精加工（或轮式超精磨）	IT5	0.1~R_Z0.1	
8	粗车—半精车—精车—金刚石车	IT6、IT7	0.4~0.025	主要用于要求较高的有色金属加工
9	粗车—半精车—粗磨—精磨—超精磨或镜面磨	IT5以上	0.025~R_Z0.05	极高精度的外圆加工
10	粗车半精车—粗磨—精磨—研磨	IT5以上	0.1~R_Z0.05	

表 3-2 孔加工方案

序号	加工方案	经济精度等级	表面粗糙度 Ra 值/μm	适用范围
1	钻	IT11、IT12	12.5	加工未淬火钢及铸铁的实心毛坯,也可用于加工有色金属(但表面粗糙度稍大,孔径小于15mm)
2	钻—铰	IT9	3.2~1.6	
3	钻—铰—精铰	IT7、IT8	1.6~0.8	
4	钻—扩	IT10、IT11	12.5~6.3	加工未淬火钢及铸铁的实心毛坯,也可用于加工有色金属(但表面粗糙度稍大,孔径大于15mm)
5	钻—扩—铰	IT8、IT9	3.2~1.6	
6	钻—扩—粗铰—精铰	IT7	1.6~0.8	
7	钻—扩—机铰—手铰	IT6、IT7	0.4~0.1	
8	钻—扩—拉	IT7~IT9	1.6~0.1	大批量生产(精度由拉刀的精度确定)
9	粗镗(或扩孔)	IT11、IT12	12.5~6.3	除淬火钢外各种材料,毛坯有铸出孔或锻出孔
10	粗镗(粗扩)—半精镗(精扩)	IT8、IT9	3.2~1.6	
11	粗镗(扩)—半精镗(精扩)—精镗(铰)	IT7、IT8	1.6~0.8	
12	粗镗(扩)—半精镗(精扩)—精镗—浮动镗刀精镗	IT6、IT7	0.8~0.4	
13	粗镗(扩)—半精镗—磨孔	IT6、IT7	0.8~0.2	主要用于淬火钢,也可用于未淬火钢,但不宜用于有色金属
14	粗镗(扩)—半精镗—粗磨—精磨	IT6、IT7	0.2~0.1	
15	粗镗—半精镗—精镗—金刚镗	IT6、IT7	0.4~0.05	主要用于精度要求高的有色金属加工
16	钻—(扩)—粗铰—精铰—珩磨; 钻—(扩)—拉—珩磨; 粗镗—半精镗—精镗—珩磨	IT6、IT7	0.2~0.025	精度要求很高的孔
17	以研磨代替上述方案中的珩磨	IT6以上		

表 3-3 平面加工方案

序号	加工方案	经济精度等级	表面粗糙度 Ra 值/μm	适用范围
1	粗车—半精车	IT9	6.3~3.2	
2	粗车—半精车—精车	IT7、IT8	1.6~0.8	端面
3	粗车—半精车—磨削	IT8、IT9	0.8~0.2	
4	粗刨(或粗铣)—精刨(或精铣)	IT8、IT9	6.3~1.6	一般不淬硬平面(端铣表面粗糙度较细)
5	粗刨(或粗铣)—精刨(或精铣)—刮研	IT6、IT7	0.8~0.4	精度要求较高的不淬硬平面;批量较大时宜采用宽刃精刨方案
6	以宽刃刨削代替上述方案刮研	IT7	0.8~0.2	
7	粗刨(或粗铣)—精刨(或精铣)—磨削	IT7	0.8~0.2	精度要求高的淬硬平面或不淬硬平面
8	粗刨(或粗铣)—精刨(或精铣)—粗磨—精磨	IT6、IT7	0.4~0.02	
9	粗铣—拉	IT7~IT9	0.8~0.2	大量生产,较小的平面(精度视拉刀精度而定)
10	粗铣—精铣—磨削—研磨	IT6以上	0.1~0.008	超精密平面

表 3-4 各种加工方法的经济精度等级和表面粗糙度(中批生产)

被加工表面	加工方法	经济精度等级	表面粗糙度 Ra 值/μm
外圆和端面	粗车	IT11~IT13	50~12.5
	半精车	IT8~IT11	6.3~3.2
	精车	IT7~IT9	3.2~1.6
	粗磨	IT8~IT11	3.2~0.8
	精磨	IT6~IT8	0.8~0.2
	研磨	IT5	0.2~0.012
	超精加工	IT5	0.2~0.012
	精细车(金刚车)	IT5、IT6	0.8~0.05
孔	钻	IT11~IT13	50~6.3
	铸锻孔的粗扩(镗)	IT11~IT13	50~12.5
	精扩	IT9~IT11	6.3~3.2
	粗铰	IT8、IT9	6.3~1.6
	精铰	IT6、IT7	3.2~0.8
	半精镗	IT9~IT11	6.3~3.2
	精镗(浮动镗)	IT7~IT9	3.2~0.8
	精细镗(金刚镗)	IT6、IT7	0.8~0.1
	粗磨	IT9~IT11	6.3~3.2
	精磨	IT7~IT9	1.6~0.4
	研磨	IT6	0.2~0.012
	珩磨	IT6、IT7	0.4~0.1
	拉孔	IT7~IT9	1.6~0.8
平面	粗刨、粗铣	IT11~IT13	50~12.5
	半精刨、半精铣	IT8~IT11	6.3~3.2
	精刨、精铣	IT6~IT8	3.2~0.8
	拉削	IT7、IT8	1.6~0.8
	粗磨	IT8~IT11	6.3~1.6
	精磨	IT6~IT8	0.8~0.2
	研磨	IT5、IT6	0.2~0.012

3.5.3 工序的划分

根据数控加工的特点,加工工序的划分一般可按下列方法进行:

(1) 以同一把刀具加工的内容划分工序。有些零件虽然能在一次安装后加工出很多待加工面,但程序太长会受到某些限制,如控制系统的限制(主要是内存容量),机床连续工作时间的限制(如一道工序在一个班内不能结束)等。此外,程序太长会增加出错率,查错与检索困难。因此,程序不能太长,一道工序的内容也不能太多。

(2) 以加工部分划分工序。对于加工内容很多的零件,可按其结构特点将加工部位分成几个部分,如内轮廓、外轮廓、曲面或平面等。

(3) 以粗、精加工划分工序。对于易发生加工变形的零件,由于粗加工后可能发生较大的变形而需要进行校形,因此一般来说凡要进行粗、精加工的工件都要将工序分开。

综上所述,在划分工序时,一定要视零件的结构与工艺性、机床的功能、零件数控加工内容的多少、安装次数及本单位生产组织状况灵活掌握。某零件宜采用工序集中的原则还是采用工序分散的原则,也要根据实际需要和生产条件确定,力求合理。

3.5.4 工序顺序的安排

加工顺序的安排应根据零件的结构和毛坯状况,以及定位安装与夹紧的需要来考虑,保证工件的刚性不被破坏。顺序安排一般应按下列原则进行:

(1) 上道工序的加工不能影响下道工序的定位与夹紧,中间穿插有通用机床加工工序的也要综合考虑。

(2) 先进行内型腔加工工序,后进行外型腔加工工序。

(3) 在同一次安装中进行的多道工序,应先安排对工件刚性破坏小的工序。

(4) 以相同定位、夹紧方式或同一把刀具加工的工序,最好连续进行,以减少重复定位次数、换刀次数与挪动压板次数。

3.6 数控加工工序的设计

当数控加工工艺路线设计完成后,各道数控加工工序的内容已基本确定,要达到的目标已比较明确,对其他一些问题(如刀具、夹具、量具、装夹方式等),也已基本明确,接下来便可以着手数控工序设计了。

在确定工序内容时,要充分注意到数控加工的工艺是十分严密的。因为数控机床虽然自动化程度较高,但自适应性差,它不能像通用机床一样,在加工时可以根据加工过程中出现的问题比较自由地进行人为调整,即使现代数控机床在自适应调整方面(如自适应控制技术、人工智能技术)做出了不少努力与改进,但自由度仍不大。例如,数控机床在攻制螺纹时,机床不知道孔中是否已挤满了切屑,是否需要退一下刀,或清理一下切屑再继续加工。所以,在数控加工的工序设计中,必须注意加工过程中的每一个细节。同时,在对图形进行数学处理、计算和编程时,都要力求准确无误。因为,数控机床比同类通用机床价格要高得多,在数控机床上加工的也都是一些形状比较复杂、价值较高的零件,一旦出现机床或零件的损坏都会造成较大的损失。在实际工作中,由于一个小数点或一个逗号的差错而酿造重大机床事故和质量事故的例子也是屡见不鲜的。

数控工序设计的主要任务是进一步把本工序的加工内容、切削用量、工艺装备、定位夹紧方式及刀具运动轨迹都确定下来,为编制加工程序做好充分准备。

3.6.1 走刀路线和工步顺序的确定

走刀路线是刀具在整个加工工序中相对于工件的运动轨迹,它不但包括了工序的内容,而且也反映了工序的顺序。走刀路线是编写程序的依据之一,因此,在确定走刀路线时最好画一张工序简图,将已经拟定出的走刀路线画上去(包括进刀、退刀路线),这样可为编程带来不少方便。

工步顺序是指同一道工序中,各个表面加工的先后次序。它对零件的加工质量、加工效率和数控加工中的走刀路线有直接影响,应根据零件的结构特点和工序的加工要求等合理安排。工序的划分与安排一般可随走刀路线来进行。在确定走刀路线时,主要遵循以下两条原则:

1. 应能保证零件的加工精度和表面粗糙度要求

当铣削平面零件外轮廓时,一般采用立铣刀侧刃切削。刀具切入工件时,应避免沿零件外廓的法向切入,而应沿外廓曲线延长线的切向切入,以避免在切入处产生刀具的刻痕而影响表面质量,保证零件外廓曲线平滑过渡。同理,在切离工件时,也应避免在工件的轮廓处直接退刀,而应该沿零件轮廓延长线的切向逐渐切离工件。

铣削封闭的内轮廓表面时,若内轮廓曲线允许外延,则应沿切线方向切入切出。若内轮廓曲线不允许外延,则刀具只能沿内轮廓曲线的法向切入切出,此时刀具的切入切出点应尽量选在内轮廓曲线两几何元素的交点处。当内部几何元素相切无交点时,为防止刀具半径补偿取消时在轮廓拐角处留下凹口,刀具切入切出点应远离拐角。

圆弧插补方式铣削外整圆时,当整圆加工完毕,不要在切点处直接退刀,而应让刀具沿切线方向多运动一段距离,以免取消刀具半径补偿时,刀具与工件表面相碰,造成工件报废。铣削内圆弧时也要遵循从切向切入的原则,最好安排从圆弧过渡到圆弧的加工路线,这样可以提高内孔表面的加工精度和加工质量。

对于孔位置精度要求较高的零件,在精镗孔系时,镗孔路线一定要注意各孔的定位方向一致,即采用单向趋近定位点的方法,以避免传动系统反向间隙误差或测量系统的误差对定位精度的影响。例如图 3-2 中位置精度要求较高的孔系加工,当按左图所示路线加工时,由于 5,6 孔与 1,2,3,4 孔定位方向相反,Y 方向反向间隙会使定位误差增加,而影响 5,6 孔与其他孔的位置精度。按右图所示路线,加工完 4 孔后往上多移动一段距离到达 P 点,然后再折回来加工 5,6 孔,这样方向一致,可避免反向间隙的引入,提高 5,6 孔与其他孔的位置精度。

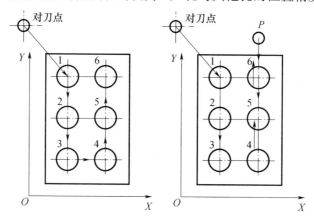

图 3-2 孔系加工走刀路线

铣削曲面时,常用球头铣刀采用行切法进行加工。行切法是指刀具与零件轮廓的切点轨迹是一行一行的,而行间的距离是按零件加工精度的要求确定的。

对于边界敞开的曲面加工,可采用两种走刀路线。如发动机大叶片,当采用图 3-3(a)所示的加工方案时,每次沿直线加工,刀位点计算简单,程序少,加工过程符合直纹面的形成,可准确保证母线的直线度。当采用图 3-3(b)所示的加工方案时,符合这类零件数据给出情况,便于加工后检验,叶形的准确度较高,但程序量较多。由于曲面零件的边界是敞开的,没有其他表面限制,因此边界曲面可以延伸,球头铣刀应由边界外开始加工。

在图 3-4 中,图(a)和图(b)分别为用行切法加工和环切法加工凹槽的走刀路线,而图(c)是先用行切法,最后环切一刀光整轮廓表面。3 种方案中,图 3-4(a)的加工表面质量最差,在周边留有大量的残余;图 3-4(b)和图 3-4(c)加工后能保证精度,但图 3-4(b)采用了环切的方案,走刀路线稍长,而且编程及计算的工作量大。

此外,轮廓加工中应避免进给停顿,因为加工过程中的切削力会使工艺系统产生弹性变形并处于相对平衡状态。进给停顿时,切削力突然减小会改变系统的平衡状态,刀具会在进给停顿处的零件轮廓上留下刻痕。

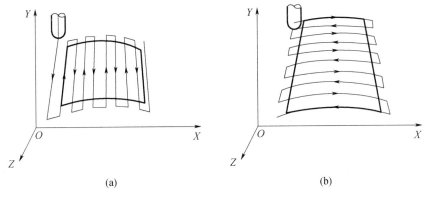

图 3-3　行切法

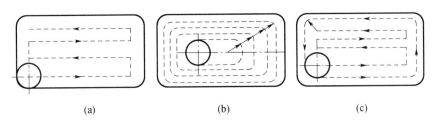

图 3-4　凹槽加工方法比较

为提高工件表面的精度和减小粗糙度,可以采用多次走刀的方法,精加工余量一般以 0.2~0.5mm 为宜。精铣时宜采用顺铣,以减小零件被加工表面粗糙度的值。

2. 应使走刀路线最短,减少刀具空行程时间,提高加工效率

图 3-5 所示为正确选择钻孔加工路线的例子。按照一般习惯,总是先加工均布于同一圆周上的 8 个孔,再加工另一圆周上的孔,如图 3-5(a)所示。但是对点位控制的数控机床而言,要求定位精度高,定位过程尽可能快,因此这类机床应按空程最短来安排走刀路线,如图 3-5(b)所示,以节省时间。

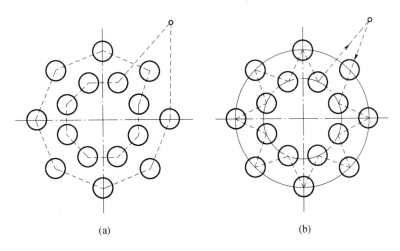

图 3-5　走刀路线

3.6.2 工件的安装与夹具的选择

1. 工件的安装

工件的定位基准与夹紧方案的确定,应遵循前面所述有关定位基准的选择原则与工件夹紧的基本要求。此外,还应该注意下列3点:

(1) 力求设计基准、工艺基准与编程原点统一,以减少基准不重合误差和数控编程中的计算工作量。

(2) 设法减少装夹次数,尽可能做到在一次定位装夹中,能加工出工件上全部或大部分待加工表面,以减少装夹误差,提高加工表面之间的相互位置精度,充分发挥数控机床的效率。

(3) 避免采用占机人工调整方案,以免占机时间太多,影响加工效率。

2. 夹具的选择

数控加工的特点对夹具提出了两个基本要求:一是保证夹具的坐标方向与机床的坐标方向相对固定;二是要能协调零件与机床坐标系的尺寸。除此之外,重点考虑以下几点:

(1) 单件小批量生产时,优先选用组合夹具、可调夹具和其他通用夹具,以缩短生产准备时间和节省生产费用。

(2) 在成批生产时,考虑采用专用夹具,并力求结构简单。

(3) 零件的装卸要快速、方便、可靠,以缩短机床的停顿时间,减少辅助时间。

(4) 为满足数控加工精度,要求夹具定位、夹紧精度高。

(5) 夹具上各零部件应不妨碍机床对零件各表面的加工,即夹具要敞开,其定位、夹紧元件不能影响加工中的走刀(如产生碰撞等)。

3.6.3 刀具的选择

选择刀具应根据机床的加工能力、工件材料的性能、加工工序、切削用量以及其他相关因素正确选用刀具及刀柄。刀具选择总的原则是适用、安全、经济。

适用是要求所选择的刀具能达到加工的目的,完成材料的去除,并达到预定的加工精度。如粗加工时选择有足够大且有足够的切削能力的刀具能快速去除材料;而在精加工时,为了能把结构形状全部加工出来,要使用较小的刀具,加工到每一个角落。再如,切削低硬度材料时,可以使用高速钢刀具,而切削高硬度材料时,就必须要用硬质合金刀具。

安全指的是在有效去除材料的同时,不会产生刀具的碰撞、折断等。要保证刀具及刀柄不会与工件相碰撞或者挤擦,造成刀具或工件的损坏。如加长的直径很小的刀具切削硬质的材料时,很容易折断,选用时一定要慎重。

经济指的是能以最小的成本完成加工。在同样可以完成加工的情形下,应选择相对综合成本较低的方案,而不是选择最便宜的刀具。刀具的耐用度和精度与刀具价格关系极大,必须引起注意的是,在大多数情况下,选好的刀具虽然增加了刀具成本,但由此带来的加工质量和加工效率的提高则可能使总体成本比使用普通刀具更低,产生更好的效益。如进行钢材切削时,选用高速钢刀具,其进给只能达到 100mm/min,而采用同样大小的硬质合金刀具,进给可以达到 500mm/min 以上,可以大幅缩短加工时间,虽然刀具价格较高,但总体成本反而更低。通常情况下,优先选择经济性良好的可转位刀具。

选择刀具时还要考虑安装调整的方便程度、刚性、耐用度和精度。在满足加工要求的前提下,刀具的悬伸长度尽可能短,以提高刀具系统的刚性。

3.6.4 加工余量的确定

1. 加工余量的概念

加工余量是指加工过程中所切去的金属层厚度。余量有总加工余量和工序余量之分。由毛坯转变为零件的过程中,在某加工表面上切除金属层的总厚度,称为该表面的总加工余量(亦称毛坯余量)。一般情况下,总加工余量并非一次切除,而是分在各工序中逐渐切除的,故每道工序所切除的金属层厚度称为该工序加工余量(简称工序余量)。工序余量是相邻两工序的工序尺寸之差,毛坯余量是毛坯尺寸与零件图样的设计尺寸之差。

由于工序尺寸有公差,因此实际切除的余量大小不等。

2. 确定加工余量的方法

1) 查表修正法

根据生产实践和试验研究,已将毛坯余量和各种工序的工序余量数列列于手册,确定加工余量时,可从手册中获得所需数据,然后结合工厂的实际情况进行修正。查表时应注意表中的数据为公称值,对称表面(轴孔等)的加工余量是双边余量,非对称表面的加工余量是单边的。这种方法目前应用最广。

2) 经验估计法

此法是根据实践经验确定加工余量。为防止加工余量不足而产生废品,往往估计的数值总是偏大,因而这种方法只适用于单件、小批生产。

3) 分析计算法

此法是根据加工余量计算公式和一定的试验资料,通过计算确定加工余量的一种方法。采用这种方法确定的加工余量比较经济合理,但必须有比较全面、可靠的试验资料及先进的计算手段方可进行,故目前应用较少。

在确定加工余量时,总加工余量和工序加工余量要分别确定。总加工余量的大小与选择的毛坯制造精度有关。用查表法确定工序加工余量时,粗加工工序的加工余量不应查表确定,而应用总加工余量减去各工序余量求得,同时要对求得的粗加工工序余量进行分析。如果过小,则应增加总加工余量;过大,应适当减少总加工余量,避免造成浪费。

3.6.5 切削用量的选择

合理选择切削用量对于发挥数控机床的最佳效益有着至关重要的关系。选择切削用量的原则:粗加工时,一般以提高生产效率为主,但也应考虑经济性和加工成本;半精加工和精加工时,应在保证加工质量的前提下,兼顾切削效率、经济性和加工成本,具体数值应根据机床说明书、刀具说明书、切削用量手册,并结合经验而定。

1. 切削深度 a_p

切削深度也称背吃刀量。在机床、工件和刀具刚度允许的情况下,a_p 在加工要求不高等情况下一次切完,可以等于加工余量,这是提高生产效率的一个有效措施。为了保证零件的加工精度和表面粗糙度,一般应留一定的余量进行精加工。

2. 切削宽度 b_D

在编程中,切削宽度称为步距。一般切削宽度 b_D 与刀具直径 D 成正比,与切削深度成反比。在粗加工中,步距取得大有利于提高加工效率。在使用平底刀进行切削时,一般 b_D 的取值范围为 $(0.6 \sim 0.9)D$。而使用圆鼻刀进行加工时,刀具直径应扣除刀尖的圆角部分,即 $d = D - 2r$(D 为刀具直径,r 为刀尖圆角半径),而 b_D 可以取为 $(0.8 \sim 0.9)d$。在使用球头刀进行精加工时,步距的确定应首先考虑所能达到的精度和表面粗糙度。

3. 切削线速度 v_c

切削线速度也称单齿切削量,单位为 m/min。提高 v_c 值也是提高生产效率的一个有效措施,但 v_c 与刀具耐用度的关系比较密切。随着 v_c 的增大,刀具耐用度急剧下降,故 v_c 的选择主要取决于刀具耐用度。一般好的刀具供应商都会在其手册或者刀具说明书中提供刀具的切削速度推荐参数。另外,切削速度 v_c 值还要根据工件的材料硬度来作适当的调整。例如,用立铣刀铣削合金钢 30CrNi2MoVA 时,v_c 可采用 8m/min 左右;而用同样的立铣刀铣削铝合金时,v_c 可选 200m/min 以上。

4. 主轴转速 n

主轴转速的单位是 r/min,一般根据切削速度 v_c 来选定。计算公式为

$$n = \frac{1000 v_c}{\pi D_c}$$

式中:D_c 为刀具直径(mm)。

在使用球头刀时要做些调整,球头铣刀的计算直径 D_{eff} 要小于铣刀直径 D_c,故其实际转速不应按铣刀直径 D_c 计算,而应按计算直径 D_{eff} 计算。

$$D_{eff} = [D_c^2 - (D_c - 2t)^2] \times 0.5$$

$$n = \frac{1000 v_c}{\pi D_{eff}}$$

数控机床的控制面板上一般具有主轴转速修调(倍率)开关,可在加工过程中根据实际加工情况对主轴转速进行调整。

5. 进给速度 v_f

进给速度是指机床工作台在做运动时的移动速度,v_f 的单位为 mm/min。v_f 应根据零件的加工精度和表面粗糙度要求以及刀具和工件材料来选择。v_f 的增加也可以提高生产效率,但是刀具的耐用度也会降低。加工表面粗糙度要求低时,v_f 可选择得大些。进给速度可以按下面的公式进行计算:

$$v_f = n \times z \times f_z$$

式中:v_f 为工作台进给量(mm/min),n 为主轴转速(r/min);z 为刀具齿数(齿);f_z 为进给量(mm/齿),其值由刀具供应商提供。

在数控编程中,还应考虑在不同情形下选择不同的进给速度。如在初始切削进刀时,特别是 Z 轴下刀时,因为进行端铣,受力较大,同时考虑程序的安全性问题,所以应以相对较慢的速度进给。

另外,在 Z 轴方向的进给由高往低走时,产生端切削,可以设置不同的进给速度。在切削过程中,有的平面侧向进刀,可能产生全刀切削,即刀具的周边都要切削,切削条件相对较恶劣,可以设置较低的进给速度。

在加工过程中,v_f 也可通过机床控制面板上的修调开关进行人工调整,但是最大进给速度要受到机床系统刚度和进给系统性能等的限制。

在实际的加工过程中,可能对各个切削用量参数进行必要的调整。例如使用较高的进给速度进行加工,虽然刀具的寿命有所降低,但节省了加工时间,反而能获得更好的效益。

由于实际加工中不断有新的变化,数控加工中的切削用量选择在很大程度上取决于编程人员的经验,因此,编程人员必须熟悉刀具的使用和切削用量的确定原则,不断积累经验,从而提高零件的加工质量和效率,充分发挥数控机床的优点,提高企业的经济效益和生产水平。

3.7 数控夹具

夹具是一种装夹工件的工艺装备,它广泛地应用于机械制造过程的切削加工、热处理、装配、焊接和检测等工艺过程中。

在金属切削机床上使用的夹具统称为机床夹具。在现代生产中,机床夹具是一种不可缺少的工艺装备,它直接影响着工件加工的精度、劳动生产效率和产品的制造成本等。应用机床夹具,有利于保证工件的加工精度,稳定产品质量;有利于提高劳动生产效率和降低成本;有利于改善工人劳动条件,保证安全生产;有利于扩大机床工艺范围,实现"一机多用"。

3.7.1 数控加工中使用的夹具

在数控机床上加工零件时,为保证加工精度,必须先使工件在机床上占据一个正确的位置,即定位,然后将其夹紧。这种定位与夹紧的过程称为工件的装夹,而用于装夹工件的工艺装备就是机床夹具。在数控机床上,工件在一次安装条件下,完成过去要多道工序才能完成的多个加工表面的加工。

数控机床的上述特点对夹具设计产生了直接的影响。传统夹具主要有定位、夹紧、导向和对刀4种功能。由于 NC 系统的准确控制和精密机床传动中小摩擦和零间隙的实现,以及采用传统转塔车床工艺中钻孔的方法,因此不用导向套也可以得到较高的孔的位置精度。此外,编程中可以决定刀具的正确位置,铣刀的对刀就能轻而易举地得到解决,并且一次安装下的多工步加工,不同加工部位之间的尺寸公差和位置公差都由机床代替夹具来保证。可见,在数控机床上使用的夹具,只需要具备定位和夹紧两种功能就能满足要求。夹具中取消了导向和对刀功能,使夹具种类减少,结构简化,这些都有利于 CAFD(计算机辅助夹具设计)系统的实现。

3.7.2 夹具的组成

数控机床夹具按其作用和功能通常可由定位元件、夹紧装置、安装连接元件和夹具体等几个部分组成。

(1)定位元件。用于确定工件在夹具中的位置,使工件在加工时相对刀具及运动轨迹有一个正确的位置。常用的定位元件有 V 形块、定位销、定位块等。定位装置是由定位元件及其组合构成的,用于确定工件在夹具中的正确位置。

(2)夹紧装置。夹紧装置用于保持工件在夹具中的既定位置,保证定位可靠,使其在外力作用下不致产生移动,包括夹紧元件、传动装置及动力装置等。

(3)安装连接元件。用于确定夹具在机床上的位置,从而保证工件与机床之间的正确位置。

(4)夹具体。用于连接夹具元件及装置,使其成为一个整体的基础件,以保证夹具的精度、强度和刚度。

(5)其他元件及装置。如定位键、操作件、分度装置及连接元件。

3.7.3 数控机床夹具的作用与分类

1. 机床夹具的作用

(1)易于保证工件的加工精度。使用夹具的作用之一就是保证工件加工表面的尺寸精度与位置精度。如在摇臂钻床上使用钻夹具加工平行孔时,位置精度可达 0.10~0.20mm(同批),而按划线找正加工时,位置精度仅能控制在 0.4~1mm。同时,由于受操作者技术的影响,同批生产零件的质量也不稳定,因此在成批生产中使用夹具就显得非常必要。

(2) 可改变和扩大原机床的功能,实现"一机多用"。例如,在车床的床鞍上或摇臂钻床的工作台上装上镗模,就可以进行箱体或支架零件的镗孔加工,以代替镗床加工;在刨床上加装夹具后可代替拉床进行拉削加工。

(3) 不仅可省去划线找正等辅助时间,而且有时还可采用高效率的多件、多位、机动夹紧装置,缩短辅助时间,从而大大提高劳动生产率。

(4) 装夹工件方便、省力、安全。当采用气动、液压等夹紧装置时,可减轻工人的劳动强度,保证安全生产。

(5) 在批量生产中,由于劳动生产效率的提高和允许使用技术等级较低的工人操作,因此可明显地降低生产成本。但在单件生产中,使用夹具的生产成本仍较高。

2. 机床夹具的类型

机床夹具的种类繁多,可以从不同的角度对机床夹具进行分类。夹具按使用机床不同,可分为车床夹具、铣床夹具、钻床夹具、镗床夹具、齿轮机床夹具、数控机床夹具、自动机床夹具、自动线随行夹具以及其他机床夹具等。夹具按夹紧的动力源可分为手动夹具、气动夹具、液压夹具、气液增力夹具、电磁夹具以及真空夹具等,下面按夹具在不同生产类型中的通用特性分类。机床夹具可分为通用夹具、专用夹具、可调夹具、组合夹具和拼装夹具等五大类。

1) 通用夹具

已经标准化的可加工一定范围内不同工件的夹具称为通用夹具,其结构、尺寸已规格化,而且具有一定通用性,如三爪自定心卡盘、机床用平口虎钳、四爪单动卡盘、台虎钳、万能分度头、顶尖、中心架和磁力工作台等。这类夹具适应性强,可用于装夹一定形状和尺寸范围内的各种工件。这些夹具已作为机床附件由专门工厂制造供应,只需选购即可。其缺点是夹具的精度不高,生产效率也较低,且较难装夹形状复杂的工件,故一般适用于单件小批量生产。

2) 专用夹具

专为某一工件的某道工序设计制造的夹具,称为专用夹具。在产品相对稳定、批量较大的生产中,采用各种专用夹具,可获得较高的生产效率和加工精度。专用夹具的设计周期较长,投资较大。

专用夹具一般在批量生产中使用。除大批量生产之外,中、小批量生产中也需要采用些专用夹具,但在结构设计时要进行具体的技术经济分析。

3) 可调夹具

某些元件可调整或更换,以适应多种工件加工的夹具称为可调夹具。可调夹具是针对通用夹具和专用夹具的缺陷而发展起来的一类新型夹具。对不同类型和尺寸的工件,只需调整或更换夹具上的个别定位元件和夹紧元件便可使用,它一般又可分为通用可调夹具和成组夹具两种。前者的通用范围比通用夹具更大;后者则是一种专用可调夹具,它按成组原理设计,并能加工一批相似的工件,故在多品种,中、小批量生产中使用有较好的经济效果。

4) 组合夹具

采用标准的组合元件、部件,专为某一工件的某道工序组装的夹具,称为组合夹具。组合夹具是一种模块化的夹具。标准的模块元件具有较高精度和耐磨性,可组装成各种夹具。夹具用毕可拆卸,清洗后留待组装新的夹具。由于使用组合夹具可缩短生产准备周期,元件能重复多次使用,并具有减少专用夹具数量等优点,因此组合夹具在单件,中、小批量多品种生产和数控加工中,是一种较经济的夹具。

5）拼装夹具

用专门的标准化、系列化的拼装零部件拼装而成的夹具称为拼装夹具。它具有组合夹具的优点，但比组合夹具精度高、效能高、结构紧凑。它的基础板和夹紧部件中常带有小型液压缸。此类夹具更适合在数控机床上使用。

3.7.4 数控夹具的要求

数控机床是先进的高精度、高效率、高自动化程度的加工设备。除了机床本身的结构特点，控制运动和动作准确、迅速外，还要求工件的定位夹紧装置也能适应数控机床的要求。总的来说，数控机床对数控夹具的要求有以下4点：

1. 精度要求

由于数控机床具有连续多型面自动加工的特点，因此对数控机床夹具的精度和刚度的要求比一般机床夹具的精度和刚度的要求都高，这样可减少工件在夹具中的定位与夹紧误差及粗加工中的变形误差。

2. 定位要求

工件相对夹具一般应完全定位，且工件的基准相对于机床坐标原点应有严格的确定位置，以满足能在数控机床坐标系中实现工件与刀具相对运动的要求。同时，夹具在机床上也应完全定位，夹具上的每一个定位面相对数控机床的坐标原点均应有精确的坐标尺寸，以满足数控加工中简化定位和安装的要求。

3. 空间要求

数控类机床能一次安装工件而加工多个表面，数控夹具就应能在空间上满足各刀具均有可能接近所有待加工表面的要求。此外，支承夹具的托盘具有移动、上托、下沉和旋转等动作，夹具也应能保证前、后、左、右各个方面加工的需要。

4. 快速重调要求

数控加工可通过快速更换程序而变换加工对象，为不花费过多的更换工装的辅助时间，减少贵重设备等待的闲置时间，故要求夹具在更换加工工件中能具有快速重调或更换定位、夹紧元件的功能，采用高效的机械传动机构等。此外，由于在数控加工中因多表面加工而使单件加工时间增长，夹具结构若能满足在机动时间内，在机床工作区外也能进行工件更换，则会极大地减少机床停机时间。

3.7.5 数控加工夹具的特点

作为机床夹具，首先要满足机械加工时对工件的装夹要求。同时，数控加工的夹具还有它本身的特点：

（1）数控加工适用于多品种，中、小批量生产，为能装夹不同尺寸、不同形状的多品种工件，数控加工的夹具应具有柔性，经过适当调整即可夹持多种形状和尺寸的工件。

（2）传统的专用夹具具有定位、夹紧、导向和对刀4种功能，而数控机床上一般都配备有接触式测头、刀具预调仪及对刀部件等设备，可以由机床解决对刀问题。数控机床上由程序控制的准确的定位精度，可实现夹具中的刀具导向功能。因此，数控加工中的夹具一般不需要导向和对刀功能，只要求具有定位和夹紧功能就能满足使用要求，这样可简化夹具的结构。

（3）为适应数控加工的高效率，数控加工夹具应尽可能地使用气动、液压、电动等自动夹紧装置快速夹紧，以缩短辅助时间。

（4）夹具本身应有足够的刚度，以适应大切削用量切削。数控加工夹具有工序集中的特点，在工件的一次装夹中既要进行切削力很大的粗加工，又要进行达到工件最终精度要求的精加工，因此夹具的刚度和夹紧力都要满足大切削力的要求。

(5) 为适应数控机床的多方面加工,要避免夹具结构,包括夹具上的组件对刀具运动轨迹的干涉,夹具结构不应妨碍刀具对工件各部位的多面加工。

(6) 夹具的定位要可靠,定位元件应具有较高的定位精度,定位部位应便于清屑,无切屑积留。如工件的定位面偏小,可考虑增设工艺凸台或辅助基准。

(7) 对刚度小的工件,应保证最小的夹紧变形,如使夹紧点靠近支承点,避免把夹紧力作用在工件的中空区域等。当粗加工和精加工同在一个工序内完成时,如果上述措施不能把工件变形控制在加工精度要求的范围内,应在精加工前使程序暂停,让操作者在粗加工后,精加工前变换夹紧力(适当减小),以减小夹紧变形对加工精度的影响。

3.8 工件在数控夹具中的定位

3.8.1 定位方式与定位元件

工件的定位是通过工件上的定位表面与夹具上的定位元件的配合或接触实现的。定位表面分平面定位、以外圆柱定位、以内孔定位和一面两孔定位等。定位表面形状不同,所用定位元件种类也不同。

1. 六点定位原理

工件在空间具有 6 个自由度,即沿 X、Y、Z 3 个直角坐标轴方向的移动自由度和绕这 3 个坐标轴的转动自由度。因此,要完全确定工件的位置,就必须消除这 6 个自由度。通常用 6 个支承点(即定位元件)来限制工件的 6 个自由度,其中每一个支承点限制相应的一个自由度,如图 3-6 所示。

2. 六点定位原理的应用

六点定位原理对于任何形状工件的定位都是适用的,如果违背这个原理,工件在夹具中的位置就不能完全确定。然而,用工件六点定位原理进行定位

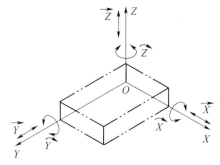

图 3-6 工件的 6 个自由度

时,必须根据具体加工要求灵活运用,从而使用最简单的定位方法,使工件在夹具中迅速获得正确的位置。

3. 工件的定位

(1) 完全定位。工件的 6 个自由度全部被夹具中的定位元件所限制,而在夹具中占有完全确定的唯一位置,称为完全定位。

(2) 不完全定位。根据工件加工表面的不同加工要求,定位支承点的数目可以少于 6 个。有些自由度对加工要求有影响,有些自由度对加工要求无影响,这种定位情况称为不完全定位。不完全定位是允许的。

(3) 欠定位。按照加工要求应该限制的自由度没有被限制的定位称为欠定位。欠定位是不允许的,欠定位保证不了加工要求。

(4) 过定位。工件的一个或几个自由度被不同的定位元件重复限制的定位称为过定位。当过定位导致工件或定位元件变形,影响加工精度时,应该严禁采用。但当过定位并不影响加工精度,反而对提高加工精度有利时,可以采用。

4. 工件以平面定位

1）支承钉

如图 3-7 所示，当工件以粗糙不平的毛坯面定位时，采用球头支承钉（B 型），使其与毛坯良好接触。齿纹头支承钉（C 型）用在工件的侧面，能增大摩擦因数，防止工件滑动。当工件以加工过的平面定位时，可采用平头支承钉（A 型）。

在支承钉的高度需要调整时，应采用可调支承。可调支承主要用于工件以粗基准面定位，或定位基面的形状复杂，以及各批毛坯的尺寸、形状变化较大时。图 3-8 所示为在规格化的销轴端部铣槽，用可调支承 3 轴向定位，达到了使用同一夹具加工不同尺寸的相似件的目的。

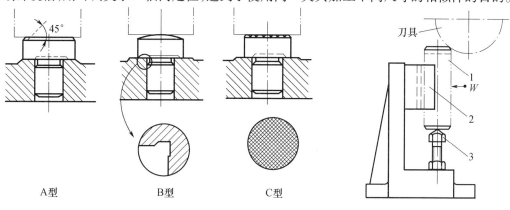

图 3-7 支承钉　　　　　　　　　　图 3-8 用可调支承加工相似件
　　　　　　　　　　　　　　　　　　1—销轴；2—V 形块；3—可调支承。

可调支承在一批工件加工前调整一次，调整后需要锁紧，其作用与固定支承相同。在工件定位过程中能自动调整位置的支承称为自位支承，其作用相当于一个固定支承，只限制一个自由度。由于增加了接触点数，因此可提高工件的装夹刚度和稳定性，但夹具结构稍复杂。自位支承一般适用于毛面定位或刚性不足的场合。

工件因尺寸形状或局部刚度较差等原因，使其定位不稳或受力变形时，需增设辅助支承，用以承受工件重力、夹紧力或切削力。辅助支承的工作特点是：待工件定位夹紧后，再调整辅助支承，使其与工件的有关表面接触并锁紧。辅助支承是每安装一个工件就调整一次，但此支承不限制工件的自由度，也不允许破坏原有定位。

2）支承板

工件以精基准面定位时，除采用上述平头支承钉外，还常用如图 3-9 所示的支承板做定位元件，A 型支承板结构简单，便于制作，但不利于清除切屑，故适用于顶面和侧面定位；B 型支承板则易保证工作表面清洁，故适用于底面定位。

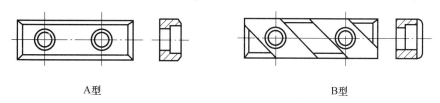

图 3-9 支承板

夹具装配时，为使几个支承钉或支承板严格共面，装配后，需将其工作表面一次磨平，从而保证各定位表面的等高性。

3.8.2 工件以圆柱孔定位

各类套筒、盘类、杠杆、拨叉等零件,常以圆柱孔定位,所采用的定位元件有圆柱销和各种心轴。这种定位方式的基本特点是:定位孔与定位元件之间处于配合状态,并要求确保中心线与夹具规定的轴线相重合。孔定位还经常与平面定位联合使用。

1. 圆柱销

图 3-10 所示为常用的标准化的圆柱定位销结构,其中:图(a)、(b)、(c)是最简单的定位销,用于不经常需要更换的情况;图(d)为带衬套可换式定位销。

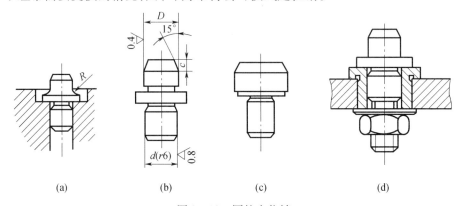

图 3-10 圆柱定位销
(a) $D>3\sim10$;(b) $D>10\sim18$;(c) $D>18$;(d) 带套可换定位销。

2. 圆柱心轴

心轴主要用于套筒类和空心盘类工件的车、铣、磨及齿轮加工。图 3-11 所示为常用圆柱心轴的结构形式。

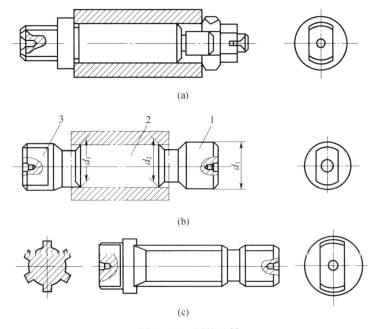

图 3-11 圆柱心轴
(a) 间隙配合心轴;(b) 过盈配合心轴;(c) 花键心轴。
1—引导部分;2—工作部分;3—传动部分。

3. 圆锥销

图 3-12 所示为工件以圆柱孔在圆锥销上定位。孔端与锥销接触,其交线是一个圆,相当于 3 个止推定位支承,限制了工件的 3 个自由度(X、Y、Z)。

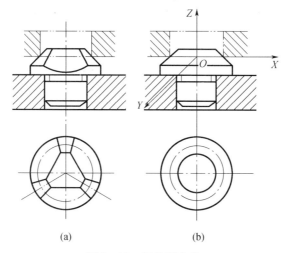

图 3-12 圆锥销定位
（a）粗基准定位；（b）精基准定位。

工件以单个圆锥销定位时易倾斜,故在定位时可成对使用,或与其他定位元件联合使用。图 3-13 所示为采用圆锥销组合定位,均限制了工件的 5 个自由度。

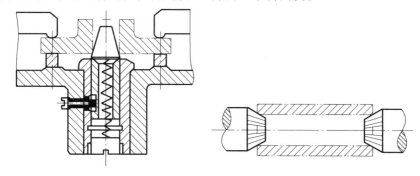

图 3-13 圆锥销组合定位

4. 小锥度心轴

这种定位方式的定心精度较高,但工件的轴向位移误差较大,适用于工件定位孔精度低于 IT7 的精车和磨削加工,不能加工端面。

3.8.3 工件以圆锥孔定位

1. 圆锥形心轴

圆锥心轴限制了工件除绕轴线转动自由度以外的其他 5 个自由度。

2. 顶尖

在加工轴类或某些要求准确定心的工件时,在工件上专为定位加工出工艺定位面——中心孔。中心孔与顶尖配合,即为锥孔与锥销配合。两个中心孔是定位基面,所体现的定位基准是由两个中心孔确定的中心线。

这种定位方式简单、可靠、夹紧方便,易于做到工艺过程中的基准统一,保证工件的相互位置精度。工件采用一面两孔定位时,定位平面一般是加工过的精基面,两孔可以是工件结构上原有的,也可以是为定位需要专门设置的工艺孔。相应的定位元件是支承板和两定位销。

一批工件定位可能出现干涉的最坏情况:孔心距最大,销心距最小;或者反之。为使工件在两种极端情况下都能装到定位销上,可把定位销 2 上与工件孔壁相碰的那部分削去,即做成削边销。

3.9 工件的夹紧

夹紧是工件装夹过程中的重要组成部分。在加工过程中,为保证工件定位时确定的定位位置不会因为切削力、工件重力、离心力或惯性力等的作用而产生位置变化和振动,以保证加工的精度和安全操作,必须通过一定的机构产生夹紧力,把工件压紧在定位元件上,这种产生夹紧力的机构称为夹紧装置。

1. 对夹紧装置的基本要求

(1) 在夹紧工件时,不得改变工件定位后所占据的正确位置。

(2) 夹紧力的大小要适当,既要能保证工件在加工过程中的位置稳定,又要能使工件不会产生过大的夹紧变形。

(3) 结构力求简单,操作要求方便、省力、安全。

(4) 夹紧装置的自动化程度及复杂程度要与被加工零件的批量相适应。

2. 夹紧力方向和作用点的选择

1) 夹紧力的方向

夹紧力应朝向主要定位基准。如图 3-14(a)所示,因工件被加工孔与左端 A 面有一垂直度要求,因此在加工时应以 A 面作为主要定位基面,夹紧力 F_J 的方向应朝向 A 面。如果夹紧力朝向 B 面,由于工件侧面 A 与底面 B 的夹角存在误差,夹紧时工件的定位位置将会受到破坏,影响孔与左端 A 面的垂直度要求。又如图 3-14(b)所示,夹紧力 F_J 的方向朝向 V 形块,工件的装夹稳定可靠。若夹紧力朝向端面 B,则夹紧时,工件有可能会离开 V 形块工作面而影响工件的定位。

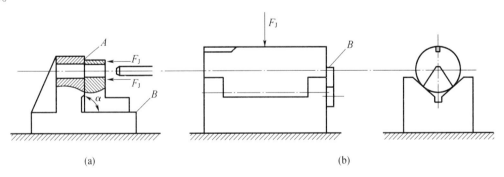

图 3-14 夹紧力的朝向

另外,夹紧力的方向还应有利于减小夹紧力的大小。如图 3-15 所示,钻削孔 A 时,当夹紧力 F_J 与轴向切削力 F_H、工件重力 G 同方向时,加工过程中所需的夹紧力最小。

2) 夹紧力的作用点

夹紧力的作用点应选择在工件刚性较好的方向和部位,并尽量靠近工件加工表面,尤其对刚性较差的工件更为重要。如图 3-16(a)所示,工件的轴向刚性比径向刚性好,沿轴向夹紧工件

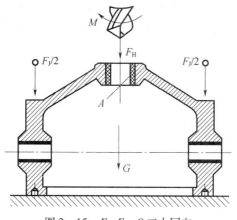

图 3-15　F_J、F_H、G 三力同向

比沿径向夹紧工件产生的变形要小得多;在装夹薄壁箱体时,如图 3-16(b)所示,夹紧力不应作用在箱体顶面,而应作用于刚性较好的凸边上。若箱体没有凸边,可以将单点夹紧改为三点夹紧,如图 3-16(c)所示,以减少工件的夹紧变形。

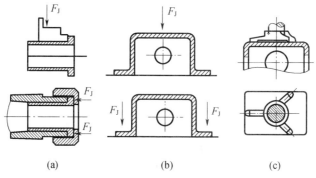

图 3-16　夹紧力与工件刚性的关系

为提高工件加工部位的刚性,防止或减少工件在加工过程中产生的振动,应将夹紧力的作用点尽量靠近加工表面,夹紧力的作用线应落在定位元件的支承范围内,并尽量靠近支承元件的几何中心。在图 3-17 中,夹紧力作用在支承面之外,夹紧时引起工件的倾斜和移动,破坏了工件的正确定位,所以是错误的。

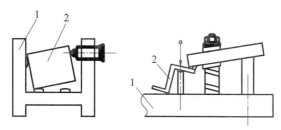

图 3-17　夹紧力作用点位置不正确
1—夹具;2—工件。

3. 夹紧力的估算

夹紧力的大小,对工件安装的可靠性、工件和夹具的变形有着很大关系,因此,在装夹工件时,必须正确估算夹紧力的大小,夹紧力的估算应充分考虑在加工过程中工件所受到的切

削力、离心力、惯性力和工件自身重力等多种因素的影响。一般情况下,加工中、小工件时,切削力(矩)起决定性作用;加工重、大型工件时,必须考虑工件重力的作用;高速切削加工时,则不能忽略离心力或惯性力对夹紧作用的影响。此外,切削力本身在加工过程中也是变化的。

夹紧力的大小除受上述各个力的影响外,还与工艺系统刚度、夹紧机构的传动效率等因素有关。因此,夹紧力大小的计算是一个很复杂的问题,一般只能做粗略的估算。为简化起见,在确定夹紧力大小时,可只考虑切削力(矩)对夹紧力的影响,并假设工艺系统是刚性的,切削过程是平稳的,根据加工过程中对夹紧最不利的瞬时状态,按静力平衡原理求出夹紧力的大小,再乘以安全系数作为实际所需的夹紧力,即

$$F_J = kF$$

式中:F_J 为实际所需夹紧力;F 为一定条件下,按静力平衡计算出的夹紧力;k 为安全系数,一般取 $k = 1.5 \sim 3.0$。

实际应用中,夹紧力的大小,一般可根据经验或类比法确定。若确实需要比较准确地计算夹紧力,可采用上述方法进行计算。

4. 常用夹紧方式

常用夹紧方式主要有手动夹紧和机动夹紧两种。当直接由人力通过各种传力机构对工件进行夹紧,称为手动夹紧。手动夹紧速度慢,产生的夹紧力小。一些高效率的夹具,大多采用机动夹紧,其动力系统可以是气压、液压、电动、电磁、真空等,其中气压和液压动力系统是最常用的传动装置。

1) 气压传动装置

气压传动装置是以压缩空气作为动力的夹紧装置。其优点是夹紧动作迅速,压力大小可根据需要调节,设备维护方便,且污染小。缺点是夹紧刚性差,夹紧装置的结构尺寸大。图 3-18 所示为典型气压传动系统原理图。工作时,气源 1 送出的压缩空气经过滤器 2 与雾化的润滑油混合后,由减压阀 3 调整至所需压力,经单向阀 4 和换向阀 5 将需要的压缩空气送入汽缸 8,推动活塞移动,带动夹具装置夹紧或松开工件。夹具装置夹紧或松开工件的速度可通过节流阀 6 进行调节。

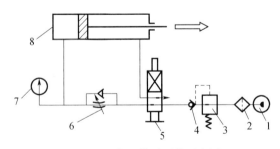

图 3-18 气压传动系统示意图

1—气源;2—过滤器;3—减压阀;4—单向阀;5—换向阀;6—节流阀;7—压力表;8—汽缸。

2) 液压传动装置

液压传动的工作原理与气压传动相类似,只是以压力油作为介质。液压传动装置的优点是夹紧力大,夹紧可靠,装置体积小,刚性好,且噪声小;其缺点是易漏油,对液压元件的精度要求高。

3.10 数控加工工艺文件

数控加工工艺文件是进行数控加工和产品验收的依据,也是操作者需要遵守和执行的规范,同时还为产品零件重复生成积累了必要的工艺资料,并进行了技术储备。这些由工艺人员做出的工艺文件是编程员在编制加工程序时所依据的相关技术文件。编写数控加工工艺文件也是数控加工工艺设计的内容之一。

不同的数控机床,工艺文件的内容也有所不同。一般来讲,数控机床的工艺文件应包括:
(1) 编程任务书。
(2) 数控加工工序卡片。
(3) 数控机床调整单。
(4) 数控加工刀具卡片。
(5) 数控加工进给路线图。
(6) 数控加工程序单。

其中,数控加工工序卡片和数控加工刀具卡片最为重要,前者说明数控加工顺序和加工要素的文件;后者是刀具使用的依据。

为了加强技术文件管理,数控加工工艺文件也应向标准化、规范化方向发展。但目前尚无统一的国家标准,各企业可根据本部门的特点制订上述有关工艺文件。

数控加工工序卡片与普通加工工序卡片很相似,所不同的是,工序简图中应注明编程原点与对刀点,要有编程说明及切削参数的选择等,它是操作人员进行数控加工的注意指导性工艺资料。工序卡片应按已确定的工步顺序填写,如表 3-5 所列。如果工序加工内容比较简单,也可采用表 3-6 所列数控加工工艺卡片的形式。

表 3-5 数控加工工艺卡片(1)

单位	数控加工工序卡片	产品名称或代号		零件名称		零件图号		
工序简图		车间			使用设备			
		工艺序号			程序编号			
		夹具名称			夹具编号			
工序号	工步内容	加工面	刀具号	刀补量	主轴转速	进给速度	背吃刀量	备注
编制	审核	批准		年 月 日		共 页	第 页	

表3-6　数控加工工艺卡片(2)

单位名称			产品名称或代号		零件名称		零件图号	
工序号		程序编号	夹具名称		使用设备		车间	
工序号	工步内容		刀具号	刀具规格	主轴转速	进给速度	背吃刀量	备注
编制		审核	批准		年　月　日		共　页	第　页

数控加工刀具卡片主要反映刀具名称、编号、规格、长度等内容,它是组装刀具、调整刀具的依据。如表3-7所列。

表3-7　数控加工刀具卡片

产品名称或代号			零件名称		零件图号	
序号	刀具号	刀具规格名称	数量	加工表面		备注
编制		审核		批准	共　页	第　页

数控加工程序单是编程员根据工艺分析情况,按照机床特点的指令代码编制的。它是记录数控加工工艺过程、工艺参数的清单,有助于操作员正确理解加工程序内容,表3-8所列为一车削数控加工程序单。

表3-8　数控加工程序单

零件号			零件名称		编制		审核		
程序号					日期		日期		
N	G	X(U)	Z(W)	F	S	T	M	CR	备注

思考题与习题

3-1 简述机械加工工艺规程设计的内容和步骤。
3-2 简述数控加工的特点。
3-3 简述数控加工零件的生产过程以及数控加工工艺设计的主要内容。
3-4 零件图的分析应从哪几方面进行？零件的结构工艺性分析应从哪几方面进行？
3-5 对于数控加工内容的选择应考虑哪些问题？
3-6 对于数控机床的合理选用应遵循哪些基本原则？
3-7 简述精基准的选择原则和粗基准的选择原则。
3-8 何为加工方法的选择？选择时要考虑哪些因素？
3-9 什么是走刀路线？什么是工序顺序？如何确定走刀路线？
3-10 简述数控刀具的选择原则。
3-11 什么是加工余量？简述加工余量的确定方法。
3-12 简述数控机床的运动。
3-13 简述切削用量的三要素。
3-14 试述粗、精加工时切削用量的选择原则。
3-15 机床夹具在加工中起什么作用？常用夹具有哪些类型？
3-16 何为定位基准？粗、精定位基准的选择原则有何区别？
3-17 数控加工对夹紧装置有哪些基本要求？
3-18 简述数控机床的工艺文件内容。

第4章 数控加工的编程基础

4.1 数控编程的基本概念

4.1.1 数控编程的步骤和内容

与普通机床不同,数控机床加工零件的过程完全自动地进行,加工过程中人工不能干预。因此,首先必须将所要加工零件的全部信息,包括工艺过程、刀具运动轨迹及方向、位移量、工艺参数(主轴转速、进给量、切削深度)以及辅助动作(换刀、变速、冷却、夹紧、松开)等按加工顺序用数控代码和规定的程序格式正确地编制出数控程序,输入到数控装置,数控装置按程序要求控制数控机床,对零件进行加工。数控机床所使用的程序是按规定的格式并以代码的形式编制的,一般称为零件的"加工程序"。

数控机床程序编制的一般步骤:零件图纸分析→工艺处理→数值计算→编制零件加工程序→制作控制介质并输入加工程序→程序校验与首件试切。

(1) 零件图纸分析。首先明确图纸上标明的零件的材料、形状、尺寸、精度和热处理要求,以便确定零件毛坯形状是否适合在数控机床上加工,或适合在哪种类型的数控机床上加工,并明确加工的内容和要求。

(2) 工艺处理。通过对零件图纸的全面分析,确定零件的加工方法(如采用的工夹具、装夹定位方法等)、加工路线(如刀具进给路线、对刀点、换刀点等)及工艺参数(如进给速度、主轴转速和切削深度)等。在大多数情况下,选用通用性工夹具,以便于安装及协调工件和机床坐标系的尺寸关系。对刀点应选在容易找正,并在加工过程中便于检查的位置。刀具进给路线应尽量短,并使数值计算容易,使加工安全可靠。

(3) 数值计算。数值计算是指根据加工路线计算刀具中心的运动轨迹。对于带有刀具补偿功能的数控系统,只需计算出零件轮廓相邻几何元素的交点或切点的坐标值,得出各几何元素的起点、终点和圆弧的圆心坐标值。如果数控系统无刀具补偿功能,还应计算刀具中心运动的轨迹。对于非圆曲线,需要用直线段或圆弧段来逼近,根据要求的精度计算出各节点的坐标值。

(4) 编制零件的加工程序。根据计算出的刀具运动轨迹坐标值和已确定的加工参数及辅助动作,结合数控系统规定使用的坐标指令代码和程序段格式,逐段编写零件加工程序。

(5) 制作控制介质并输入加工程序。程序单编写好之后,需要制做成控制介质,以便将加工信息输入给数控系统。常用的控制介质有穿孔带、穿孔卡、磁带和磁盘等。程序可以通过机床控制面板输入到数控系统保存,也可以通过数控机床上的通信接口将机床数控系统和计算机连接,将加工程序送入机床数控系统保存。

(6) 程序校验与首件试切。输入到数控系统的加工程序必须经过校验和试切才能正式使用。校验的方法是直接让数控机床空运转,以检查机床的运动轨迹是否正确。在有 CRT 图形显示的数控机床上,用模拟刀具与工件切削过程的方法进行检验更为方便,但这些方法只能检验运动是否正确,不能检验被加工零件的加工精度,因此,要进行零件的首件试切。当发现有加工误差时,分析误差产生的原因,找出问题所在,加以修正,最后利用检验无误的数控程序进行加工。

4.1.2 手工编程和自动编程

数控加工程序的编制方法有手工编程和自动编程两种。

1. 手工编程

数控加工程序编制的各个阶段均由人工完成的编程方法称为手工编程。

对于几何形状不太复杂的零件,数值计算较为简单、程序段不多、程序编制容易实现,这时用手工编程较为经济而且及时。因此,手工编程被广泛用于点位直线和形状简单的轮廓加工中。

但是,对于几何形状复杂的零件,特别是有非圆曲线、空间曲线等几何元素组成的零件,或者几何元素不复杂但加工程序很长的零件,采用手工编程时,数值计算的工作相当烦琐,工作量大,容易出错,程序校验也较困难,用手工编程则难以完成。为了缩短生产周期、提高数控机床的利用率、有效解决复杂零件的加工问题,必须采用自动编程。

2. 自动编程

数控加工程序编制中的大部分或全部工作由计算机完成的编程方法称为自动编程。

自动编程也称计算机辅助编程。在自动编程中,编程人员只需按零件图纸的要求,将加工信息输入到计算机中。计算机在完成数值计算和后置处理后,即可编制出零件加工程序单,甚至自动制作穿孔纸带,或将加工程序直接以通信方式送入数控系统,所编制的加工程序还可通过计算机或自动绘图仪进行刀具运动轨迹的检查。

自动编程的方法主要有两种:

1) 用编程语言编程

它是利用计算机和相应的前置处理程序、后置处理程序对零件源程序进行处理,以得到加工程序的一种编程方法。其特点:程序员只需根据拟订好的工艺方案,使用规定的数控语言编一个工件源程序,其余的工作由计算机自动完成。

目前,大多数自动编程语言都是以 APT(Automatically Programmed Tools) 语言为基础来实现自动编程的。

采用 APT 语言编制数控程序,具有程序简练、走刀控制灵活等优点,使数控加工编程从面向机床指令的"汇编语言"上升到面向几何元素。但 APT 仍有许多不便之处:采用 APT 语言定义被加工零件轮廓,是通过几何定义语句一条条进行描述,编程工作量非常大;难以描述复杂的几何形状,缺乏几何直观性;缺少对零件形状、刀具运动轨迹的直观图形显示和刀具轨迹的验证手段;难以和 CAD、CAPP 系统有效连接;不易实现高度的自动化和集成化。

2) 用 CAD/CAM 软件自动编程

随着 CAD/CAM 技术的成熟和计算机图形处理能力的提高,出现了 CAD/CAM 自动编程软件,可以直接利用 CAD 模块生成的几何图形,采用人机交互的实时对话方式,在计算机屏幕上指定零件被加工部位,并输入相应的加工参数,计算机便可自动进行必要的数据处理,编制出数控加工程序,同时在屏幕上动态地显示出刀具的加工轨迹,从而有效地解决了零件几何建模及显示、交互编辑以及刀具轨迹生成和验证等问题,推动了 CAD 和 CAM 向集成化方向发展。

目前比较优秀的 CAD/CAM 功能集成型支撑软件,如 UGII、IDEAS、Pro/E、CATIA 等,均提供较强的数控编程能力。这些软件不仅可以通过交互编辑方式进行复杂三维型面的加工编程,还具有较强的后置处理环境。此外还有一些以数控编程为主要应用的 CAD/CAM 支撑软件,如美国的 Master CAM、Surf CAM,英国的 Del CAM 以及中国的 CAXA 等。

CAD/CAM 软件系统中的 CAM 部分有不同的功能模块可供选用,如二维平面加工、3~5 轴联动的曲面加工、车削加工、电火花加工(EDM)、钣金加工及线切割加工等。用户可根据实际应用需要选用相应的功能模块。这类软件一般均具有刀具工艺参数设定、刀具轨迹自动生成与编辑、刀位验证、后置处理、动态仿真等基本功能。

不同的 CAD/CAM 系统的功能、用户界面有所不同,编程操作也不尽相同。但从总体上讲,其编程的基本原理及基本步骤大体是一致的,主要有:

(1) 几何造型。利用 CAD/CAM 系统的几何建模功能,将零件被加工部位的几何图形准确地绘制在计算机屏幕上。同时在计算机内自动形成零件图形的数据文件,也可借助于三坐标测量仪(CMM)或激光扫描仪等工具测量被加工零件的形体表面,通过反求工程将测量的数据处理后送到 CAD 系统进行建模。

(2) 加工艺分析。这是数控编程的基础。通过分析零件的加工部位,确定装夹位置、工件坐标系、刀具类型和几何参数、加工路线及切削工艺参数等。目前,该项工作主要仍由编程员采用人机交互方式输入。

(3) 刀具轨迹生成。刀具轨迹的生成是基于屏幕图形以人机交互方式进行的。用户根据屏幕提示通过光标选择相应的图形目标,确定待加工的零件表面及限制边界,输入切削加工的对刀点,选择切入方式和走刀方式。然后软件系统将自动地从图形文件中提取所需的几何信息,进行分析判断,计算节点数据,自动生成走刀路线,并将其转换为刀具位置数据,存入指定的刀位文件。

(4) 刀位验证及刀具轨迹的编辑。对所生成的刀位文件进行加工过程仿真,检查验证走刀路线是否正确合理,是否有碰撞干涉或过切现象,根据需要可对已生成的刀具轨迹进行编辑修改、优化处理,以得到用户满意的、正确的走刀轨迹。

(5) 后置处理。目的是形成具体机床的数控加工文件。由于各机床所使用的数控系统不同,其数控代码及格式也不尽相同。为此必须通过后置处理,将刀位文件转换成具体数控机床所需的数控加工程序。

(6) 数控程序的输出。由于自动编程软件在编程过程中可在计算机内部自动生成刀位轨迹文件和数控指令文件,所以生成的数控加工程序可以通过计算机的各种外部设备输出。若数控机床附有标准的 DNC 接口,可由计算机将加工程序直接传送给机床控制系统。

将加工零件以图形形式输入计算机,由计算机自动进行数值计算、前置处理,在屏幕上形成加工轨迹并及时修改,再通过后置处理形成加工程序输入数控机床进行加工,这种编程方法实现了 CAM(计算机辅助制造)与 CAD(计算机辅助设计)的高度结合,因此被纳入 CAD/CAM 技术,成为 CAD/CAM 系统中的数控模块。CAM 与 CAD、CAPP(计算机辅助工艺过程设计)、CAT(计算机辅助检验)的一体化,将是自动编程系统的发展方向。

自动编程可以大大减轻编程人员的劳动强度,将编程效率提高几十倍甚至上百倍,同时解决了手工编程无法解决的复杂零件的编程难题。自动编程是提高编程质量和效率的有效手段,有时甚至是实现某些零件的加工程序编制的唯一手段。因此,除了少数情况下采用手工程序外,原则上都应采用自动编程。但是手工编程是自动编程的基础,自动编程中的许多核心经验都来源于手工编程。所以,对于数控编程的初学者来说,仍应从学习手工编程入手。

4.2 程序编制中的数学处理

4.2.1 数控编程的数值计算

对零件图形进行数值计算是数控编程前的主要工作之一,无论对手工编程还是自动编程都是必不可少的。根据零件图样,按照已确定的加工路线和允许的编程误差,计算出数控系统所需输入的数据,称为数控加工的数值计算。数值计算的内容包括计算零件轮廓的基点和节点的坐标、刀具中心运动轨迹的坐标以及列表曲线和空间曲面的数学处理等。

1. 基点计算

一个零件的轮廓曲线可能由许多不同的几何要素组成,如直线、圆弧、二次曲线等。各几何要素之间的连接点称为基点,如二条直线的交点、直线与圆弧的交点或切点、圆弧与二次曲线的交点或切点等。显然,基点坐标是编程中需要的重要数据。

现以图4-1所示的零件为例说明平面轮廓加工中只有直线和圆弧两种几何元素的数值计算方法。该零件轮廓由四段直线和一段圆弧组成,其中的 A、B、C、D、E 即为基点。基点 A、B、D、E 的坐标值从图样尺寸可以很容易找出。C 点是过 B 点的直线与中心为 O_2、半径为30mm的圆弧的切点。这个尺寸,图样上并未标注,所以要用解联立方程的方法来找出切点 C 的坐标。

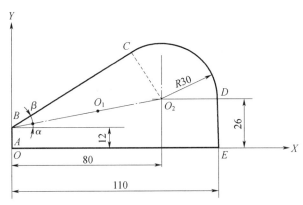

图4-1 零件轮廓的基点

求 C 点的坐标可以用下述方法:求出直线 BC 的方程,然后与以 O_2 为圆心的圆的方程联立求解。为了计算方便可将坐标原点选在 B 点上。

从图中可知,以 O_2 为圆心的圆的方程为

$$(x-80)^2 + (y-14)^2 = 30^2$$

其中 O_2 坐标为(80,14),可根据图中尺寸直接计算出来。

过 B 点的直线方程为 $Y = kX$。从图上可以看出 $k = \tan(\alpha + \beta)$。这两个角的正切值从已知尺寸可以很容易求出 $k = 0.6153$。然后将两方程联立求解,即

$$\begin{cases} (X-8)^2 + (Y-14)^2 = 30^2 \\ Y = 0.6153X \end{cases}$$

则求得坐标为(64.2786,39.5507)。换算成编程坐标系中的坐标为(64.2786,51.5507)。在计算时,要注意将小数点以后的位数留够。

对这个 C 点也可以采用另一种求法。如果以 BO_2 连线中点为圆心 O_1,以 O_1O_2 距离为半径作一圆。这个圆与以 O_2 为圆心的圆相交于 C 点和另一对称点 C'。将这两个圆的方程联立求解也可以求得 C 点的坐标。

当求其他相交曲线的基点时,也是采用类似的方法。从原理上来讲,求基点是比较简单的,但运算过程仍然十分繁杂。由上述计算可知,如此简单的零件,仍然如此麻烦,当零件轮廓更复

杂时,其计算量可想而知。为了提高编程效率,应尽量采用自动编程系统。

2. 节点计算

当被加工零件轮廓形状与机床的插补功能不一致时,如果要在只有直线和圆弧插补功能的数控机床上加工椭圆、双曲线、抛物线、阿基米德螺旋线或用一系列坐标点表示的列表曲线时,就要用直线或圆弧去逼近被加工曲线。这时,逼近线段与被加工曲线的交点就称为节点。如图 4-2 所示,图中的曲线用直线逼近时,其交点为 A、B、C、D、E 等节点。

在编程时,要计算出节点的坐标,并按节点划分程序段。节点数目的多少由被加工曲线的特性方程(形状)、逼近线段的形状和允许的插补误差来决定。

很显然,当选用的机床数控系统具有相应几何曲线的插补功能时,编程中数值计算最简单,只要求出基点,并按基点划分程序段就可以了。但前述的二次曲线等的插补功能,一般数控机床上是不具备的。因此,就要用逼近的方法去加工,就需要求节点的数目及其坐标。

节点计算方法较多,常用的有:等间距法直线逼近节点计算、等步长法直线逼近节点计算、等误差法直线逼近节点计算、圆弧逼近轮廓的节点计算等。

1) 用直线段逼近非圆曲线时的节点计算

数控加工中把除直线与圆弧之外可以用数学方程式表达的平面轮廓曲线称为非圆曲线。用直线段逼近非圆曲线目前常用的节点计算方法有等间距法、等程序段法和等误差法等。

(1) 等间距法直线逼近的节点计算。

① 基本原理。等间距法就是将某一坐标轴划分成相等的间距。如图 4-3 所示,沿 X 轴方向取 ΔX 为等间距长,根据已知曲线的方程 $y = f(x)$,可由 x_i 求得 y_i:

$$x_{i+1} = x_i + \Delta X, \quad y_{i+1} = f(x_i + \Delta X)$$

如此求得的一系列点就是节点。

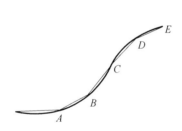

图 4-2 零件轮廓的节点

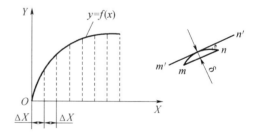

图 4-3 等间距法直线逼近

由于要求曲线 $y = f(x)$ 与相邻两节点连线间的法向距离小于允许的程序编制误差 δ,ΔX 值不能任意设定,一般先取 $\Delta X = 0.1$ 进行试算。实际处理时,并非任意相邻两点间的误差都要进行验算,对于曲线曲率半径变化较小处,只需验算两节点间距离最长处的误差,而对曲率半径变化较大处,应验算曲率半径较小处的误差,通常由轮廓图形直接观察确定校验的位置。

② 误差校验方法。设需校验 mn 曲线段,如 $m(X_m, Y_m)$、$n(X_n, Y_n)$ 已求出,则 m、n 两点的直线方程为

$$\frac{x - x_n}{y - y_n} = \frac{x_m - x_n}{y_m - y_n}$$

令 $A = y_m - y_n$,$B = x_n - x_m$,$C = y_m x_n - x_m y_n$,则 $Ax + By = C$ 即为过 mn 两点的直线方程,距 mn 直

线为 δ 的等距线 $m'n'$ 的直线方程可表示为

$$Ax + By = C \pm \delta \sqrt{A^2 + B^2}$$

式中:δ 为 $m'n'$ 与 mn 两直线间的距离。当所求直线 $m'n'$ 在 mn 上边时取"+"号,在 mn 下方时取"-"号。

联立方程求解,得

$$\begin{cases} Ax + By = C \pm \delta \sqrt{A^2 + B^2} \\ y = f(x) \end{cases}$$

求解时,δ 有两种选择方法:一是取 δ 为未知,利用联立方程组求解只有唯一解的条件,可求出实际误差 $\delta_{实}$,然后用 $\delta_{实}$ 与 $\delta_{允}$ 进行比较,以便修改间距值;二是取 $\delta = \delta_{允}$,若方程无解,则 $m'n'$ 与 $y = f(x)$ 无交点,表明 $\delta_{实} < \delta_{允}$。

(2)等程序段法直线逼近的节点计算。

① 基本原理。等程序段法就是使每个程序段的线段长度相等。如图 4-4 所示,由于零件轮廓曲线 $y = f(x)$ 的曲率各处不等,因此首先应求出该曲线的最小曲率半径 R_{min},由 R_{min} 及 $\delta_{允}$ 确定允许的步长 L,然后从曲线起点 a 开始,按等步长 L 依次截取曲线,得 $b,c,d,\cdots$ 点,则 $ab = bc = \cdots = L$ 即为所求各直线段。

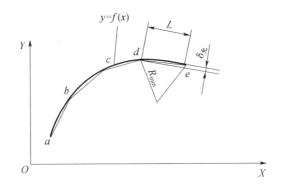

图 4-4 等程序段法直线逼近

② 计算步骤。

a. 求最小曲率半径 R_{min}。设曲线为 $y = f(x)$,则曲率半径为

$$R = \frac{(1 + y'^2)^{\frac{3}{2}}}{y''} \tag{4-1}$$

取

$$\frac{dR}{dx} = 0 \tag{4-2}$$

即

$$3y'y''^2 - (1 + y'^2)y''' = 0$$

根据 $y = f(x)$ 依次求出 y', y'', y''',代入式(4-2)求出 X,再将 X 代入式(4-1)即得 R_{min}。

b. 确定允许步长 L。以 R_{min} 为半径作的圆弧如图 4-4 中 de 段所示,由几何关系可知

$$L = \sqrt[2]{R_{min}^2 - (R_{min} - \delta_{允})^2} \approx \sqrt[2]{2R_{min}\delta_{允}}$$

c. 求出曲线起点 a 的坐标 (x_a, y_a),并以该点为圆心,以 L 为半径,所得圆方程与曲线方程 $y = f(x)$ 联立求解,可求得下一个点 b 的坐标 (x_b, y_b),再以 b 点为圆心进一步求出 c 点,直到求出

所有的节点。

$$\begin{cases} (x-x_a)^2 + (y-y_a)^2 = l^2 \\ y = f(x) \end{cases} \quad 可求出(x_b, y_b)$$

$$\begin{cases} (x-x_b)^2 + (y-y_b)^2 = l^2 \\ y = f(x) \end{cases} \quad 可求出(x_c, y_c)$$

(3) 等误差法直线段逼近的节点计算。

① 基本原理。设所求零件的轮廓方程为 $y=f(x)$，如图4-5所示，首先求出曲线起点 a 的坐标 (x_a, y_a)，以点 a 为圆心，以 $\delta_{允}$ 为半径作圆，与该圆和已知曲线公切的直线，切点分别为 $P(x_p, y_p)$，$T(x_t, y_t)$，求出此切线的斜率；过点 a 作 PT 的平行线交曲线于 b 点，再以 b 点为起点用上法求出 c 点，依次进行，这样即可求出曲线上所有节点。由于两平行线间距离恒为 $\delta_{允}$，因此，任意两相邻节点间的逼近误差为等误差。

② 计算步骤。

a. 以起点 $a(x_a, y_a)$ 为圆心，$\delta_{允}$ 为半径作圆，即

$$(x-x_a)^2 + (y-y_a)^2 = \delta_{允}^2$$

b. 求圆与曲线公切线 PT 的斜率，用以下方程联立求 x_t、y_t、x_p、y_p：

$$\begin{cases} \dfrac{y_t - y_p}{x_t - x_p} = -\dfrac{x_p - x_a}{y_p - y_a} & （圆切线方程） \\ y_p = \sqrt{\delta^2 - (x_p - x_a)^2} + y_a & （圆方程） \\ \dfrac{y_t - y_p}{x_t - x_p} = f'(x_t) & （曲线切线方程） \\ y_t = f(x_t) & （曲线方程） \end{cases}$$

则 $\quad k = \dfrac{y_t - y_p}{x_t - x_p}$

c. 过 a 点与直线 PT 平行的直线方程为

$$y - y_a = k(x - x_a)$$

d. 与曲线联立求解 b 点 (x_b, y_b)：

$$y - y_a = k(x - x_a)$$
$$y = f(x)$$

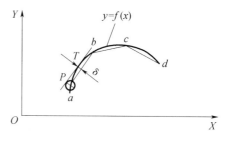

图4-5 等误差法直线段逼近

e. 按以上步骤顺次求得 $c, d, \cdots$ 各节点坐标。

③ 特点。各程序段误差 δ 均相等，程序段数目最少，但计算过程比较复杂，必须由计算机辅助才能完成计算。在采用直线段逼近非圆曲线的拟合方法中是一种较好的拟合方法。

2) 用圆弧段逼近非圆曲线时节点的计算

零件轮廓曲线除用直线逼近外，还可用一段段的圆弧逼近。当轮廓曲线可用数学方程表示时，可以用彼此相交的圆弧逼近轮廓曲线，并使逼近误差小于或等于 $\delta_{允}$。下面主要介绍圆弧分割法及三点作圆法。

(1) 圆弧分割法的节点计算　圆弧分割法应用在曲线 $y=f(x)$ 为单调的情形。若不是单调曲线，可以在拐点处将曲线分段，使每段曲线为单调曲线。

其节点的计算方法如下,如图 4-6 所示。

① 求轮廓曲线 $y=f(x)$ 起点 (x_n,y_n) 的曲率圆,其参数为

半径
$$R_n = \frac{(1+y_n'^2)^{\frac{3}{2}}}{y_n''}$$

圆心坐标
$$\begin{cases} \zeta_n = x_n - y_n' \dfrac{1+(y_n')^2}{y_n''} \\ \eta_n = y_n + \dfrac{1+(y_n')^2}{y_n''} \end{cases}$$

② 求以 (ζ_n,η_n) 为圆心,以 $(R_n \pm \delta_\text{允})$ 为半径的圆与 $y=f(x)$ 的交点。
解联立方程
$$\begin{cases} (x-\zeta_n)^2 + (y-\eta_n)^2 = (R_n \pm \delta_\text{允})^2 \\ y = f(x) \end{cases}$$

式中:当轮廓曲线曲率递减时,取 $(R_n+\delta_\text{允})$ 为半径;当轮廓曲线曲率递增时,取 $(R_n-\delta_\text{允})$ 为半径。

由联立方程解得的 (x,y) 值,即为圆弧与 $y=f(x)$ 的交点 (x_{n+1},y_{n+1}),重复上述步骤可以依次算得分割轮廓曲线的各节点坐标。

③ 求 $y=f(x)$ 上两相邻节点之间逼近圆弧的圆心。所求两节点之间的逼近圆弧是以 (x_n,y_n) 为始点、(x_{n+1},y_{n+1}) 为终点,R_n 为半径的圆弧。为求此圆弧圆心坐标,可分别以 (x_n,y_n) 和 (x_{n+1},y_{n+1}) 为圆心,以 R_n 为半径作两圆,两圆弧的交点即为所求圆心的坐标。解联立方程
$$\begin{cases} (x-x_n)^2 + (y-y_n)^2 = R_n \\ (x-x_{n+1})^2 + (y-y_{n+1})^2 = R_n \end{cases}$$

解得的 (x,y) 值即为所求逼近圆弧的圆心坐标 (ζ_m,η_m)。编程时以上述这些参数编制圆弧程序段。

(2) 三点作图法的节点计算。先用直线逼近方法计算轮廓曲线的节点坐标,然后再通过连续的三个节点作圆的方法称为三点作图法,如图 4-7 所示。其过连续三点的逼近圆弧的圆心坐标及半径可用解析法求得,具体方法从略。

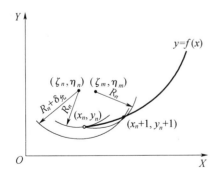

图 4-6 圆弧分割法求节点

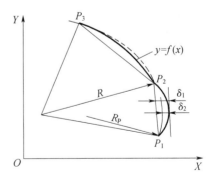

图 4-7 三点作图法求节点

值得提及的是,若直线逼近的轮廓曲线误差为 δ_1,圆弧与轮廓的误差为 δ_2,则 $\delta_2 < \delta_1$。为了减少圆弧段的数目并保证编程精度,应使 $\delta = \delta_\text{允}$,此时直线逼近误差 δ_1 为

$$\delta_1 = \frac{R\delta_允}{|R - R_P|}$$

式中：R_P 为曲线 $y=f(x)$ 在 P_1 点的曲率半径；R 为逼近圆的半径。

3. 刀具中心轨迹的坐标计算

数控系统是从对刀点开始控制刀位点运动的，并由刀具切削刃部分加工出要求的零件轮廓。大多数带有刀具半径补偿功能的机床数控系统，在编写程序时只要写入建立刀补的有关指令，刀位点就按一定的规则自动偏离轮廓轨迹，达到正确加工的目的。此时就可以按零件轮廓计算基点和节点，并作为编程的数据。但是在没有刀具补偿功能的数控系统中，当计算出轮廓的基点或节点后，还要计算出刀位点轨迹的数据，以控制刀具的正确加工。

刀位点轨迹计算又称为刀具中心轨迹计算，实际就是被加工零件轮廓的等距线计算。具体求法是：首先分别写出零件轮廓曲线各程序段的等距线方程，再求出各相邻程序段等距线的基点或节点坐标，即求解等距线方程的公共解即可。

4. 列表曲线的数学处理

零件轮廓曲线的基点或节点的计算方法都是基于轮廓曲线方程已知的情况下得到的，如直线、圆、椭圆、抛物线以及二次、三次曲线等。在航天、航空、汽车及其他机器制造工业中，有许多的零件轮廓曲线，如飞机机翼、整流罩、螺旋桨、凸轮样板、各种模具及叶片等，其轮廓形状是通过实验或测量的方法得到。这些通过实验或测量得到的数据，常以列表坐标点的形式给出，而不给出方程，这样的零件轮廓曲线称为列表曲线。在对列表曲线进行数学处理时，用数学拟合的方法逼近零件轮廓，即根据已知列表点（也称型值点）来推导出用于拟合的数学模型。目前，通常采用二次拟合法对列表曲线进行拟合。第一次先选择直线方程或圆方程之外的其他数学方程来拟合列表曲线，如采用牛顿插值法、三次样条曲线拟合、三次参数样条函数拟合等。然后根据编程允差的要求，在已给定的各相邻列表点之间，按照第一次拟合时的数学方程进行插值加密求得新的节点。插值加密后相邻节点之间，可采用前面介绍的非圆曲线的数学处理方法。

5. 空间曲面加工的数学处理

实际生产中，有许多的零件轮廓是以三维的坐标点表示的空间立体曲面，具体可分为能用方程式表示的（解析法描述）立体曲面和自由曲面（列表曲面）。尤其是自由曲面，数控加工的难度较大，因为自由曲面的数学处理较为复杂、麻烦，编程时要首先确定自由曲面的数学模型，然后才可按解析曲面那样进行编程的数学计算。无论是解析曲面还是自由曲面，在加工中都要根据曲面的形状、刀具形状以及精度要求采用不同的铣削方法，而不同的铣削方法其数学处理也不同。

随着计算机技术的发展，尤其是计算机图形学的发展，给数控编程带来极大的方便，对于具有复杂的空间曲面加工已越来越多地采用 CAD/CAM 这种以图形为基础的自动编程技术。

4.2.2 数控编程的允许误差

编程的允许误差，是指编程时根据某种方法，如直线逼近法、圆弧逼近法、样条曲线法等逼近零件轮廓所产生的理论曲线与插补加工出的线段之间误差的允许变动量。程序编制中的误差主要由以下三部分组成：

1. 逼近误差

生产中经常需要仿制已有零件的备件而又无法考证零件外形的准确数学表达式，这时只能实测一组轮廓离散点的坐标值，即零件的原始轮廓形状用列表曲线表示，当用近似方程式来逼近列表曲线时，则方程式所表示的形状与零件原始轮廓形状之间的差值即为逼近误差。这种误差只出现在零件轮廓形状用列表曲线表示的情况。

2. 插补误差

当用数控机床加工零件时,根据数控装置所具有的插补功能的不同,可用直线或直线-圆弧去逼近零件轮廓。当用直线或圆弧逼近零件轮廓曲线时,逼近曲线与零件实际原始轮廓曲线之间的最大差值称为插补误差 δ。图 4-8 所示为用直线逼近零件轮廓曲线时的插补误差。

这种方法是使每个直线段逼近实际轮廓曲线时的逼近误差相等,并小于或等于编程的允许误差 $\delta_{允}$。具体方法是以曲线起点 $A(X_A,Y_A)$ 为圆心,逼近误差 $\delta_{允}$ 为半径,画出允差圆。然后作允差圆与轮廓曲线的公切线 T,再通过 A 点作直线 T 的平行线,该平行线与轮廓曲线的交点 B 就是所求的离散点。再以 $B(X_B,Y_B)$ 为圆心作允差圆并重复上述步骤,便可依次求出其他各离散点坐标。

从上述方法不难看出,若编程的允许误差 $\delta_{允}$ 减小,将使采集的离散点坐标加密,但这会增加插补运算量。

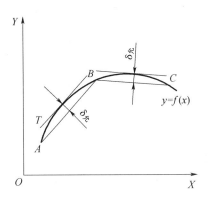

图 4-8 等误差直线逼近法

3. 圆整化误差

数控机床的最小位移量是一个脉冲当量,小于一个脉冲的数据如果简单地用四舍五入的办法处理,将使工件尺寸在换算成机床的脉冲当量时由于圆整化而产生误差。因此,对于该类数据不能用四舍五入的办法处理,而应采用累计进位法以避免产生累计误差。

在点位数控加工中,编程误差只包含一项圆整化误差;而在轮廓加工中,编程误差主要由插补误差组成。插补误差相对于零件轮廓的分布形式有 3 种,即在零件轮廓的外侧、在零件轮廓的内侧、在零件轮廓的两侧。具体的选用取决于零件图样的要求。

在零件加工中,影响零件的误差因素是多种误差的累积,如编程误差、控制系统误差、拖动系统误差、零件定位误差、对刀误差、刀具磨损误差、工件变形误差等,而这些累积误差之和应小于零件给出的公差。因此,允许分配给编程误差的比例不能过大,一般应控制在零件公差的 10%~20%。

4.3 数控加工程序

4.3.1 相关标准

国际标准化组织(ISO)在数控技术方面制定了一系列相应的国际标准,各国也都根据本国的实际情况制定了各自的国家标准,这些标准是数控加工编程的基本原则。在数控加工编程中常用的标准有:

(1) 数控纸带的规格。
(2) 数控机床坐标轴和运动方向。
(3) 数控编程的编码字符。
(4) 数控编程的程序段格式。
(5) 数控编程的功能代码。

国际上通用的有 EIA(美国电子工业协会)和 ISO(国际标准化协会)两种代码,代码中有数字码(0~9)、文字码(A~Z)和符号码。

我国在这方面基本沿用了 ISO 标准,制定了 JB/T 3051—1999《数控机床坐标和运动方向的命名》、JB/T 3208—1999《数控机床穿孔带程序段格式中的准备功能 G 和辅助功能 M 的代码》等标准。

但必须注意,目前国内外各种数控机床所使用的标准尚未完全统一,有关指令及其含义不尽相同,编程时必须严格遵守具体机床使用说明书中的规定。

4.3.2 加工程序中的指令字

1. 字符与代码

字符是用来组织、控制或表示数据的一些符号,如数字、字母、标点符号、数学运算符等。字符是机器能进行存储或传送的记号,也是我们所要研究的加工程序中最小组成单位。加工程序中常用的字符分 4 类:第一类是文字,由 26 个大写英文字母组成;第二类是数字和小数点,由 0~9 共 10 个数字及一个小数点组成;第三类是符号,由正号(+)和负号(-)组成;第四类是功能字符,由程序开始(结束)符、程序段结束符、跳过任选程序段符、机床控制暂停符、机床控制恢复符等组成。

加工程序的字符形式,如 A、B、C、D…Z 26 个字母,0、1、2、3…9 10 个数字字符、标点符号和数学运算符号等,并不是计算机能接受的二进制形式,人们把加工程序的每个字符对应一个二进制数字码代号,如字符 A 对应二进制数字码"1000001",这个二进制数字码代号称为该字符的代码,二进制数字码是能作为数控装置传递信息的语言,也是字符的数字化信息的形式。

国际上广泛采用两种标准规定的二进制数字代码作为加工程序的字符代码,即 EIA 代码和 ISO 代码,ISO 标准代码为 7 位二进制数,最多可得到 $2^7=128$ 个字符;而 EIA 代码为 6 位二进制数,最多得到 $2^6=64$ 个字符,所以 ISO 代码数比 EIA 代码数多一倍。ISO 代码和计算机通用信息交换代码 ASCII 码一致,适合与计算机作信息交换,给加工程序的输入和数控系统设计带来方便。

表 4-1 所列为 10 个数字字符和 26 个字母字符的 7 位二进制 ISO 代码。

表 4-1　10 个数字字符和 26 个字母字符的 7 位二进制 ISO 代码

字符	ISO 代码	字符	ISO 代码	字符	ISO 代码	字符	ISO 代码
0	011 0000	A	100 0001	K	100 1011	U	101 0101
1	011 0001	B	100 0010	L	100 1100	V	101 0110
2	011 0010	C	100 0011	M	100 1101	W	101 0111
3	011 0011	D	100 0100	N	100 1110	X	101 1000
4	011 0100	E	100 0101	O	100 1111	Y	101 1001
5	011 0101	F	100 0110	P	101 0000	Z	101 1010
6	011 0110	G	100 0111	Q	101 0001		
7	011 0111	H	100 1000	R	101 0010		
8	011 1000	I	100 1001	S	101 0011		
9	011 1001	J	100 1010	T	101 0100		

在数控机床加工程序的输入中,把加工程序的每个字符按序以对应的二进制数代码的形式记录在某种介质上,加工程序就能以数字化信息的形式存储在控制介质上了。控制介质上记录的加工程序的数字化信息可以方便地通过某种方式转换成计算机能接受的数字化电信息,可见,控制介质就是加工程序的每个字符转变为计算机能接受的数字化电信息的媒介。控制介质的形式通常有磁盘、磁带、穿孔纸带等。

2. 加工程序的指令字结构

1)地址字符与地址字的概念

加工程序的指令字简称字,它是一套有规定次序的字符,对编程人员而言,它是指挥机床动作的指令;对计算机而言,它可以作为一个信息单元(即信息处理的单位)存储、传递和操作,如 X230.56 就是由 7 个字符组成的一个字,加工程序的指令字一般有两种组成形式:一是由地址字符与其后的具体的数据组成,称为数据字,如"X55"和"F300",X、F 是地址字符,55、300 是具体的数据,X55 在程序中代表坐标尺寸数据,是尺寸数据字,F300 表示的是进给速度的数据,是非尺寸数据字;二是由地址字符与其后数字代号组成,如 G01 是一个指令字,其中 G 是地址字符,01 是数字代号。

数控加工程序指令中,位于字头的字符或字符组,用以识别其后的数据,称为地址字符,在传递信息时,它表示其在计算机存储单元的出处或目的地。

2) 地址字符的含义

在加工程序中常用的地址有 N、G、X、Y、Z、U、V、W、I、J、K、F、S、T、M 等字符,它们都有标准所规定的含义。表 4-2 所列为常用的地址在数控加工程序指令中规定的含义。

表 4-2 常用的地址在数控加工程序指令中规定的含义

字符	意 义	字符	意 义
A	绕 X 轴旋转的角度尺寸	N	顺序号
B	绕 Y 轴旋转的角度尺寸	O	程序号
C	绕 Z 轴旋转的角度尺寸	P	子程序号、固定循环参数
D	刀具偏置号	Q	固定循环参数
E	第二进给功能	R	圆弧半径、固定循环参数
F	第一进给功能	S	主轴速度功能
G	准备功能	T	刀具功能
H	刀具偏置号	U	平行于 X 轴的第二尺寸
I	平行于 X 轴的插补参数或螺纹导程	V	平行于 Y 轴的第二尺寸
J	平行于 Y 轴的插补参数或螺纹导程	W	平行于 Z 轴的第二尺寸
K	平行于 Z 轴的插补参数或螺纹导程	X	X 轴基本尺寸
L	子程序调用或固定循环重复次数	Y	Y 轴基本尺寸
M	辅助功能	Z	Z 轴基本尺寸

3. 加工程序中指令字的组成和功能

1) 顺序号字

顺序号字又称程序段号,位于程序段之首,用地址符 N 和后面的若干位数字(常用 2~4 位)来表示。一般都将第一段冠以 N10,后面以 10 为间隔设置,这主要是便于调试时插入新的程序段。如在 N10~N20 之间可插入 N11~N19。顺序号的作用主要是便于程序编辑时的校对和检索修改,还可用于程序转移。

需要注意的是,程序执行的顺序和程序输入的顺序有关,而与顺序号的大小无关。所以,整个程序中也可以全不设顺序号,或只在需要的部分设置。

2) 准备功能字

准备功能字,地址符是 G,故又称 G 功能或 G 指令,它指令数控机床做好某种控制方式的准备,或使 CNC 系统准备处于某种工作状态的指令。G 代码由地址符 G 及其后的两位数字组成,从 G00~G99 共 100 种,有些数控系统的 G 代码已使用三位数。

我国根据 ISO1056—1975(E)制定了 JB/T 3208—1999 标准,规定了 G 代码的功能定义,但世界上的数控系统生产厂家,为了体现本身系统的特点,常不按照国际标准进行功能定义,造成 G 功能含义的差别。因此在具体使用时,必须根据 CNC 机床的系统应用说明书的规定进行编程。如 FANUC-0 系统 G 代码及功能含义如表 4-3 所列。

表4-3 FANUC-0系统G代码及功能含义

G指令	功能描述	组	G指令	功能描述	组
G00※	快速坐标轴点定位	01	G52	局部坐标系设定	00
G01	直线插补		G53	选择机床坐标系	
G02	圆弧插补,螺旋线插补CW(正转)		G54※	选择工件坐标系1	14
G03	圆弧插补,螺旋线插补CCW(反转)		G54.1	选择附加工件坐标系	
G04	暂停,准确停止	00	G55	选择工件坐标系2	
G05.1	预读控制(超前读多个程序段)		G56	选择工件坐标系3	
G07.1	圆柱插补		G57	选择工件坐标系4	
G08	预读控制		G58	选择工件坐标系5	
G09	准确停止		G59	选择工件坐标系6	
G10	可编程序数据输入		G60	单方向定位	00
G11	可编程序数据输入方式取消		G61	准确停止方式	15
G15※	极坐标指令取消	17	G62	自动拐角倍率	
G16	极坐标指令		G63	攻螺纹方式	
G17※	XY平面选择	02	G64※	切削方式	
G18	ZX平面选择		G65	宏程序调用	00
G19	YZ平面选择		G66	宏程序模态调用	12
G20	英制(in)输入	06	G67※	宏程序模态调用取消	
G21※	米制(mm)输入		G68	坐标旋转有效	16
G22※	存储行程检测功能接通	04	G69※	坐标旋转取消	
G23	存储行程检测功能断开		G73	深孔钻循环	09
G27	返回参考点检测	00	G74	左旋攻螺纹循环	
G28	返回参考点		G76	精镗循环	
G29	从参考点返回		G80※	固定循环取消,外部操作功能取消	
G30	返回第2,3,4参考点		G81	钻孔循环,锪镗循环或外部操作功能	
G31	跳转功能		G82	钻孔循环或反镗循环	
G33	螺纹切削	01	G83	深孔钻循环	
G37	自动刀具长度测量	00	G84	攻螺纹循环	
G39	拐角偏置圆弧插补		G85	镗孔循环	
G40※	刀具半径补偿取消	07	G86	镗孔循环	
G41	刀具半径补偿,左侧		G87	背镗循环	
G42	刀具半径补偿,右侧		G88	镗孔循环	
G40.1	法线方向控制取消方式	18	G89	镗孔循环	
G41.1	法线方向控制左侧接通		G90※	绝对值编程	03
G42.1	法线方向控制右侧接通		G91	增量值编程	
G43	正向刀具长度补偿	08	G92	设定工件坐系、最大主轴速度钳制	14
G44	负向刀具长度补偿		G92.1	工件坐标系预置	
G45	刀具位置偏置加	00	G94※	每分钟进给	05
G46	刀具位置偏置减		G95	每转进给	
G47	刀具位置偏置加2倍		G96	恒周速控制(切削速度)	13
G48	刀具位置偏置减2倍		G97※	恒周速控制取消(切削速度)	
G49※	刀具长度补偿取消	08	G98※	固定循环返回到初始点	10
G50※	比例缩放取消	11	G99	固定循环返回到R点	
G51	比例缩放有效				
G50.1※	可编程序镜像取消				
G51.1	可编程序镜像有效				

注:1. 00组的G代码为非模态代码,其他组为模态代码;
    2. 加"※"号代码为机床开机时默认指令

G代码是最重要的程序指令,它可分成模态和非模态两类指令。

模态指令又称续效指令,是指在同一个程序中,只要在前一个程序段中出现过,在后续程序段中就一直保持有效(在后续程序段中可以省略不写),直到要改变工作方式时,指令同组的其他G指令后它才失效。非模态指令,是指只在它所出现的程序段中才有效,在其他程序段中均无效的指令。

3) 坐标尺寸字

坐标尺寸字是用来指令机床在各坐标轴上的移动方向、目标位置或位移量,由尺寸地址符和带正、负号的数字组成。尺寸地址符较多,其中X、Y、Z和U、V、W及P、Q、R用来表示直线坐标;A、B、C用来表示角度坐标;I、J、K表示圆弧的圆心坐标,R表示圆弧半径。

回转轴的转动坐标字表示为B30.45,"30.45"是回转角度,单位为"度"。

数控编程时,坐标尺寸字可以通过参数设置使用小数点编程,也可以使用脉冲数编程。采用小数点编程时,例如,X50.0或X50.表示X坐标50mm;X0.01或X.01表示X坐标0.01mm。采用脉冲数编程时,地址符后面跟整数表示,例如,X50表示当脉冲当量为0.001时,X坐标为0.05mm。有些数控系统允许不一定带小数点的编程方法,即X50或X50.均表示X坐标为50mm。数控系统到底采用哪种编程方式,一定要在输入程序前设置好相关参数,否则会因坐标紊乱导致零件报废,严重的还会发生事故。

另外,坐标字的指令值最大不超过8位,如果设定单位用10μm,则直线轴向指令范围为0~±999999.99。回转轴回转角度指令范围为0°~±999999.99°。

编程时应注意尺寸字的数值有米制和英制、绝对值坐标和增量值坐标的区分。

4) 进给功能字

进给功能字,由地址符F和若干位数字组成,故又称F功能或F指令。它的功能是指切削的进给速度,具体的进给速度由F后的数字给出,如F200。

进给速度的单位有每转进给(mm/r)和每分钟进给(mm/min)两种,数控车床的指令中F还可用来指定螺纹导程,如F1.5在螺纹加工程序段中表示螺纹导程为1.5mm。

5) 主轴转速功能字

主轴转速功能字,由地址码S和若干位数字组成,故又称S功能或S指令,后面的数字直接指定主轴的转速,单位为r/min。例如,S800表示主轴转速为800r/min。

对于数控车床来讲,S后面的数字还可指定切削线速度,单位为m/min。用G97、G96来选择是指定每分钟转速还是线速度,如G96 S200,"S200"单位是m/min;G97 S1000,"S1000"单位是r/min。

线速度和转速之间的关系为

$$V = \pi D n / 1000, \quad n = 1000 V / \pi D$$

式中:D为切削部位的直径(mm);V为切削线速度(m/min);n为主轴转速(r/min)。

当选择恒线速度指令G96后,加工中切削线速度就会保持恒定,而主轴转速会随着刀具直径的变化而不断变化。

G96指令指定主轴恒切削线速度时,如车削时,若工件的切削直径越来越小,主轴转速就越来越高,此时也可通过预先设置最高主轴速度加以限制,其单位为r/min。最高主轴速度限制指令是G50,格式为G50 S_。

例如,G50 S4000表示主轴最高速度限制为4000r/min。

6) 刀具功能字

刀具功能字,由地址符T和若干位数字组成,故又称T功能或T指令,主要用来指定加工所用的刀具或刀具补偿号。

（1）数控车床的刀具功能　数控车床的刀具功能常用2位或4位，一般前面1位或2位表示刀具号，后面1位或2位表示刀具补偿号。例如"T0102"中"01"表示刀具号，"02"表示刀具补偿号。如果刀具号或刀补号为零，则表示取消刀补。

（2）数控铣床的刀具功能　数控铣床中，少数系统的刀具功能和车床一样，既表示刀具号又表示刀补号，多数系统的刀具功能只表示刀具号，而刀补号由地址符 D 或 H 指定。由于是手动换刀，所以 T 指令没有用来指令刀具自动换刀的功能。

（3）数控加工中心的刀具功能　数控加工中心用字符 T 及随后的号码表示指定加工时选用的刀具号。在加工中心上使用 Txx 指令刀库选该刀号，用 M06 指令主轴上刀具与刀库所选刀实现交换，如，N10 T02 表示刀库选 02 号刀到待换刀位置；N20 M06 表示机械手把 02 号刀装到主轴位置。

7）辅助功能字

辅助功能字又称 M 功能，主要用于数控机床开关量的控制（其特点是靠继电器的通断来实现开关动作的控制功能），是表示一些机床辅助动作的指令。用地址码 M 和后面的两位数字表示，有 M00～M99 共 100 种，有些系统的 M 功能已使用三位数。与 G 指令一样，M 指令在实际使用中的标准化程度也不高。不同的数控系统 M 代码的含义是有差别的，必须遵照具体机床数控系统的规定执行，使用前一定要查看相关手册。表 4-4 所列为 FANUC-0 系统 M 代码的功能。

表 4-4　FANUC-0 系统 M 代码在车削和铣削数控系统中的功能

M 指令	功能描述	机床	M 指令	功能描述	机床
M00	停止程序	车 铣	M21	尾架向前	车
M01	可选择停止程序	车 铣	M22	尾架向后	车
M02	程序结束（通常需重启，不需倒带）	车 铣	M23	螺纹逐渐退出开	车
M03	主轴正转	车 铣	M24	螺纹逐渐退出关	车
M04	主轴反转	车 铣	M30	程序结束（通常需重启和倒带）	车 铣
M05	主轴停止	车 铣	M41	低速齿轮选择	车
M06	自动换刀（ATC）	铣	M42	中速齿轮选择 1	车
M07	冷却液喷雾开	车 铣	M43	中速齿轮选择 2	车
M08	冷却液开（液泵电动机开）	车 铣	M44	高速齿轮选择	车
M09	冷却液关（液泵电动机关）	车 铣	M48	进给倍率取消开（使无效）	车 铣
M10	卡盘夹紧	车	M49	进给倍率取消开（使有效）	车 铣
M11	卡盘松开	车	M60	自动托盘交换（APC）	铣
M12	尾架顶尖套筒进	车	M78	B 轴夹紧（非标准的）	铣
M13	尾架顶尖套筒退	车	M79	B 轴松开（非标准的）	铣
M17	转塔向前检索	车	M98	子程序调用	车 铣
M18	转塔向后检索	车	M99	子程序结束	
M19	主轴定位（可选择）	铣（车）			

从表中应注意到 M 功能完成的动作类型是与机床相关的开关动作，它们通常有两种状态的选择模式，如"开"和"关"，"进"和"出"，"向前"和"向后"，"进"和"退"，"夹紧"和"松开"，"调用"和"结束"等，相对立的辅助功能是占大多数的。下面对常用的辅助功能指令加以说明。

（1）程序停 M00。当执行了 M00，完成编有 M00 指令的程序段中的其他指令后，主轴停止，进给停止,冷却液关断,程序停止。此时可执行某一手动操作,如数控车工作调头、手动变速;数控铣的手动换刀等。重新按"循环启动"按钮,机床将继续执行下一程序段。

(2) 计划停止 M01。当执行到这条程序时,以后还执行下一条程序与否,取决于操作人员事先是否按了操作面板上的"计划停止"按钮,如果没按,那么这一代码就无效,继续执行下一段程序。使用这个指令是给操作者一个机会,可以对关键尺寸或项目进行检查,这样,在程序编制过程中就留下一个环节,如果不需要的话,只要不按"计划停止"按钮即可。

(3) 程序结束 M02。它是程序中的最后一段,表示加工结束。它使主轴、进给、冷却液都停下来,并使数控系统处于复位状态。注意 M00、M01、M02 在应用中的不同:M00 和 M01 都是在程序执行的中间停下来,当然还没执行完程序,而 M00 是肯定要停,要重新启动才能继续下去,M01 是不一定停,要看操作者是否有要求;M02 是肯定要停下,且让机床处于复位状态。

(4) 主轴正反转 M03、M04。分别是主轴正转和反转指令。往主轴(Z 轴)的正方向看过去,主轴正转是顺时针方向转,逆时针为反转。

(5) 主轴停止 M05。指令表示在执行完所在程序段的其他指令之后停止主轴。主轴停时,需要进行制动。

(6) 换刀 M06。对加工中心,指令将处于刀库待换刀位置的刀具换到主轴上,主轴上原来的刀具则送回刀库。

(7) 冷却液开关 M08、M09。M08 用于开启冷却液,M09 用于停止冷却液的供给。

(8) 子程序调用 M98。写在主程序中,用于调用子程序。

(9) 子程序结束 M99。写在子程序中,用于结束子程序,并返回主程序。

(10) 程序结束 M30。与 M02 类似,但 M30 可以使程序返回到开始状态。

数控系统允许在一个程序段中最多指定 3 个 M 代码,但是 M00、M01、M02、M30、M98、M99 不得与其他 M 代码一起指定,这些 M 代码必须在单独的程序段中指定。

8) 程序段结束字

写在每一程序段的最后,表示程序段结束。ISO 标准用"LF"或"NL"表示,实际书写中可以用";"或者省略。

4.3.3 程序结构和程序段格式

数控加工程序是按数控系统规定使用的指令代码和程序段格式来编制的。因此,只有了解了程序的结构和编程规则,才能正确地编制出数控加工程序。

1. 程序的结构

一个完整的加工程序由程序号、程序内容和程序结束 3 部分组成。

(1) 程序号。程序号是程序的开始部分,一般由规定的英文字母(O、P、%等)开头,后面紧跟若干位数字组成。不同的数控系统,其程序号命名也不同。如 FANUC 系统采用英文字母 O 开头加 4 位数字组成程序号。为了区别存储器中的程序,每个程序必须有程序号。程序号的输入还有助于进行程序检索和调用。

(2) 程序内容。程序内容由若干个程序段组成,表示机床要完成的加工内容,它是整个程序的核心。

(3) 程序结束。程序结束可通过程序结束指令 M02 或 M30 实现,它位于整个主程序的最后。

为便于理解加工程序的构成,下面以图 4-9 所示零件在数控车床上进行加工所编制的加工程序为例,说明程序的构成。

图4-9中所示零件的加工过程和走刀路线为：①刀具由起始点快速进给至距工件坐标系的坐标 $X=21\text{mm}$（直径值）、$Z=0$ 处；②刀具以工作速度 $F=100\text{mm/min}$ 车右端面；③刀具退回车外圆 $\phi20$，工作速度 $F=200\text{mm/min}$；④车 $\phi30$ 端面；⑤车 $\phi30$ 外圆；⑥车 $\phi40$ 端面；⑦刀具返回刀具起始点加工结束。

加工程序：
O1000
N01 G90;
N02 G92 X40. Z20.;
N03 G00 X21. Z0.;
N04 G01 X0. F100;
N05 G00 Z1.;
N06 X20.;
N07 G01 Z-30. F200;
N08 X30.;
N09 Z-50.;
N10 X40.;
N11 G00 X40. Z20.;
N12 M02;

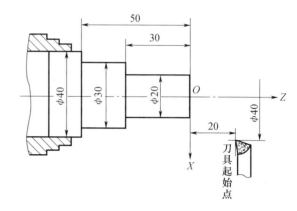

图4-9 数控机床上加工阶梯轴

该程序由12个程序段组成。程序的开头 O1000 为程序编号，便于从数控装置的存储器中检索。程序编号由地址符 O 和跟随地址符后面的 4 位数字组成。程序内容由程序段号 N01~N11 中的内容组成，它是整个程序的核心，每个程序段由一个或多个程序字（指令）构成，用来表示机床要完成的动作。程序结束是以程序结束指令 M02 作为整个程序结束的符号，来结束程序，程序结束指令位于最后一个程序段 N12 段中。

2. 程序段格式

程序段是组成程序的基本单元，它由若干个程序字（或称功能字）组成，用来表示机床执行的某一个动作或一组动作。程序字是由英文字母表示的地址符和若干位数字组成。程序段的格式有两种：一种是固定格式的程序段，用分隔符将每个程序字分开，由于其不直观，容易出错，故一般很少采用；另一种为可变程序段格式，也称字地址程序段格式：

$$\underset{\text{顺序号}}{N\_}\ \underset{\text{准备功能}}{G\_...}\ \underset{\text{坐标尺寸}}{X\pm\_Y\pm\_Z\pm\_...}\ \underset{\text{工艺性指令}}{F\_S\_T\_}\ \underset{\text{辅助功能}}{M\_}\ \underset{\text{结束代码}}{LF}$$

这种程序段格式的主要特点：

（1）程序段中的程序字前后排列顺序不严格，但为了编辑和修改程序的方便，最好按上面顺序排列。

（2）准备功能 G 指令可分为模态指令和非模态指令，模态指令是指一经使用，在同组其他指令出现前一直有效的指令；非模态指令是指只在本程序段有效的指令，下一程序段需要时必须重新写出。模态指令在指令出现的后续程序段中可省略。另外，工艺性指令及辅助功能指令也具有类似模态指令的功能，所以在该指令出现的后续程序段中也可省略。

（3）程序段中一些没有必要的程序字可以省去不写，例如程序字中数字的前置零可以省去；坐标尺寸字若与前一程序段内容相同，可以省略，其数字前的正号也可省略。

3. 子程序

如果程序包含固定的加工路线或多次重复的图形，则此加工路线或图形可以编成单独的程序作为子程序，这样在工件上不同的部位实现相同的加工，或在同一部位实现重复加工，大大简化编程。

子程序作为单独的程序存储在系统中时,任何主程序都可调用,最多可达 999 次调用。

一个主程序可以调用多个子程序,被调用的子程序也可以调用其他子程序,即"多层嵌套",子程序调用最多可以嵌套 4 级。如图 4-10 所示。

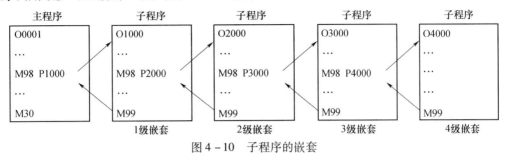

图 4-10 子程序的嵌套

1) 子程序的结构

子程序与主程序一样,也是由程序名、程序内容和程序结束 3 部分组成。子程序与主程序唯一的区别是结束符号不同,子程序用 M99 结束,而主程序用 M30 或 M02 结束程序。例如:

O1000 (子程序名)

N0010 (程序段)

…

N0090 M99 (子程序结束)

M99 指令为子程序结束,并返回主程序在开始调用子程序的程序段"M98 P_"的下一程序段,继续执行主程序。M99 可不必作为独立的程序段指令,可与其他的指令在同一程序段中出现,例如:

N0110 X80.0 Y100.0 M99

2) 子程序调用格式

(1) M98 PXXX □□□□;

P 后跟 7 位数字,前 3 位 XXX 表示子程序被重复调用的次数,(前置零可以省略);后 4 位 □□□□ 表示调用的子程序号(数字)。

例如:

M98 P51212;

表示调用子程序 O1212 重复执行 5 次。

当子程序只被调用一次时,调用次数可以省略不写,如 M98 P2323;表示调用程序名为 O2323 的子程序 1 次。

(2) 有些系统用以下格式来调用子程序:

M98 PXXXX L□□;

XXXX 表示子程序名;□□ 表示调用子程序次数,如 P1 L 2 表示调用程序名为 O0001 的子程序 2 次。

3) 子程序使用中注意的问题

(1) 在主程序中,如果执行 M99 指令,控制将返回到主程序的开头。当/M99 插入到主程序适当位置时,选择性单段跳跃开关在 OFF 时,会执行/M99,控制回到主程序的开头并再度执行主程序;如果选择性单段跳跃开关在 ON 时,"/M99"被忽略,控制进入下一个程序段。如果插入"/M99Pn;"则控制不回到主程序的开头,而是回到序号 n 指定的程序段。如图 4-11 所示。

说明:如果程序中仅仅使用"M99Pn;",程序将会出现死循环,为了避免此种情况的发生,一般使用"/M99Pn;",并配合机床操作面板上的"选择性单段跳跃"按钮。

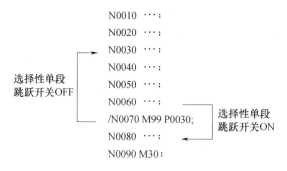

图 4-11 选择性单段跳跃在程序中的应用

(2) 在子程序的最后一个程序段用 P_n 指定序号,子程序不回到主程序中调用子程序的下一个程序段,而是回到 P_n 指定的程序段号,并继续执行后面的程序,如图 4-12 所示。

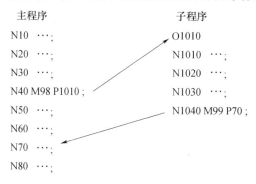

图 4-12 在子程序中用 P_n 指定序号

4.4 数控机床的坐标系

在数控机床上加工零件时,刀具与工件的相对运动,必须在确定的坐标系中才能按编制的程序进行加工。为了便于编程时描述机床的运动,简化程序的编制方法及保证记录数据的互换性,数控机床的坐标系和运动方向均已标准化。

4.4.1 坐标系和运动方向的命名原则

我国根据 ISO 国际标准制定了 JB/T 3051—1999《数控机床坐标和运动方向的命名》标准,对数控机床的坐标轴及运动方向做了明文规定,它与 ISO 841:1974 标准等效。其命名原则和规定如下:

1. 刀具相对于静止工件而运动的原则

这一原则规定:永远假定工件是静止的,而刀具是相对于静止的工件而运动。这一原则是为了编程人员能够在不知道是刀具移动还是工件移动的情况下,能够根据零件详图确定机床的加工过程并正确编程。

2. 标准坐标系的规定

国标中规定数控机床的坐标系采用标准笛卡儿直角坐标系。3 个直角坐标轴 X、Y、Z 用以表示直线运动,三者的关系及其正方向由右手定则确定:大拇指的方向为 X 轴的正方向,食指的方向为 Y 轴的正方向,中指的方向为 Z 轴的正方向。3 个旋转坐标轴 A、B、C 分别表示其轴线平

行于 X、Y、Z 的旋转运动,其正方向根据右手螺旋法则确定:大拇指的方向表示直线运动坐标轴的正方向,弯曲的其余四指表示旋转坐标轴的正方向,如图 4-13 所示。对于工件运动而刀具不动的数控机床,其实际运动的坐标轴用带"'"的字母表示,如 X'、Y'、Z' 等,其运动方向正好与 X、Y、Z 方向相反。对于编程和工艺人员来说,只需考虑不带"'"的运动方向;而对于机床设计者和制造者,则需考虑带"'"的实际机床的运动方向。

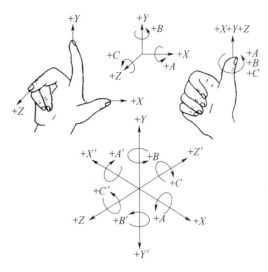

3. 各运动轴正方向的规定

规定:数控机床某一部件运动的正方向,是增大工件和刀具之间距离的方向。

图 4-13 标准笛卡儿直角坐标系及其方向判别

4.4.2 坐标轴的确定

确定机床坐标轴时,一般先确定 Z 轴,再依次确定 X 轴和 Y 轴。

1. Z 轴及其运动方向

规定平行于机床主轴轴线的坐标轴为 Z 轴,并取刀具远离工件的方向为其正方向。

在数控机床上加工零件时,对于车床、磨床等,主轴带动工件旋转;对于铣床、钻床、镗床等,主轴带动刀具旋转。如图 4-14 所示,在这些机床中与主轴平行的坐标轴即为 Z 轴。如果机床没有主轴,如牛头刨床,则选择垂直于装夹工件的工作台的方向为 Z 轴方向;如果机床有几个主轴,则选择其中一个与装夹工件的工作台垂直的主轴为主要主轴,并以它的方向作为 Z 轴方向,如龙门铣床。

Z 轴的正方向为刀具远离工件的方向。如在车、铣、钻等加工中,其进给切削方向为 Z 轴的负方向,而退刀方向为 Z 轴的正方向。

2. X 轴及其运动方向

X 轴位于与工件装夹平面相平行的水平面内,且垂直于 Z 轴。

对于工件旋转的机床,如图 4-14(a)所示车床,X 轴的运动方向是径向的,且平行于横向滑座,以刀具离开工件旋转中心的方向为 X 轴的正方向。对于刀具旋转的机床,若主轴是水平的,当从主轴向工件看时,X 轴的正方向指向右方,如图 4-14(b)所示卧式铣床;若主轴是垂直的,当从主轴向立柱看时,X 轴的正方向指向右方,如图 4-14(c)所示立式铣床。因此,当面对机床看时,立式铣床与卧式铣床的 X 轴正方向相反。对于无主轴的机床,如图 4-14(e)所示牛头刨床,则主要切削方向为 X 轴正方向。

3. Y 轴及其运动方向

Y 轴及其正方向的判定,可根据已确定的 Z、X 轴及其正方向,用右手笛卡儿法则来确定。

对于卧式车床,由于车刀刀尖安装于工件中心平面上,不需要垂直方向的运动,所以不需规定 Y 轴。

4. 附加坐标轴

若机床除有 X、Y、Z 的主要直线运动坐标外,还有平行于它们的坐标运动,可分别建立相应的第二辅助坐标系 U、V、W 坐标及第三辅助坐标系 P、Q、R 坐标,如图 4-14(d)、(h)所示。

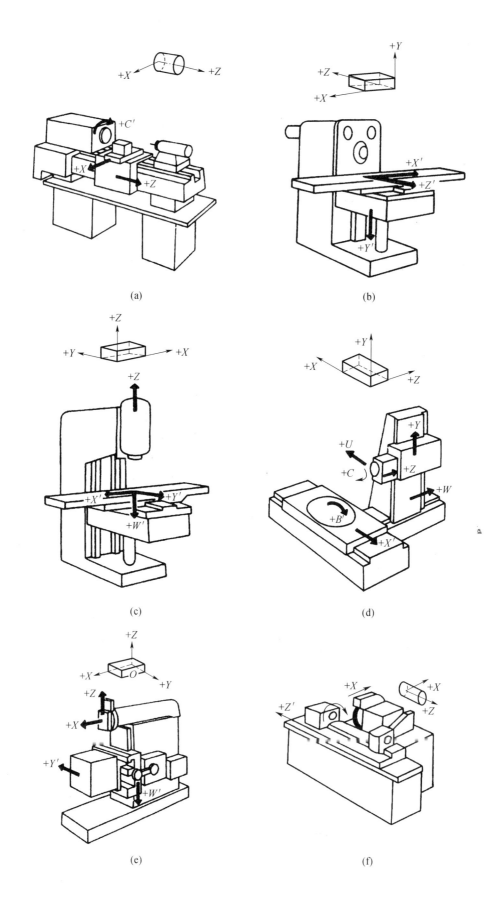

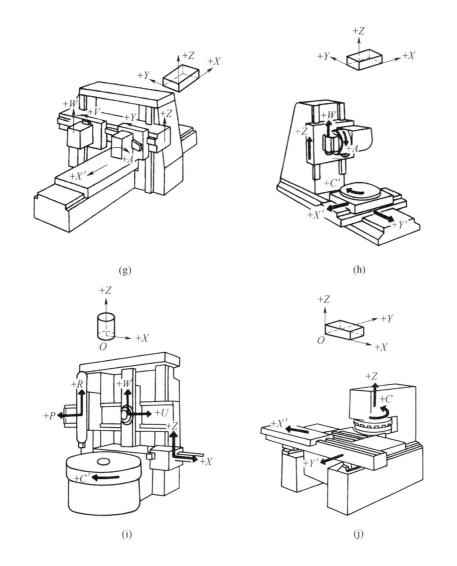

图 4-14 部分数控机床坐标系

(a) 数控车床；(b) 卧式升降台铣床；(c) 立式升降台铣床；(d) 数控卧式铣镗床；(e) 数控刨床；(f) 数控外圆磨床；(g) 数控龙门铣床；(h) 五坐标摆动铣头式数控铣床；(i) 数控双柱立式车床；(j) 数控转盘式冲床。

4.4.3 机床坐标系与工件坐标系

数控机床坐标系包括机床坐标系和工件坐标系。数控机床坐标系是为了确定工件在机床中的位置、机床运动部件的特殊点(如换刀点、参考点等)以及运动范围(如行程范围)等而建立的几何坐标系。

1. 机床坐标系

1) 机床坐标系及机床原点

机床坐标系是机床上固有的坐标系，是机床制造和调整的基准，也是工件坐标系设定的基准。数控机床出厂时，生产厂家是通过预先在机床上设定一固定点来建立机床坐标系的，这个点就称为机床坐标系的原点或机床零点(M 点)。机床原点是工件坐标系、编程坐标系、机床参考点的基准点，其作用是使机床与控制系统同步，建立测量机床运动坐标的起始点。在数控车床上,机床原点一般取卡盘端面与主轴轴线的交点;也有的机床把数控车床的机床原点就设在机床参考点,即机床原点与机床参考点重合,如图 4-15 所示。数控铣床、加工中心的机床原点,各生产厂的设置也常常不一致,有的设在机床工作台的中心;有的设在进给行程的终点。图 4-16 所示的立式加工中心机床坐标系原点设在机床的 X、Y、Z 3 个直线坐标轴正方向的极限位置上。

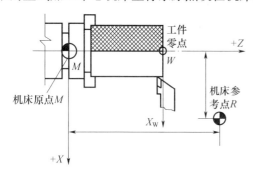

图 4-15 数控车床坐标系

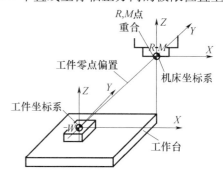

图 4-16 立式加工中心坐标系

2) 机床参考点及机床坐标系的建立

机床参考点（R 点）是数控机床上的又一个重要固定点,它与机床原点之间的位置用机械行程挡铁或限位开关精确设定。

机床参考点是用于对机床工作台、滑板与刀具相对运动的测量系统进行标定和控制的点,它通常设置在机床各轴靠近正向极限的位置,通过减速行程开关粗定位,再由零位点脉冲精确定位。参考点位置在机床出厂时已调整好,一般不做变动。必要时可通过设定参数或改变机床上各挡铁的位置来调整。图 4-15 所示数控车床的机床参考点设置在机床 X、Z 轴靠近正向极限的位置;图 4-16 所示立式加工中心机床参考点设在机床的 X、Y、Z 3 个坐标轴的行程终点并与机床零点重合。

数控机床通电后,不论刀具在什么位置,此时显示器上显示的 X、Y、Z 坐标值均为零,这并不表示刀架中心在机床坐标系中的坐标值,只能说明机床坐标系尚未建立。当执行返回参考点的操作后,显示器方显示出刀架中心在机床坐标系中的坐标值,这才表示在数控系统内部建立起了真正的机床坐标系,这个操作也叫回零操作。因此,数控机床在加工前必须进行手动回零（或回参考点）操作,以建立机床坐标系。

一旦机床断电后,数控系统就失去了对参考点的记忆。通常在以下几种情况下必须进行回零操作:

（1）机床首次开机,或关机后重新接通电源时。

（2）解除机床超程报警信号后。

（3）解除机床急停状态后。

2. 工件坐标系

工件坐标系是编程时使用的坐标系,因此又称编程坐标系,其坐标原点,也称工件原点（或零点）或编程原点（或零点）（W 点）。

工件坐标系坐标轴的名称和方向应与所选用机床坐标系的坐标轴名称和方向一致。

1) 零件图纸上的编程坐标系

在数控编程的过程中,通常是先在零件图纸上规划刀具相对工件的运动轨迹,这就需要在零件图纸上设定一个坐标系,通常称为编程坐标系。编程坐标系坐标轴的意义与机床坐标轴相同,但坐标的原点由编程者来确定。

在零件图纸上设定的编程坐标系用于在该坐标系上采集图纸上点、线、面的位置坐标值作为编程数据用,因此编程原点(或零点)的选择原则是便于采集编程数据,简化编程计算,故应尽量将编程原点设在零件图的尺寸基准或工艺基准处,使采集的数据简单、尺寸换算少、引起的加工误差小等。

一般来说,数控车床的编程原点选在主轴中心线与工件右端面或左端面的交点处;数控铣床X、Y轴方向的工件原点可设在工件外轮廓的某一个角上,或设在工件的对称中心上,Z轴方向的零点,一般设在工件表面上。如图4-17~图4-19所示。

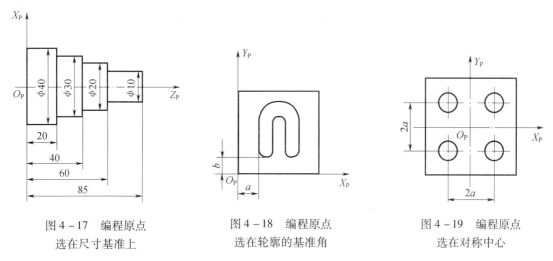

图4-17 编程原点选在尺寸基准上　　图4-18 编程原点选在轮廓的基准角　　图4-19 编程原点选在对称中心

2)工件零点与工件坐标系

对于操作人员来说,将工件安装在工作台上后,应在装夹工件、调试程序时,测量代表工件位置的点-工件零点在机床坐标系的位置,建立工件坐标系。

从编程者角度看,工件零点也就是编程原点。从操作人员角度看工件零点,它还代表工件在机床坐标系中的位置。从机床数控系统的角度看,它事先并不知道工件安装在机床的什么位置,因此操作者在加工前必须测量代表工件位置的工件零点在机床坐标中的准确坐标值,并告诉机床的控制装置,以便数控装置能够明确编程数据的正确含义,按编程意图随时追踪测量刀位点相对工件在编程坐标系的坐标值位置,控制刀具相对工件的运动轨迹,沿着编程时所设定的进给路线进行加工。

如图4-16所示,操作人员测量出工件零点在机床坐标中的准确坐标值后,通过"工件零点偏置值"的输入,告诉机床数控系统工件在机床的准确位置,这样编程者所设定的编程坐标系被控制系统接收,然后控制系统就可以按照编程者用加工程序描述的进给运动指令进行进给加工控制。

4.4.4 对刀点和换刀点的确定

1. 对刀与刀位点

工件进行加工前,必须通过对刀来建立机床坐标系和工件坐标系的位置关系。所谓对刀,是指将刀具移向对刀点,并使刀具的刀位点和对刀点重合的操作。

车刀、镗刀的刀位点是指刀尖或刀尖圆弧中心;立铣刀的刀位点是指刀具底面的中心;球头铣刀的刀位点是球心;钻头的刀位点是钻尖。

对刀精度的高低直接影响工件的加工精度。目前,数控机床可以采用人工对刀,但对操作者的技术要求较高;也可采用高精度的专用对刀仪进行对刀,以保证对刀精度。

2. 对刀点的确定

对刀点也称起刀点,是指在数控加工时刀具相对于工件运动的起点,也是程序的起点。编制程序时,应首先确定对刀点的位置。

选择对刀点的原则:

(1) 尽量选在零件的设计基准或工艺基准上,以提高零件的加工精度。
(2) 尽量选择在机床上容易找正、加工过程中便于检查的位置。
(3) 为便于坐标值的计算,最好选在坐标系的原点上,或选在已知坐标值的点上。

3. 换刀点的确定

加工中心、数控车床等多刀加工的机床,常需要在加工过程中进行自动换刀,故编程时还要设置换刀点。为防止换刀时碰伤工件或夹具,换刀点常常设置在被加工零件外面,并要有一定的安全量。一般在编程中,换刀点就选在起刀点——刀具运动的起始点上,也有把机床参考点作为换刀点的。

4.5 常用编程指令及应用

4.5.1 进给运动指令概述

G 功能指令是数控加工中描述进给运动的重要的指令,也是组成程序段的基本单元。本节着重讨论用准备功能指令(G 指令)、坐标尺寸字、进给速度指令等对进给加工运动的编程方法。数控加工编程中所使用的各种代码尽管是国际通用的,但是各个数控系统制造厂家往往自定了一些编程规则,因此在编程时还应遵守具体机床编程手册的规定,这样编制出的程序才能被所使用机床的数控系统接受。以下主要介绍与 ISO 标准相近的 FANUC - 0 数控系统常用的编程指令。

数控机床对工件的加工是在机床、刀具、工件及其装夹所组成的一个完整的加工系统中,由刀具和工件做相对运动来实现的,其中,刀具相对工件的进给运动轨迹和位置决定了零件加工的尺寸、形状和精度。数控加工前必须用数控系统能接受的程序指令准确描述进给加工运动,数控机床按照数控程序所描述的进给运动控制零件表面成型运动,从而加工出产品的表面形状。在加工程序中,用程序指令描述进给加工运动包括如下要素。

1. 指令描述进给加工运动的要素

(1) 确定工件坐标系。表示进给运动轨迹的位置数据是在确立的工件坐标系中得到。建立工件坐标系的指令,一般由设定工件坐标系指令 G92(数控铣床用)、G50(数控车床用)或选择工件坐标系指令 G54~G59 等确定。

(2) 选择坐标平面。由 G17、G18、G19 指令分别指定坐标轴为 XOY、XOZ、YOZ 的坐标平面,在所选平面中进行直线插补、圆弧插补和刀具半径补偿。

(3) 运动轨迹的线型。进给加工运动形成工件轮廓的轨迹一般是由一系列简单的线段,如直线或圆弧连接而成的(其他曲线亦可通过直线或圆弧拟合而成)。故轨迹的线型插补指令最基本的就是直线和圆弧插补指令,一般由 G00、G01、G02、G03 来指定。

(4) 进给运动轨迹的位置数据和运动方向。对直线轨迹通过给出起点和终点的坐标值就可描述,如坐标尺寸指令字 X、Y、Z 等;对圆弧除了给出起点和终点的坐标值,还要给出圆弧的圆心或圆弧的半径,如 X、Y、Z、I、J、K 或 R 等。尺寸字的坐标值形式有绝对尺寸和相对尺寸之分,用

G90、G91来区分;尺寸字的坐标值单位由G21、G20区分为公、英制。运动方向由起点到终点方向确定。

2. 进给加工运动的速度及速度变化

进给加工运动的速度由F指令给出,有每分钟进给运动速度和每转进给运动速度之分,分别由G94、G95来区分。另外数控系统还根据给定的进给信息对进给运动进行自动加减速控制。

3. G指令在使用中的特点

FANUC-0系统G代码指令功能及分组如表4-3所列。

G指令在使用中有以下一些特点:

(1)代码按其功能的不同分为若干组,在同一程序段中可以指令多个不同组的G代码,但如果在同一程序段中指令了两个或两个以上属于同一组的G代码时,只有最后的G代码有效。如果在程序段中指令了某系统G代码应用表中没有列出的G代码,则显示报警。

(2)G指令分为模态指令和非模态指令两种,模态指令是指一经使用就持续有效,在后续程序段中,只要同组的其他G代码未出现之前一直有效,直到被同组的其他代码取代为止;非模态指令只在本程序段中有效。表4-3中"00"组的G代码为非模态代码,其他组均为模态代码。

(3)G代码中前置"0"在现代数控系统中允许省略,如G01可省略表示成G1。

4.5.2 与坐标系有关的指令

1. G92、G50——设定工件坐标系指令

编制数控加工程序时,首先要设定一个编程坐标系,程序中的坐标值均以此坐标系为参考,此坐标系即为工件坐标系。G92、G50就是用来设定工件坐标系的指令,用它们规定工件坐标系原点的位置。指令通过确定刀具起点相对于所设定的工件坐标系坐标原点的位置值来建立工件坐标系。

在FANUC-0数控系统中规定,G92用于数控铣床,G50用于数控车床。

格式:G92/G50 X_Y_Z_ ;

其中,X、Y、Z为刀具当前位置相对于所设定的工件坐标系的坐标值。

如图4-20所示,刀具的当前(初始)位置相对新设定的工件坐标系零点的位置为$X=30$,$Y=20$,设定工件坐标系的程序段为

G92 X30 Y20;

X30 Y20是刀具当前的刀位点在所选工件坐标系的(X30,Y20)点处,也就意味着所选择的工件坐标系的零点在当前刀位点的$(X-30,Y-20)$的位置,从而间接地确定了工件坐标系及其零点。

图4-21所示的数控车床中,采用设定工件坐标系指令"G50 X80 Z100"来设定工件坐标系的零点在工件的左端面的中心。

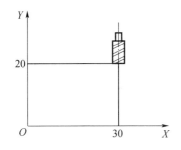

图4-20 数控铣床设定工件坐标系

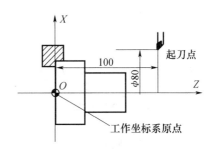

图4-21 数控车床设定工件坐标系

可见,G92、G50 指令建立工件坐标系的实质是:在选定的坐标系中,把刀具当前点的位置值记忆在数控装置的位置寄存器内,间接地将工件坐标系的原点位置告诉数控装置。因此,在执行该指令前,必须将刀具的刀位点通过手动方式准确地移动到所设定坐标系的指定位置点。

说明:

(1) 执行 G92、G50 指令后,机床(刀具或工作台)并不产生运动,仍在原来位置,只是显示屏上的坐标值发生了变化。

(2) 执行该指令后,指令中的坐标值,如 X30、Y20 就作为后续各程序段绝对尺寸的基点,也就是后续各程序段中的绝对值坐标均为该工件坐标系中的坐标。

(3) G92、G50 为模态指令,如果没有新的设定则一直有效,G92、G50 设定的工件坐标系不具有记忆功能,当机床关机后,设定的坐标系即消失。机床重新开机后,即使使用开机前的同一个加工程序仍要重新对刀。

(4) G92、G50 指令通常出现在程序的第一段,用于首次设定工件坐标系;也可出现在程序中,用于重新设定工件坐标系。

(5) 设定工件坐标系前机床应进行返回参考点和对刀操作。

2. G53——选择机床坐标系指令

在建立机床坐标系后,如果某程序段需要使用机床坐标系作为坐标值的基准,可用 G53 指令选定。

格式:G53(G90)X_Y_Z_ ;

其中,X、Y、Z 为机床坐标系中的坐标值。

说明:

(1) G53 指令是非模态指令。

(2) G53 指令在绝对值方式下有效,在增量值方式下无效。

(3) 执行 G53 指令前,必须先完成返回参考点的操作。

(4) 机床坐标系在机床通电后通过手动返回参考点设定,一经设定,就保持不变直至断电;而执行 G53 指令表示刀具快速移动到所设定的位置。

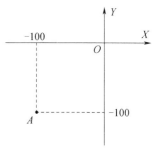

如图 4-22 所示,若加工程序中出现程序段为

G53 G90 X-100.0 Y-100.0 ;

则程序执行后刀具在机床坐标系中的位置在图中 A 点处。

图 4-22 选择机床坐标系

3. G54、G55、G56、G57、G58、G59——选择工件坐标系指令

在编程过程中,有时零件的加工部位很多,为了避免尺寸换算,可以预先设定多达 6 个辅助工件坐标系(G54~G59),加工时直接调用,将刀具移至该辅助工件坐标系中进行加工。

格式:G54~G59 G00/G01 X_Y_Z_(F_) ;

【例 4-1】 在图 4-23 中,若插补直线 AB,则用机床坐标系编程为

G53 G90 X0 Y0 ;

G00 X30. Y55. ;　　快速到达 A 点

G01 X60. F100;　　直线插补 AB 线段

若通过 CRT/MDI 在参数设置方式下,设定两个辅助工件坐标系:

G54: X20. Y35. ;　　$X'O'Y'$ 坐标系

G55: X35. Y15. ;　　$X''O''Y''$ 坐标系

则执行 AB 段的运动轨迹为

G53 X0 Y0 ;

```
G54 G00 X10. Y20. ;           快速到达 A 点
G55 G01 X25. Y40. F100 ;      直线插补 AB 线段
```
说明:

（1）G54～G59 指令是通过显示屏（CRT）或手动数据输入（MDI）方式,在设置参数方式下进行设定,其坐标系原点在机床坐标系中位置是不变的,它与刀具的当前位置无关;而 G92 是通过程序设定工件坐标系,其坐标系原点随当前刀具位置的不同而改变。

（2）G54～G59 指令可以和 G00/G01 指令组合,在选定的加工坐标系中进行位移;而 G92 指令只设定工件坐标系,而不产生任何动作。

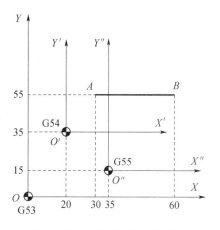

图 4-23 工件坐标系的使用

（3）G54～G59 指令设定过程为:选择工件上的编程原点,测量出工件装夹后该点在机床坐标系中的绝对位置值,将这些值通过 CRT/MDI 方式输入到机床偏置存储器 G54～G59 参数中,从而数控系统根据相对应的指令要求将零点偏移至该点。通过零点偏移设定的工件坐标系,只要不对其进行修改、删除操作,该工件坐标系将永久保存,即使机床关机,其坐标系也将保留。因此,通常更具有灵活性,更适用于批量加工时使用。这些指令为同组的模态指令。

4. G17、G18、G19——坐标平面设定指令

在三坐标机床上进行圆弧插补和刀具补偿时必须指定所在平面。其中 G17 指令表示选择 XY 平面,G18 指令表示选择 XZ 平面,G19 指令表示选择 YZ 平面,如图 4-24 所示。平面指定与坐标轴移动无关,不管选用哪个平面,各坐标轴的移动指令均会执行。

格式:G17/G18/G19

说明:

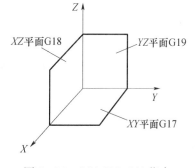

图 4-24 G17、G18、G19 指令

（1）G17、G18、G19 为模态指令,可以互相注销。

（2）机床开机时默认平面为 XY 平面,故对于数控铣床 G17 指令可以省略;数控车床上只有 XZ 平面,所以数控车床编程时 G18 指令可以省略。

4.5.3 与坐标尺寸字尺寸数值属性有关的指令

1. G20、G21——英制输入、公制输入

程序中坐标尺寸字可以通过 G20、G21 指令选择英制或者公制。英制的单位是英寸(in),最小单位一般为 0.0001 in 或 0.001 in,用 G20 指定;公制也称米制,单位是毫米(mm),最小单位一般为 0.001 mm 或 0.01 mm,用 G21 指定。

格式:G20/G21

说明:

（1）G20 或 G21 指令必须在设定坐标系之前用一个单独的程序段指定,并使它位于轴运动、偏置选择、坐标系统设置指令(如 G92、G00、G54～G59 等)之前。

（2）在程序执行过程中,绝对不能切换 G20 和 G21,否则会导致错误的结果。

（3）在公/英制代码被转换后,输入数据的尺寸距离单位发生变换,但角度单位不变。

（4）G20/G21 为模态指令。机床断电后公/英制转换的 G 代码被保存,通电后延续断电前

2. G90、G91——绝对值编程和增量值编程

数控加工中的轴运动控制指令,可以采用两种坐标方式进行编程,即绝对值编程和增量值编程。绝对值编程是指刀具在运动过程中,所有的刀具位置坐标均以一个固定的程序原点为基准进行的编程方式,在程序中用 G90 指定。增量值编程是指刀具在运动过程中,刀具当前位置的坐标由前一位置度量得到,因此也叫相对值编程,在程序中用 G91 指定。

格式:G90/G91 G00/G01 X_Y_Z_(F_);

其中,X、Y、Z 在 G90 方式下为轴运动的终点坐标值;在 G91 方式下为轴运动的终点坐标值减去轴运动起点的坐标值,它是一个矢量值。

如图 4-25 所示,A 点到 B 点的快速移动可以用绝对值编程和增量值编程,分别表示为

G90 G00 X60.0 Y40.0;绝对值编程

G91 G00 X50.0 Y30.0;增量值编程

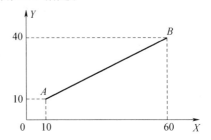

图 4-25 绝对值和增量值编程

说明:

(1) 在程序段开始时,要指定程序中尺寸坐标的模式。使用 G90 编程,则在 G90 尺寸模式下的 X、Y、Z 等坐标值只与轨迹终点在坐标系中的绝对位置有关,而与刀具起点位置无关;使用 G91 编程,则目标点坐标值只和它与起点的相对位置有关,而与在坐标系中的绝对位置无关。

(2) 一般开机后,G90 作为默认值被设置。在同一个程序中,允许绝对值和增量值交替使用,正确交替使用能给编程带来很大方便。应注意的是,G90 和 G91 都是模态指令,彼此可以相互取消。

(3) 有些数控系统不用 G90 或 G91 指令规定尺寸坐标的模式,而用 X、Y、Z 表示绝对值编程,用 U、V、W 表示增量值编程,图 4-25 所示用增量值编程可以表示为 G00 U50.0 W30.0。有时在一个程序段中,可以同时使用绝对值和增量值进行编程,称为混合编程。例如:G00 X400.0 W-20.0。但在 G90/G91 方式下,一个程序段只能选用绝对值和增量值编程中的一种。

【例 4-2】 绝对值编程和增量值编程的应用。

如图 4-26 所示,各孔的坐标以原点为基准,用绝对值编程很容易实现各孔的加工。在图 4-27 中,各孔尺寸坐标均以该孔的前一孔为基准,用孔间距离来表示孔的坐标,故适合用增量值方法编程,实现各孔的加工。

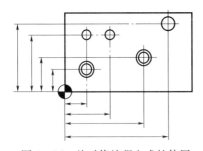 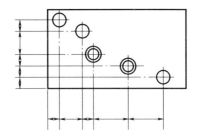

图 4-26 绝对值编程方式的使用　　　　图 4-27 增量值编程方式的使用

4.5.4 与刀具运动方式有关的指令

1. G00——快速定位指令

数控机床提供了快速运动定位的功能,其主要目的就是缩短非切削操作时间,即缩短刀具与工件之间无接触的移动时间。

G00用来指令刀具从起点按机床提供的最快速度移动到指定的目标位置。编程时只需给出目标点的坐标位置,定位目标点的坐标可以用绝对尺寸也可以用增量尺寸表示,即用G90指令绝对尺寸,用G91指令增量尺寸。

格式:G90/G91 G00 X_Y_Z_;

其中,X、Y、Z为目标点在工件坐标系中的绝对坐标值或增量坐标值。

说明:

(1) G00指令中的快速移动速度由数控机床生产厂家预先设定,并用操作面板上的快速进给速率调整旋钮来调整,也可在加工前通过机床参数设定,而进给速度F指令对G00无效。

(2) 粗加工前刀具用G00指令快速靠近工件时,应与工件保持一小段间距,避免刀具直接切入工件表面引起刀具崩刃。

(3) 在执行G00指令的过程中,刀具的运动轨迹若不是平行于坐标轴的直线轨迹时,点定位轨迹为一折线。如图4-28中,刀具先以双轴联动的方式(X、Y轴的速度相同)从A点(10,10)快速移到B点(30,30),然后再单轴运动到C点(40,30)。数控系统之所以这样控制是为了定位的准确。

以此类推,对于三轴联动机床,在点定位过程中,X、Y、Z三轴都有运动量,则先三轴同速联动,再两轴同速联动,最后单轴运动到定位目标点。所以,在以G00方式进刀和退刀时,要注意确保刀具不与工件、夹具和机床发生碰撞。

图4-28 快速点定位

【例4-3】 如图4-29所示,刀具从A点快速移动到B点,则对应的程序为

绝对值编程 G90 G00 X70.0 Y40.0;

增量值编程 G91 G00 X60.0 Y30.0;

其实际运动轨迹为A→C→B。

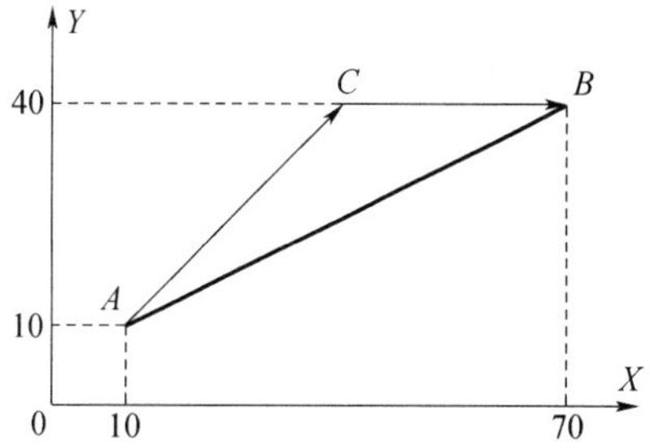

2. G01——直线插补指令

直线插补与快速定位运动十分相近。所不同的是,执行G00快速点定位指令时,刀具对工件不产生切削;而执行G01直线插补指令时,刀具对工件要进行切削加工。

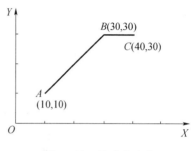

图4-29 G00的应用

格式:G90/G91 G01 X_Y_Z_F_;

其中,X、Y、Z为目标点在工件坐标系中的绝对坐标值或增量坐标值;F为刀具沿直线运动的进给速度。

说明:

(1) G01程序段中必须含有F指令,否则视进给速度为零,机床不运动。

(2) G01和F指令都是模态指令(续效指令),如果前面的程序段中已指定过,其值一直有效,直到输入新值后,原进给速度才被取消,所以不必对每个程序段都指定F指令。

【例4-4】 刀具刀位点沿图4-30所示的直线段轨迹运动,刀路轨迹为$A→B→C→D→E→A$,刀具起点在A点,其走刀程序如下:

用绝对值编程:

N10 G90 G00 X10. Y10.;

N11 G01 X50. F100;

N12 Y40.;

N13 X20.；
N14 X10. Y30.；
N15 Y10.；
N16 G00 X0 Y0；
用增量值编程：
N10 G91 G00 X10. Y10.；
N11 G01 X40. F100；
N12 Y30.；
N13 X－30.；
N14 X－10. Y－10.；
N15 Y－20.；
N16 G00 X－10. Y－10.；

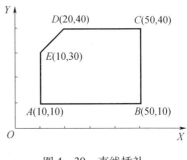

图 4－30　直线插补

【例 4－5】　加工图 4－31(a)所示型腔。铣刀直径为 φ6mm，加工深度为 2mm，刀心轨迹如图 4－31(b)所示，工件零点为 O_P 点，分别用绝对值和相对值方式编程。

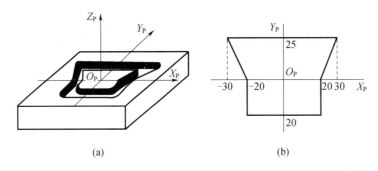

图 4－31　G00、G01 指令应用

绝对值编程：
N0010 G90 G00 X30.0 Y25.0 Z2.0 S1000 M03；
N0020 G01 Z－2.0 F120；
N0030 X20.0 Y0；
N0040 Y－20.0；
N0050 X－20.0；
N0060 Y0；
N0070 X－30.0 Y25.0；
N0080 X30.0；
N0090 G00 X0 Y0 Z100.0；
N0100 M02；
相对值编程：
N0010 G00 X30.0 Y25.0 Z2.0 S1000 M03；
N0020 G91 G01 Z－4.0 F120；
N0030 X－10.0 Y－250.0；
N0040 Y－20.0；
N0050 X－40.0；
N0060 Y20.0；
N0070 X－10.0 Y25.0；
N0080 X60.0；

N0090 G90 G00 X0 Y0 Z100 ;
N0100 M02 ;

在编程时应注意:对于坐标尺寸字,绝对值编程时,可以省略的是与上程序段中相同的内容;增量值编程时,可以省略的是坐标地址符后为零的内容。这一点可以作为坐标尺寸字能否省略的依据。

3. G02、G03——圆弧插补指令

圆弧插补指令 G02、G03 用来指令刀具在指定的平面内,以给定的 F 进给速度进行圆弧加工,切削出圆弧轮廓。G02 用于顺时针圆弧加工,G03 用于逆时针圆弧加工。在开始圆弧加工前,刀具必须位于圆弧的起点位置。

格式:G17 G02/G03 X_Y_I_J_(或 R_)F_;
　　　G18 G02/G03 X_Z_I_K_(或 R_)F_;
　　　G19 G02/G03 Y_Z_J_K_(或 R_)F_;

其中,X、Y、Z 为圆弧终点坐标;I、J、K 表示圆弧圆心的位置;R 为圆弧半径。

在圆弧插补程序段中,应包括圆弧插补平面、圆弧回转方向、圆弧终点位置和圆心位置4个方面。

1) 圆弧插补平面

使用圆弧插补必须指定圆弧所在平面,即插补平面。插补平面由平面选择指令 G17、G18、G19 来指定。当数控机床具有3个坐标时,除 G17(XY 平面)可以省略外,XZ、YZ 平面必须编写平面指令。当机床只有一个坐标平面时(如车床),则平面指令可省略。

在3种运动模式(G00、G01、G02/G03)中,平面选择只影响圆弧插补运动,对于快速移动(使用 G00 编程)和直线插补运动(使用 G01 编程),平面选择指令完全是无关紧要的,甚至是多余的。在圆弧插补运动模式中,平面选择很重要,没有平面选择数控系统将无法确定圆弧的空间位置。

2) 圆弧回转方向

在直角坐标系中,圆弧的顺时针、逆时针回转方向的判断方法是:从垂直于圆弧所在平面的坐标轴由正到负的方向看平面内圆弧的顺逆方向。例如:当从 Z 轴的由正到负的方向看 XY 平面圆弧的顺逆方向;当从 Y 轴的由正到负的方向看 XZ 平面圆弧的顺逆方向;当从 X 轴由正到负的方向看 YZ 平面内圆弧的顺逆方向,顺时针用 G02 表示,逆时针用 G03 表示,如图 4-32 所示。

根据这一规则,对于前置刀架数控车床的 XZ 平面和数控铣床的 XY 平面上的顺时针圆弧 G02 和逆时针圆弧 G03 的判断方法如图 4-33(a)、(b)所示。注意:在图(a)所示的数控车床坐

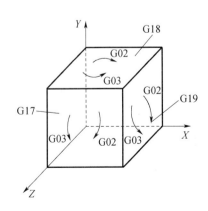

图 4-32 圆弧插补方向判别

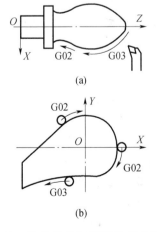

图 4-33 数控车床 XZ 平面与数控铣床 XY 平面圆弧顺逆方向的判别

标系 XOZ 中,对圆弧顺逆的方向判断要从纸面背面向纸面正面看,与平时的习惯正好相反。

3) 圆弧终点位置

圆弧终点坐标位置用地址 X,Y,Z 指定,并且根据 G90 或 G91 用绝对值或增量值表示。若采用增量值时,则圆弧的终点坐标是其相对于圆弧起点的增量值。

4) 圆弧圆心位置

程序中用 I、J、K 表示圆弧的圆心位置。数控系统规定,I、J、K 在任何情况下都是圆弧起点到圆心点的增量距离,与 G90 和 G91 无关,如图 4-34 所示。

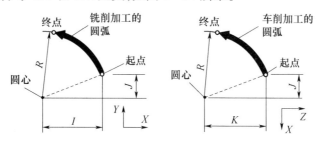

图 4-34 圆弧起点相对圆心的增量尺寸

I、J、K 是既有大小又有方向的矢量值,必须根据方向指定其符号(正或负)。

I、J、K 正负的规定:从圆弧起点向圆心做矢量,该矢量在 X、Y、Z 轴上的投影方向与坐标轴同方向时为正,反之为负。I、J、K 为零时在程序段中可以省略。

5) 圆弧半径

大多数数控机床一般都有圆弧半径直接指令功能,即用圆弧半径 R 来表示圆心参数,而不用求出圆心的坐标值。由于零件图上一般都给出圆弧半径,所以,用圆弧半径 R 编程能减少计算工作量。

应注意的是,采用参数 R 编程时,从起点到终点存在两条圆弧线段,它们的编程参数完全一样,如图 4-35 所示。

图中两条顺时针方向圆弧,不但起点和终点一致,而且圆弧半径也相等。

为了区分这两种情况,用参数 R 编程时规定:圆弧所对应的圆心角≤180°时,用 +R 表示圆弧半径;圆心角 >180°时,用 -R 表示圆弧半径。设 A 点坐标为 (-40,-30),B 点坐标为 (40,-30),沿 A→B 加工,两段圆弧的加工程序分别为

圆弧 1:G02 X40. Y -30. R50. F80;
圆弧 2:G02 X40. Y -30. R -50. F80;

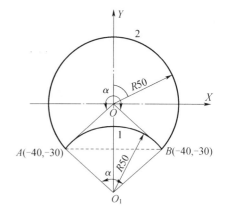

图 4-35 圆弧半径正负值示例

另外应注意的一点是:在加工整圆时,应该用 I、J、K 来编程,如果用圆弧半径 R 编程,则表示是圆心角为 0°的圆弧,刀具不运动。因此,整圆不能用圆弧半径 R 编程。

【例 4-6】 编制图 4-36 所示的整圆程序。

(1) 从 A 点顺时针一周时:

用增量值编程:G91 G02 (X0 Y0) I -40.0 (J0) F100;
用绝对值编程:G90 G02 X40.0 (Y0) I -40.0 (J0) F100;

(2) 从 B 点逆时针一周时:

用增量值编程:G91 G03（X0 Y0 I0) J40.0 F100;
用绝对值编程:G90 G03(X0)Y－40.0 (I0) J40.0 F100;

注意:括号内的内容可以省略不写。

说明:

（1）G00、G01、G02/G03为同组模态指令,在编程中可相互取代。

（2）当机床上只有一个坐标平面时,平面指令可以省略;当机床上有3个坐标平面时,XY坐标平面为默认平面,所以指令G17可以省略。

（3）插补圆弧时必须指定F指令。若此前程序段中没有F指令,而现在G02/G03程序段中也没有F指令,则机床不运动。

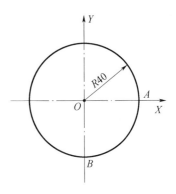

图4－36 整圆编程示例

（4）在同一程序段中,如I、J、K和R同时出现,则R有效,而I、J、K被忽略。

【例4－7】 如图4－37所示圆弧,刀路轨迹为 $A \to B \to C \to D$,刀具起点在 A 点,使用圆弧半径 R 编程。

其绝对值编程方式为

    G90 G03 X15.0 Y0 R15.0 F100;   圆弧 AB 段
    G02 X55.0   R20.0;   圆弧 BC 段
    G03 X80.0 Y－25.0 R－25.0;   圆弧 CD 段

增量值编程方式为

    G91 G03 X15.0 Y15.0 R15.0 F100;
    G02 X40.0   R20.0;
    G03 X25.0 Y－25.0 R－25.0;

使用分矢量IJ编程,其绝对值编程方式为

    G90 G03 X15.0 Y0 J15.0 F100;
    G02 X55.0   I20.0;
G03 X80.0 Y－25.0 J－25.0;

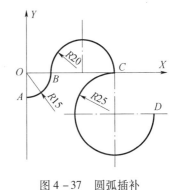

图4－37 圆弧插补

4. G04——暂停(延时)指令

G04指令可以使刀具在短时间内实现无进给光整加工,以获得圆整而光滑的表面。

格式:G04 X(U)_(或P_);

说明:

（1）地址码X(U用于数控车床)或P为暂停时间,而不是坐标值。其中,X(U)后面可用小数点的数,单位为秒(s),其指令值范围为:0.001～99999.999,如G04 X5.0表示前面的程序执行完后,要经过5s的暂停时间,后面的程序段才执行;地址P后面不允许用小数点,单位为毫秒(ms),指令值范围为:1～99999999,如G04 P5000表示暂停5s。

（2）G04的程序段里不能有其他指令。G04为非模态代码。

暂停指令一般用于下列情况:

（1）加工盲孔时,在刀具进给到规定深度后,用暂停指令使刀具对孔底作无进给光整加工,然后再退刀,这样可以使孔底平整,保证加工质量。

（2）镗孔完毕后要退刀时,为避免在已加工孔壁上留下退刀螺旋状刀痕而影响孔的表面质量,应使主轴停止转动,并暂停几秒钟,待主轴完全停止后再退刀。

（3）用丝锥攻螺纹时,如果刀具夹头带有正反转机构,可用暂停指令,以暂停时间代替指定的距离,待攻螺纹完毕,丝锥退出工件后,再恢复机床的动作指令。

(4) 横向车槽到位后,用暂停指令,让主轴转过一转以后再退刀,使槽底平整。

(5) 在车床上倒角或打顶尖孔时,刀具进给到位后,用暂停指令使工件转一转以上再退刀,可使倒角表面或顶尖孔锥面平整。

【例 4-8】 图 4-38 所示为锪孔加工,对孔底有表面粗糙度要求。

程序如下:
...
N30 G91 G01 Z-7.0 F60;
N40 G04 X5.0;(刀具在孔底停留 5s)
N50 G00 Z7.0;
...

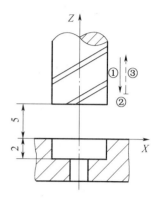

图 4-38 G04 实例

4.5.5 刀具补偿指令

1. G40、G41、G42——刀具半径补偿指令

在数控机床上加工工件时,由于刀具总带有一定的圆弧半径(如铣刀半径),因此刀具中心的运动轨迹不等于加工零件的实际轮廓。利用刀具半径补偿功能,可以使刀具中心自动偏离工件轮廓一个刀具半径,这样,编程人员就可以直接按工件实际轮廓尺寸编程,而不需要计算刀具中心的实际运动轨迹,从而简化了编程工作。刀具半径的数值,由操作人员在进行加工前输入到数控系统的补偿寄存器中。执行刀具半径补偿指令 G41 或 G42 后,系统就自动根据实际轮廓尺寸和刀具半径计算出刀具中心实际运动轨迹,并使刀具按此轨迹运动。

1) 指令格式

格式:G41/G42 G00/G01 X_ Y_ D_ ;

　　　...

　　　G40 G00/G01 X_ Y_ ;

说明:

(1) G41 为左偏置刀具半径补偿指令,G42 为右偏置刀具半径补偿指令,如图 4-39 所示,当沿着刀具前进方向看,刀具中心在零件轮廓左边时为左偏置(图(a)),刀具中心在零件轮廓右边时为右偏置(图(b))。

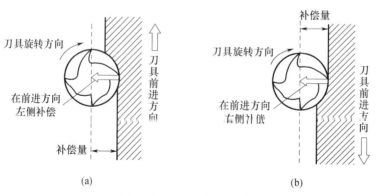

图 4-39 刀具半径偏置示例
(a) 左刀补 G41;(b) 右刀补 G42。

(2) G40 为刀具半径补偿取消指令,G41 和 G42 均为模态指令,要用 G40 指令来取消。G40 必须与 G41/G42 成对使用。

(3) D 为存放补偿值(刀具半径值)的存储器地址,刀具补偿值由操作者在操作面板上输入到 D_指定的存储器中。D00 表示补偿值为零。因此,刀具补偿值应设在从 D01 开始的存储器中。

(4) 刀具半径补偿应在规定的平面内进行,此平面称为补偿平面,使用平面选择指令 G17、G18、G19 可以分别选择 XY、XZ、YZ 作为补偿平面,G17 可以省略不写。

2) 刀具半径补偿的过程

在轮廓加工过程中,刀具半径补偿的执行过程一般分为刀具半径补偿的建立、刀具半径补偿的执行和刀具补偿取消三步。

(1) 刀补建立 即刀具中心从与编程轨迹重合过渡到与编程轨迹偏离一个偏置量的过程。刀补建立程序是进入刀补切削加工前的一个程序段。

如图 4-40 所示,刀具从起点 A 用一个快速运动(A→B)建立半径补偿,程序段的终点是 B,但经半径补偿后到达的点是 C 点。C 点相对要加工轮廓的延长线向左偏移了一个半径。建立补偿的程序段为

G90 G41 G00 X_B Y_B D01;

(2) 刀补执行 在执行有 G41 或 G42 指令的程序段后,刀具中心始终与编程轨迹相距一个偏置量,因此编程时只需描述出工件的实际轮廓。

(3) 刀补取消 刀具离开工件后,刀具中心轨迹过渡到与编程轨迹重合的过程称为刀补取消。

如图 4-41 所示刀具从 E 点用一个快速运动(E→A)取消半径补偿,程序段的起点是 E,但取消半径补偿前的实际刀具中心起点却是 F,在取消半径补偿程序段执行后,刀具中心实际从 F 到达的终点是 A 点,在要加工轮廓的法向偏移了一个半径。取消补偿的程序段为

G90 G40 G00 X_A Y_A;

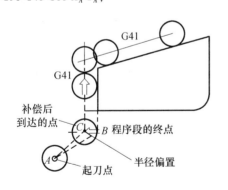

图 4-40 刀补的建立过程

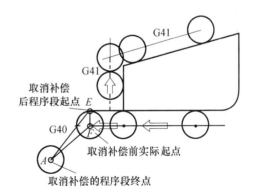

图 4-41 刀补的取消过程

3) 刀具半径补偿的作用

(1) 免除刀具中心轨迹的人工计算,使编程简化。

(2) 利用刀具半径补偿功能,对精加工余量为 Δ、刀具半径为 R 的零件可以利用一个加工程序实行分层铣削加工和粗、精加工。其中粗加工补偿值为 $\Delta + R$,精加工补偿值为 R。

(3) 当刀具因磨损和重磨而使半径减少时,只需改变刀具半径补偿值,而不必重新编程,用此法也可以弥补刀具的制造误差。

（4）可利用同一程序加工形状和尺寸相同的内、外形面，即将原正的补偿值改为负的补偿值。

4）注意点

（1）刀具半径补偿是在平面内进行的，且补偿状态中不得改变补偿平面。

（2）尽量做到在刀具切入工件之前建立刀补，同样，取消刀补则应放在刀具切出工件之后，且切入和切出点与工件的轮廓要保持一定的安全距离，以避免刀具与工件和夹具发生碰撞。

（3）建立/取消刀补时，坐标移动指令只能是G00/G01，不能用G02/G03，且程序段中应至少指定偏置平面内任一坐标轴的移动。

（4）程序中若指定D00，就取消了刀补（此时可不用执行G40）。

（5）要注意刀具半径补偿引起的过切现象。

（6）若D代码中存放的偏置量为负值，则G41和G42指令将相互取代。

（7）有的数控系统只能实现本程序段内的刀具半径补偿，对程序段中的过渡无法处理，故在编程时除了零件轮廓各程序段外，还应该考虑其程序段的过渡，对于外轮廓拐角，要增加尖角过渡的辅助程序段。有些数控系统可以实现自动的尖角过渡，只要给出零件轮廓的程序，数控系统可以自动进行拐角处的刀具中心轨迹交点的计算，因此可以直接用于内外轮廓拐角的自动加工，而且在程序中不需要其尖角过渡。

5）刀具半径补偿编程实例

【例4-9】 加工零件如图4-42所示。选择零件编程原点在 O 点，刀具直径为φ12mm，铣削深度为5mm，主轴转速为600r/min，进给速度60mm/min，刀具偏移代号为D03，程序名为O1000，起刀点在(0,0,10)。程序如下：

O1000
N10 G92 X0 Y0 Z10.0;
N20 M03 S600;
N30 G90 G00 X-55.0 Y-60.0;
N40 G00 Z-5.0 M08;
N50 G41 G01 X0 Y0 D03 F60;
N60 G91 G01 X40.0 Y40.0;
N70 G03 X20.0 Y0 I10.0 J0;
N80 G01 X10.0;
N90 G02 X10.0 Y-10.0 I0 J-10.0;
N100 G01 Y-30.0;
N110 X-90.0;
N120 G90 G40 G01 X-55.0 Y-60.0 M09;
N130 G00 Z10.0 M05;
N140 G00 X0 Y0;
N150 M30;

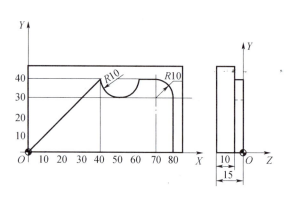

图4-42 刀具半径补偿指令应用

2. G43、G44、G49——刀具长度补偿指令

刀具长度补偿用于刀具轴向（Z方向）的进给补偿，它可以使刀具在Z方向上的实际位移量比程序给定值增加或减少一个偏置量。当刀具在长度方向上的尺寸发生变化时（如因刀具磨损或制造误差），只要在操作面板上改变补偿值，而不需要改变程序，就可以加工出零件的原定尺寸。

以图4-43所示钻孔为例，图(a)所示为钻头开始运动位置，图(b)所示为钻头正常工作进给的起始位置和钻孔深度，这些参数都在程序中加以规定。图(c)所示为钻头磨损或换刀后在长度方向上尺寸减少了1.2mm,如仍按原程序加工进给,钻头工作进给的起始位置将为图(c)所示的位置,而钻进深度也随之减少1.2mm。要改变这一状况,靠修改程序是非常麻烦的,因此采用长度补偿的方法解决这一问题。图(d)所示为使用长度补偿指令后,钻头工作进给的起始位置和钻孔深度。在程序运行中,让刀具实际的位移量比程序给定值多运行一个偏置量1.2mm,不用修改程序即可加工出符合要求的孔深。

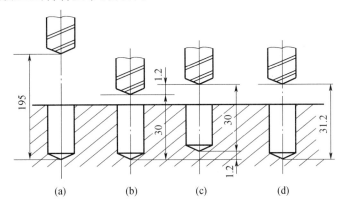

图4-43 刀具长度补偿指令应用1

1)指令格式

格式:G43/G44 G00/G01 Z_H_ ;
　　　…
　　　G49 G00/G01 Z_ ;

说明:

(1) G43为刀具长度正补偿;G44为刀具长度负补偿;G49为取消刀具长度补偿指令。G43、G44均为模态指令,要用G49(或H00)来取消,故G43/G44与G49必须成对出现。

(2) H为存放刀具长度补偿偏置量的地址,其中的值可以用MDI方式输入。若H代码中存放的偏置量为负值,则G43和G44指令将相互取代。H00表示取消刀具长度补偿。

(3) Z为刀具在Z轴方向运动的坐标值。执行G43/G44后,不论使用绝对值编程还是增量值编程,程序中指定的刀具沿Z轴移动的终点坐标值,都要与H代码指定的存储器中的补偿值进行运算,G43时相加,G44时相减,然后根据运算结果决定刀具沿轴向移动的实际位移量。

G43时:$(Z)+(H)\to Z$

G44时:$(Z)-(H)\to Z$

2)刀具长度补偿的应用

对于立式加工中心,刀具长度补偿常被辅助用于工件坐标系零点偏置的设定。即用G54设定工件坐标系时,仅在X、Y方向偏置坐标原点的位置,而Z方向不偏置,Z方向刀位点与工件坐标系$Z0$平面之间的差值全部通过刀具长度补偿值来解决。这样就将刀具长度偏置工作与工件坐标系Z向的零点偏置工作合二为一,方便了操作,如图4-44所示。

G54设定工件坐标系时,Z的偏置值为0。安装好刀具后,将刀具的刀位点移动到工件坐标系的$Z0$处,将刀位点在工件坐标系$Z0$处显示的机床坐标系的坐标值直接输入到刀具长度偏置值中去。这样,1号刀具的偏置值为-140.0,2号刀具的偏置值应为-100.0,3号刀具的偏置值应为-120.0。采用此种方法的编程格式为

G90 G54 G49 G94;

G43 G01 Z_ H_ F_ M03 S_;

...
G91 G28 Z0 T_;
M06;
...

上面程序中,若3号刀具的长度补偿指令为"G43 G00 Z30.0 F80 H03;",则其执行过程刀具的移动量 $\Delta H = 30 + (-120) = -90$,即刀具向下移动 90mm,刀具的零点正好位于工件零点上方 30mm 的高度,完全符合编程的意图。

3) 刀具长度补偿编程实例

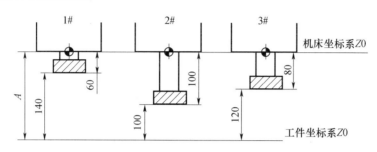

图 4-44 刀具长度补偿指令应用 2

【例 4-10】 加工如图 4-45 所示的三条槽,槽深均为 2mm,试用刀具长度补偿指令编程。

选择 φ8mm 铣刀为 1 号刀,φ6mm 铣刀为 2 号刀。按刀具参数设置方法,将刀具直径输入刀具数据库;并将 1 号标准刀的长度补偿值设置为 0,2 号刀相对 1 号标准刀的长度差值用长度补偿值自动设置方法设置好,以补偿由于两把刀长度不一致而产生的差值。

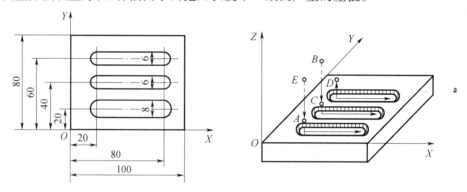

图 4-45 刀具长度补偿应用举例

程序如下:
O0002
N0010 G90 G00 X20. Y20.0 Z2.0 T01 S1000 M03;
N0020 G01 Z-2.0 F150;
N0030 X80.0;
N0040 G00 Z100.0 M05;
N0050 X20.0 Y40.0
N0060 M00;
N0070 T02 S1000 M03;
N0080 G43 G01 Z2.0 H01 F400;
N0090 G01 Z-2.0 F150;

N0100 X80.0;
N0110 G00 Z2.0;
N0120 X20.0 Y60.0
N0130 G01 Z-2.0;
N0140 X80.0;
N0150 G49 G00 Z100.0；
N0160 X20.0 Y20.0
N0170 M02;

4.5.6 返回参考点指令

这里的参考点是指机床参考点,机床参考点是可以任意设定的,设定的位置主要根据机床加工或换刀的需要。设定的方法有两种:一是根据刀杆上某一点或刀具刀尖等坐标位置存入相关参数中来设定机床参考点;二是通过调整机床上各挡铁的相应位置来设定。

1. G27——返回参考点校验

G27指令是用于检查机床能否准确返回参考点,准确返回时各轴参考点的指示灯亮,否则指示灯不亮。这样可以检测程序中指令的参考点坐标值是否正确。

格式:G27 X_Y_Z_;

其中,X、Y、Z为返回运动中间点的坐标值。

说明:

(1)使用G27指令前应取消刀具补偿功能,且执行前需返回过一次参考点,否则指示灯不亮。

(2)G27指令使用后,执行后续程序段时,若需要机床停止,应在G27指令程序段后加M00或M01等辅助功能,或在单段功能情况下运行。

2. G28——自动返回参考点

G28指令能使受控的坐标轴从任何位置以快速定位方式经中间点自动返回参考点,到达参考点时,相应坐标轴的指示灯亮。

格式:G28 X_Y_Z_;

其中,X、Y、Z为返回运动中间点的坐标值。

说明:

(1)返回运动中间点的坐标值取值应避免与工件、机床和夹具相碰撞。

(2)G28指令常用于刀具自动换刀,G28指令执行前需取消刀具补偿功能。

3. G29——从参考点自动返回

格式:G29 X_Y_Z_;

其中,X、Y、Z为返回点的坐标值。

说明:

(1)G29指令一般紧跟在G28指令后使用,用于刀具自动换刀后返回所需加工的位置。

(2)执行G29指令时,机床从参考点快速移动到G28指令设定的中间点,再从中间点快速移动到G29指令的指定点。

【例4-11】 如图4-46所示,程序轨迹从A点经B点返回到参考点换刀,又从参考点R经B到

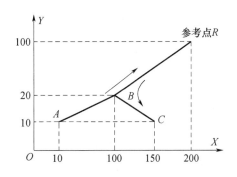

图4-46 G28、G29指令的应用

达加工点 C，程序为

  G90 G28 X100.0 Y20.0;   A→B→R
  M06;   换刀
  G29 X150.0 Y10.0;   R→B→C

4.6 子程序和宏程序

4.6.1 子程序的应用

在一个加工程序的若干位量上，如果存在多处在写法上完全相同或相似的内容，为了简化程序，可以把这些重复的程序段单独抽出，并按一定格式编成子程序，以后像主程序一样将它们存储到程序存储区中。在主程序执行过程中，如果需要某一子程序，可以按一定格式调用子程序，子程序执行完了之后，又返回到主程序，继续执行后面的程序段。

（1）数控程序中可以用主程序调用子程序。

子程序调用格式为：M98 P_L_;

其中，P 后边的数字为子程序的程序号，L 后边的数字为子程序调用的次数，当 L_省略时，子程序只调用一次。

（2）从子程序返回到主程序用 M99 指令，即子程序结束代码为 M99。

（3）在使用子程序时，不但可以从主程序中调用子程序，而且也可以从子程序中调用其他子程序，这称为子程序的嵌套。

（4）在使用子程序时需要注意到：主程序中的模态 G 代码可以被子程序中同一组的其他 G 代码所更改。如主程序中的 G90 被子程序中同一组的 G91 更改后，从子程序返回时主程序也变为 G91 状态了。

最好不要在刀具补偿状态下的主程序中调用子程序，否则很容易出现过切等错误。

子程序与主程序编程时的区别是子程序结束时的代码用 M99 指令，而主程序结束时的代码用 M30 或 M02 指令。子程序不能单独运行。

下面是子程序应用举例。

【例 4-12】 加工如图 4-47 所示的 6 个矩形轮廓，开始时刀具位于机床的参考点，工件的 Z 向零点在工件的上表面处，工件的 X、Y 向零点如图，加工工件轮廓厚度为 10mm。

  O1011（主程序名）
  N001 G21;
  N002 G17 G40 G80
  N003 G90 G54 G00 X0 Y0 S300 M03;   （从参考点到 X、Y 向起点，启动主轴）
  N004 G43 Z20. H01 M08;   （从参考点到 Z 向安全高度，建立刀具长度补偿）
  N005 M98 P1012 L3;   （调用 3 次子程序 O1012，加工①、②、③后到达 A 点）
  N006 G90 G00 Z20.0;
  N007 X0.0 Y60.0;   （向 B 点移动）
  N008 M98 P1012 L3;   （再调用 3 次子程序 O1012，分别加工④、⑤、⑥后到达 C 点）
  N009 G90 G00 Z20.0 M09;   （抬刀至 Z 向安全高度）
  N010 G90 X0.0 Y0.0 M05;   （返回始点）
  N011 G49 G28 Z20.0;   （取消刀具长度补偿，返回参考点）
  N012 M30;
  O1012   （子程序）

N100 G90 G01 Z-10.0 F100;
N110 G91 G41 G00 X20.0 Y9.0 D01;　　（增量编程,刀具半径左补偿）
N120 Y1.0;
N130 Y40.0;
N140 X30.0;
N150 Y-30.0;
N160 X-40.0;
N170 G90 G00 Z20.0;
N180 G91 G40 X-10.0 Y-20.0;
N190 X50.0;　　（移动到下一个加工轮廓的起点,必须是增量方式）
N200 M99;　　（子程序结束并返回主程序）

子程序中 N110~N160 和 N180 以及 N190 的 X、Y 向的移动量应采用增量方式。

【例4-13】 如图4-48所示的环槽加工零件图,选择工件上表面中心为工件零点,需要将节圆为 $\phi40$mm 的凹槽,槽宽6mm,加工至深度6mm,粗加工凹槽,没有公差要求,也没有表面质量要求。需要的就是一把 $\phi6$mm 的键槽铣刀 Z 向切削到所需深度,因此只要编写360°的刀具路径就可完成任务。

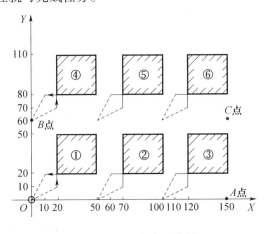

图4-47 子程序应用举例1

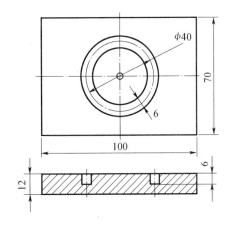

图4-48 子程序应用举例2

刀具材料是高速钢,工件材料45钢。刀具主轴转速1000r/min,将切削深度6mm分成多次切削,每次切削深度为1mm。因此需要重复6次轮廓加工,这种情况下无疑适合选择使用子程序编程。

子程序 O1113 只包含所有凹槽切削中共同的刀具运动,也就是 Z 向增量为1mm的切削和360°的圆周切削,所有其他运动包含在主程序 O1112 中。应注意的是1mm的切削增量,必须使用增量编程。程序如下(假定刀具 T01—$\phi6$mm 键槽铣刀已安装在主轴上):

O1112　　（主程序）
N100 G21;
N110 G17 G40 G80;
N130 G90 G54 G00 X20 Y0 S1000 M03;
N140 G43 Z25. H01 M08;
N150 G01 Z0 F200;　　（起始 Z 位置为Z0）
N160 M98 P1113 L6;　　（调用子程序6次）
N170 G90 G00 Z25. M09;

N180 G28 Z25. M05;
N190 M30;

O1113   (O1112 的子程序)
N310 G91 G01 Z -1.0 F30;   (增量为 -1mm)
N320 G03 I -20. F50;   (整圆轮廓)
N330 M99;

【例 4-14】 如图 4-49 所示的轮廓加工工件,试编写外形铣削加工的加工程序,Z 向采用分层切削的方法,每次切削深度为 6mm。

选择工件上表面圆孔中心为工件零点,求得轮廓各基点坐标为

$A(-32.0,0)$、$B(-27.2,-9.6)$、$C(-14.4,19.21)$、$D(14.4,-19.21)$、$E(27.2,-9.6)$、$F(32.0,0)$。

主程序:
O1111
N010 G21;
N020 G90 G94 G40 G49 G17;
N030 G90 G54 G00 X -45.0 Y -10.0;
N040 G43 G00 Z20.0 H01;
N050 S600 M03;
N060 G01 Z0 F50;
N070 M98 P2222 L4;
N080 G90 Z20.0;
N090 G49 G28 Z20.0;
N100 M05;
N110 M30;

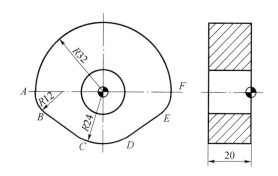

图 4-49 子程序应用举例 3

子程序(图 4-50):
O2222
N220 G91 G01 Z -6.0 F50;
N230 G90 G41 G01 X -32.0 Y -10.0 D01 F100;
N240 Y0.0;
N250 G02 X32.0 Y0.0 R32.0;
N260 G02 X27.2 Y -9.6 R12.0;
N270 G01 X14.4 Y -19.2;
N280 G02 X -14.4 Y -19.2 R24.0;
N290 G01 X -27.2 Y -9.6;
N300 G02 X -32.0 Y0 R12.0;
N310 G01 Y10.0;
N320 G40 G00 X -45.0;
N330 Y -10.0;
N340 M99;

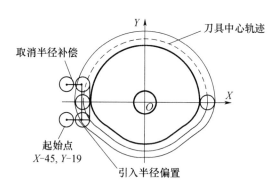

图 4-50 刀具半径补偿的建立和引入切出路线

4.6.2 宏程序的概念及应用

1. 宏程序的概念

用子程序编制具有相同和重复走刀路线的零件加工程序是非常有用的,但是用户宏程序由于允许使用变量、算术运算、逻辑运算和条件转移等,使得编制同样的加工程序更为简单。

在数控系统中,包含变量、转向、比较判别等功能的指令称为宏指令,用户宏程序是指包含有宏指令的子程序,简称宏程序。宏指令通常作为子程序存放在存储器中,主程序需要时可以使用呼叫子程序的方式随时调用。宏程序具有变量运算、判断和条件转移等功能,因此可以编制出更简单、通用性更强的程序。这里以 FANUC-0 系统的宏程序为例进行介绍。

图 4-51 所示为加工程序中调用用户宏程序的格式。

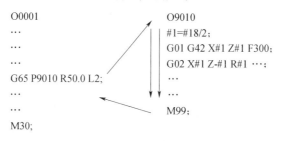

图 4-51 用户宏程序调用

编写宏程序时,可以根据工件加工要求先用宏指令列出加工点坐标值的计算过程,计算过程中的数据可以用变量暂代,在加工时根据工件的具体尺寸要求,由加工主程序输入相应数据,宏指令根据输入数据进行计算,与主程序配合,使数控机床自动运行加工出所需形状和尺寸的零件。

例如:零件图如 4-52 所示,若零件尺寸 $a=10$,$b=20$,$c=5$,$d=13$ 时,则圆弧、圆锥面的精加工程序为

N10 G00 X0 Z0;
N20 G03 X10. Z-5. R5. F100;
N30 G01 X20. Z-13.;
N40 G00 X100. Z100.;

但是当图中 a、b、c、d 值发生变化时,则又需要编写一个程序。因此,程序格式可以写为

N10 G00 X0 Z0;
N20 G03 Xa Z-c Rc F100;
N30 G01 Xb Z-d;
N40 G00 X100. Z100.;

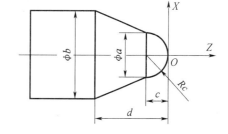

图 4-52 宏程序编程实例

若将变量用宏程序中的变量#i 对应:$a\to\#1$,$b\to\#2$,$c\to\#3$,$d\to\#4$,则程序可以写成如下形式:

主程序:
O1234
N10 G50 X100. Z100.;
N20 M03 S1000;
N30 G65 P9810 A10. B20. C5. D13.;
N40 M05;
N50 M30;

宏程序:
O9810
N10 G00 X0 Z0;
N20 G03 X#1 Z-#3 R#3 F100;
N30 G01 X#2 Z-#4;
N40 G00 X100. Z100.;
N50 M99;

由此可见,宏程序有以下特点:
(1)可以在宏程序主体中使用变量。
(2)可以进行变量之间的运算。
(3)可以用宏程序命令对变量进行赋值。

使用宏程序的方便之处在于可以用变量代替具体数值,因此在加工同一类不同尺寸的工件

时,不需要对每一个零件都编写一个程序,只需将实际的值赋予变量即可。

2. 用户宏功能

1) 变量

在一般的加工程序中,G 代码移动距离可以直接用数值指令,如 G00 X100.0。但在宏程序中,数值可以直接指定,也可用变量指定。因此,变量是指可以在宏程序主体的地址上代替具体数值,在调用宏程序主体时再用自变量进行赋值的符号。使用变量可以使宏程序具有通用性。宏程序主体中可以使用多个变量,以变量号码进行识别。

(1) 变量的表示。变量由变量符号#和后面的变量号组成,即#i (i = 1,2,3…)。例如:#5,#100。

变量号也可以用公式表达,但表达式必须封闭在括号内,即:#[〈表达式〉]。

例如:#[#1 + #2 − 12]

注意:与通用的编程语言不同,宏程序不允许使用变量名。

(2) 变量的类型。根据变量号的不同,变量可分为空变量、局部变量、公共变量和系统变量 4 种类型,如表 4 − 5 所列。

表 4 − 5　变量的类型及功能

变量号	变量类型	功　能
#0	空变量	该变量总是空,任何值都不能赋给该变量
#1 ~ #33	局部变量	局部变量只能用在宏程序中存储数据,例如运算结果。当断电时,局部变量被初始化为空。调用宏程序时,自变量对局部变量赋值
#100 ~ #199 #500 ~ #999	公共变量	公共变量在不同宏程序中的意义相同。当断电时,#100 ~ #199 变量被初始化为空,#500 ~ #999 变量的数据被保存,即使断电也不丢失
#1000 以上	系统变量	固定用途的变量,用于进行读写 CNC 运行时的各种数据,例如刀具的当前位置和补偿值

局部变量与公共变量的区别:

① 局部变量。局部变量就是在宏程序中局部使用的变量。换句话说,在某一时刻调出的宏程序中所使用的局部变量#1 和另一时刻调用的宏程序(无论与前一个宏程序相同还是不同)中所使用的#1 是不同的。因此,在多重调用时,当宏指令地址 A 调用宏指令地址 B 的情况下,也不会将 A 中的变量破坏。

② 公共变量。与局部变量相对,公共变量是在主程序以及调用的子程序中通用的变量。因此,在某个宏程序中运算得到的公共变量的结果#i 可以用到别的宏程序中。

(3) 变量值的范围。局部变量和公共变量的取值范围为 $-10^{47} \sim -10^{-29}$、0、$10^{-29} \sim 10^{47}$,若计算结果超出有效范围,则发出 P/S 报警 NO.111。

(4) 变量的引用。在程序内引用变量时,在地址符后指定变量号即可引用其变量值,如若 X#1(X 为地址,#1 为变量),则#1 引用该变量值。

例如:F#33,当#33 = 1.5 时,与 F1.5 相同;Z − #18,当#18 = 20.0 时,与 Z − 20.0 相同。

(5) 变量使用的规定。

① 用表达式指定变量时,要把表达式放在方括号[ ]内。

例如:

G01 X[#1 + #2]F#3;

② 被引用的变量值根据地址的最小设定单位自动四舍五入。

例如:当系统的最小输入增量为 1/1000mm 单位,对于指令 G00 X#1,#1 = 12.3456,数控系统把 12.3456 赋值给变量#1,实际指令值为

G00 X12.346；

③ 若要改变引用变量值的符号时,要在符号"#"前加上负号" - "。

例如:

G00 X - #1

④ 程序号 O、顺序号 N、任选程序段跳转号"/"不能使用变量。例如:O#27、N#1 等都是错误的。

（6）未定义的变量。当变量值未定义时,这样的变量称为空变量。变量#0 总是空变量,它不能写,只能读。空变量并不是变量值为 0 的变量。

注意:

① 引用未定义的变量时,变量及地址字都被忽略。

例如:当#1 = <空>时,执行 G90 X100. Z#1 时为 G90 X100.；若#1 =0,则执行 G90 X100.Z#1 时为 G90 X100.Z0。

② 在运算式中,除了用 <空> 赋值以外,其余情况下 <空> 与数值 0 相同。

#例如:当#1 = <空>时,执行#2 = #1 时为#2 = <空>,执行#2 = #1 * 5 时为#2 = 0,执行#2 = #1 + #1 时为#2 =0;#1 = 0 时,执行#2 = #1 时#2 = 0,执行#2 = #1 * 5 时为#2 = 0,执行#2 = #1 + #1时为#2 =0。

③ 在"等于(EQ)"、"不等于(NE)"、"大于(GT)"、"大于或等于(GE)"、"小于(LT)"、"小于或等于(LE)",这些条件比较式中, <空> 与零不同。

例如:当#1 = <空>时,#1 EQ #0 成立,#1 NE 0 成立,#1 GE #0 成立,#1 GT 0 不成立;当#1 = 0 时,#1 EQ #0 不成立,#1 NE 0 不成立,#1 GE #0 成立,#1 GT 0 不成立。

2）宏程序语句

通常把下述的程序段称为宏程序语句:

（1）含代数运算或逻辑运算(=)的程序段。

（2）含控制语句(如 GOTO，DO，END)的程序段。

（3）含宏程序调用指令(例如,用 G65，G66，G67 等 G 代码或 M 代码调用宏程序)的程序段。

具有宏语句的程序称为宏程序。宏语句以外的程序段称为 NC 语句。

3）算术和逻辑运算

表 4 - 6 中所列的运算可以在变量中执行。运算符右边的表达式可以包含常量及由函数或运算符组成的变量,表达式中的变量$\#j$ 和$\#k$ 可以用常数赋值。左边的变量也可以用表达式赋值。

表 4 - 6 变量的算术、逻辑运算

功能	格式	说 明
定义	$\#i = \#j$	
加法	$\#i = \#j + \#k$	
减法	$\#i = \#j - \#k$	
乘法	$\#i = \#j * \#k$	
除法	$\#i = \#j / \#k$	
正弦	$\#i = SIN[\#j]$	
反正弦	$\#i = ASIN[\#j]$	
余弦	$\#i = COS[\#j]$	角度以度指定,90°30′表示为 90.5°
反余弦	$\#i = ACOS[\#j]$	
正切	$\#i = TAN[\#j]$	
反正切	$\#i = ATAN[\#j]/[\#k]$	

(续)

功 能	格 式	说 明
平方根 绝对值 舍入 上取整 下取整 自然对数 指数函数	#i = SQRT[#j] #i = ABS[#j] #i = ROUND[#j] #i = FUP[#j] #i = FIX[#j] #i = LN[#j] #i = EXP[#j]	取整后的数值的绝对值比原来的数值大时称为上取整;反之,称为下取整
或 异或 与	#i = #j OR #k #i = #j XOR #k #i = #j AND #k	逻辑运算一位一位地按二进制数执行
从 BCD 转为 BIN 从 BIN 转为 BCD	#i = BIN[#j] #i = BCD[#j]	用于与 PMC 的信号交换
等于 不等于 大于 小于 大于或等于 小于或等于	#j EQ #k #j NE #k #j GT #k #j LT #k #j GE #k #j LE #k	

(1) 运算的优先次序。在一个表达式中可以使用多种运算符。运算从左到右根据优先级的高低依次进行。在构造表达式时可以用方括号重新组合运算顺序。

运算的优先顺序为:①方括号[ ];②函数;③乘、除类运算(*、/、AND);④加、减类运算(+、-、OR、XOR);⑤关系运算(EQ、NE、GT、LT、GE、LE)。

例如:#1 = #2 + #3 * SIN[#4],其运算顺序为:①函数:SIN[#4];②乘:#3 * …;③加:#2 + …。

(2) 括号的嵌套。当要变更运算的优先顺序时使用括号。包括函数的括号在内,括号最多可用到五重,超过五重时则出现 P/S 报警 NO.118。

例如:#1 = SIN[[[#2 + #3] * #4 + #5] * #6],其运算顺序为:①加:[#2 + #3];②乘:… * #4;③加:[… + #5];④乘:[… * #6];⑤函数:SIN[…]。

注意:方括号[]用于封闭表达式,圆括号( )用于注释。

4) 转移和循环

在程序中使用 GOTO 语句和 IF 语句可以改变程序的流向。有 3 种转移和循环操作可供使用,即 GOTO 语句(无条件转移),IF 语句(条件转移,IF…THEN…),WHILE 语句(当…时循环)。

(1) 无条件转移(GOTO 语句)。无条件转移到顺序号为 n 的程序段。

格式: GOTO n;

其中, n 为顺序号,可取 1~99999;顺序号也可以用表达式表示。

例如:GOTO 1;GOTO #10;

(2) 条件转移(IF 语句)。IF 后面是指定的条件表达式。

格式 1: IF[<条件表达式>]GOTO n;

如果指定的条件表达式成立,则转移到顺序号为 n 的程序段;否则,执行下一个程序段。

例如:IF[#1 GT 10]GOTO N20,其变量#1 的值大于 10 条件成立,则执行 N20 程序段;否则按程序顺序执行。

格式2: IF[<条件表达式>]THEN <表达式>;

如果条件表达式成立,执行预先定义的宏程序语句,且只执行一个宏程序语句。

例如:IF[#1 EQ #2]THEN #3 =0,如果#1 和#2 的值相同,0 赋值给#3。

说明:① 条件表达式必须包括运算符。运算符插在两个变量之间或常数与变量之间,并且用方括号[ ]括起来。表达式可以替代变量。

② 运算符由 2 个英文字母构成,用来判断大、小或相等,如表 4-6 所列。

【例 4-15】 求 1~10 之和。

```
O3020
#1 = 0;                      存储和数变量的初值
#2 = 1;                      被加数变量的初值
N1 IF [#2 GT 10]GOTO 2 ;     当被加数大于 10 时转移到 N2
#1 = #1 + #2;                计算和数
#2 = #2 + 1;                 下一个被加数
GOTO 1;                      转到 N1
N2 M30;                      程序结束
```

(3)循环(WHILE 语句) 在 WHILE 语句后指定一个条件表达式,当指定条件满足时,执行从 DO 到 END 之间的程序;否则转到 END 后的程序段。

格式:WHILE[<条件表达式>]DO m;(m =1,2,3)

　　…

　　END m;

　　…

说明:

① 这种指令格式适用于 IF 语句。D 和 END 后的 m 数值是指定程序执行范围的识别号,可以使用 1、2、3;若用 1、2、3 以外的数值会产生 P/S 报警 NO.126。

② 嵌套 在 DO~END 之间的循环识别号(1~3)可根据需要多次使用,但是不能出现交叉循环(DO 范围内的重叠),否则会报警,如表 4-7 所列。

表 4-7 嵌套的使用

识别号(1~3)可多次使用	DO 的范围不能交叉	DO 的多重数最多可到三重
WHILE [⋯] DO 1; … END 1; WHILE [ ] DO 1; … END 1; (正确)	WHILE [⋯] DO 1; … WHILE [⋯] DO 2; END 1; … END 2; (错误)	WHILE [⋯] DO 1; … WHILE [⋯] DO 2; … WHILE [⋯] DO 3; … END 3; … END 2; … END 1; (正确)

(续)

注:1. 如果省略 WHILE 语句,只指令了 DO m,则在 DO 到 END 之间形成无限循环;
2. 在 GOTO 语句中,有标号转移的语句时,要进行顺序号检索,反向检索的时间要比正向检索长,为了缩短处理时间,应使用 WHILE 语句实现循环;
3. 在使用 EQ 或 NE 的条件表达式中,<空>和"0"是不同的;在其他形式的条件表达式中,<空>被当作"0"。

【例 4 – 16】 用 WHILE 语句求 1 ~ 10 之和。

O3021
#1 = 0;
#2 = 1;
WHILE[#2 LE 10]DO 1;
#1 = #1 + #2;
#2 = #2 + 1;
END 1;
M30;

5)系统变量

系统变量用于读写数控系统内部数据,例如,刀具偏置量和当前位置数据,但是某些系统变量只能读。系统变量是自动控制和通用程序开发的基础。

(1)刀具补偿值。用系统变量可以读写刀具补偿值。可以使用的变量数取决于刀补数,分为外形补偿和磨损补偿;刀长补偿和刀尖补偿。当偏置组数小于等于 200 时,也可以使用#2001 ~ #2400。变量与刀具补偿值的关系如表 4 – 8 所列。

表 4 – 8 刀具补偿存储器 C 的系统变量

补偿号	刀具长度补偿(H)		刀具半径补偿(I)	
	外形补偿	磨损补偿	外形补偿	磨损补偿
1	#11001(#2201)	#10001(#2001)	#13001	#12001
:	:	:	:	:
200	#11201(#2400)	#10201(#2200)	:	:
:	:	:	:	:
400	#11400	#10400	#13400	#12400

(2)宏程序报警(#3000)。当变量#3000 的值为 0 ~ 200 时,数控系统停止运行且报警。可在表达式后指定不超过 26 个字符的报警信息。CRT 屏幕上显示报警号和报警信息,其中报警号为变量#3000 的值加上 3000。

例如:

#3000 = 1(TOOL NOT FOUND)

报警屏幕上显示"3001 TOOL NOT FOUND"(刀具未找到)。

（3）自动运行控制(#3003,#3004)。自动运行控制可以改变自动运行的控制状态,它主要与两个系统变量#3003,#3004 有关。运行时的单程序段是否有效取决于#3003 的值(表4-9),运行时进给暂停、进给速度倍率是否有效取决于#3004 的值(表4-10)。

表4-9 自动运行控制的系统变量(#3003)

#3003	单程序段	辅助功能的完成	#3003	单程序段	辅助功能的完成
0	有效	等待	2	有效	不等待
1	无效	等待	3	无效	不等待

使用自动运行控制的系统变量#3003 时,应当注意:
① 当电源接通时,该变量的值为0。
② 当单程序段停止无效时,即使单程序段开关设为 ON,也不能执行单程序段停止。

表4-10 自动运行控制的系统变量(#3004)

#3004	进给暂停	进给速度倍率	准停	#3004	进给暂停	进给速度倍率	准停
0	有效	有效	有效	4	有效	有效	无效
1	无效	有效	有效	5	无效	有效	无效
2	有效	无效	有效	6	有效	无效	无效
3	无效	无效	有效	7	无效	无效	无效

使用自动运行控制的系统变量#3004 时,应当注意:
① 当电源接通时,该变量的值为0。
② 当进给暂停无效时:
a. 进给暂停按钮被按下,机床以单段停止方式停止。但是,当用变量#3003 使单程序段方式无效时,单程序段停止不能执行。
b. 进给按钮压下又松开,进给暂停灯亮,但是机床不停止;程序继续执行,并且机床停在进给暂停有效的第一个程序段。
c. 进给速度倍率无效,倍率总为100%,而不管机床操作面板上的进给速度倍率开关的设置。
d. 准确停止检测无效,即使那些不执行切削的程序段也不进行准确停止检测(位置检测)。

（4）模态信息(#4001~#4130)。正在处理的程序段之前的模态信息可以读出,对于不能使用的 G 代码,如果指定系统变量读取相应的模态信息,则发出 P/S 报警。模态信息与系统变量的关系如表4-11 所示。

表4-11 模态信息的系统变量

系统变量	模态信息	组	系统变量	模态信息	组
#4001	G00 G01 G02 G03 G33	01	#4015	G61~G64	15
#4002	G17 G18 G19	02	#4016	G68 G69	16
#4003	G90 G91	03	⋮	⋮	⋮
#4004		04	#4022	B 代码	22
#4005	G94 G95	05	#4102	D 代码	
#4006	G20 G21	06	#4107	F 代码	
#4007	G40 G41 G42	07	#4109	H 代码	
#4008	G43 G44 G49	08	#4111	M 代码	
#4009	G73 G74 G76 G80~G89	09	#4113	顺序号	
#4010	G98 G99	10	#4114	程序号	
#4011	G50 G51	11	#4115	S 代码	
#4012	G65 G66 G67	12	#4119	T 代码	
#4013	G96 G97	13	#4120		
#4014	G54~G59	14	#4130		

例如:当执行#1 = #4001 时,在#1 中得到的值是组 01(00,01,02,03,或 33)的值。具体是哪一个值,由宏程序前的主程序的状态决定。

(5)当前位置。当前位置信息不能写,只能读。当前位置与系统变量的关系如表 4-12 所列。

表 4-12 位置信息的系统变量

变量号	位置信息	坐标系	刀具补偿值	运动时的读操作
#5001~#5004	程序段终点		不包含	可能
#5021~#5024	当前位置	机床坐标系	包含	不可能
#5041~#5044	当前位置	工件坐标系		不可能
#5081~#5084	刀具长度补偿值			不可能

说明:① 第 1 位代表轴号(从 1 到 4)。例如:#5003 表示当前工件坐标系的 Z 坐标。

② 变量#5081~#5084 存储的刀具长度补偿值是当前的执行值,不是后面程序段的处理值。

③ 移动期间不能读取是指由于缓冲(预读)功能的原因,不能读期望值。

【例 4-17】 编写攻螺纹宏程序。

```
O0001
N1 G00 G91 X#24 Y#25;           快速移动到螺纹孔中心
N2 Z#18 G04;                    快速移动到 Z 点,暂停
N3 #3003 = 3;                   单程序段无效、辅助功能的完成不等待
N4 #3004 = 7;                   进给暂停、进给速度倍率、准确停止无效
N5 G01 Z#26 F#9;                按螺距攻螺纹孔到 Z 点
N6 M04;                         主轴反转
N7 G01 Z - [ROUND[#18] + ROUND[#26]];   丝锥从螺纹孔中退出到 R 点
N8 G04;                         暂停
N9 #3004 = 0;                   进给暂停、进给速度倍率、准确停止有效
#N10 #3003 = 0;                 单程序段有效、辅助功能的完成等待
N11 M03;                        主轴正转
```

6) 宏程序的调用

宏程序的调用方法有非模态调用(G65)、模态调用(G66,G67),用 G 代码、M 代码等调用宏程序。以下只介绍两种宏程序调用方法,即非模态调用和模态调用。

宏程序调用(G65 或 G66)和子程序调用(M98)之间的差别主要在于:宏程序的调用可以指定自变量(数据传递到宏程序内部),而子程序的调用没有这项功能;M98 程序段可以与另一数据指令共处同一条指令,如 G01 X100. M98 P1000,在执行时,先执行 G01 X100.,然后再运行子程序 O1000。宏程序调用是无条件的。

(1)非模态调用(G65 指令) 当指定 G65 时,以地址 P 指定的用户宏程序被调用。数据(自变量)能传递到用户宏程序主体中。

格式:G65 P_L_ <自变量指定>;

其中,G65 为宏程序调用代码;P 为要调用的宏程序的程序号;L 为重复次数(1~9999),省略时为 1;自变量为由地址符及数值(有小数点)构成,由它给宏程序主体中所对应的变量赋予实际数值。

例如:

O0001   O9010

```
   ⋮                          N10 #3 = #1 + #2;
G65 P9010 L2 A1.0 B2.0;       N20 IF[#3 GT 360]GOTO 40;
   ⋮                          N30 G00 G91 X#3;
M30;                          N40 M99;
```

自变量指定有以下两种形式：

① 自变量指定 I。除 G、L、N、O、P 以外的地址符都可以在自变量中使用。不需要指定的地址可以省略，对应于省略地址的局部变量设为空。除 I、J、K 需按字母顺序指定外，其余地址符无顺序要求，但应符合字地址的格式。

例如：

B_A_D_⋯I_K_⋯;（正确）

B_A_D_⋯J_I_⋯;（不正确）

表 4-13 所列为自变量指定 I 的地址和宏程序主体内所使用的变量号码的对应关系。

表 4-13 自变量指定 I 的地址和变量号码的对应关系

地址	变量号	地址	变量号	地址	变量号
A	#1	I	#4	T	#20
B	#2	J	#5	U	#21
C	#3	K	#6	V	#22
D	#7	M	#13	W	#23
E	#8	Q	#17	X	#24
F	#9	R	#18	Y	#25
H	#11	S	#19	Z	#26

② 自变量指定 II。A、B、C 只能用一次，I、J、K 最多可指定 10 组。其主要用于三维坐标值的变量。自变量指定 II 的地址和宏程序主体中使用的变量号码的对应关系如表 4-14 所列。

表 4-14 自变量指定 II 的地址和变量号码的对应关系

地址	变量号	地址	变量号	地址	变量号
A	#1	K_3	#12	J_7	#23
B	#2	I_4	#13	K_7	#24
C	#3	J_4	#14	I_8	#25
I_1	#4	K_4	#15	J_8	#26
J_1	#5	I_5	#16	K_8	#27
K_1	#6	J_5	#17	I_9	#28
I_2	#7	K_5	#18	J_9	#29
J_2	#8	I_6	#19	K_9	#30
K_2	#9	J_6	#20	I_{10}	#31
I_3	#10	K_6	#21	J_{10}	#32
J_3	#11	I_7	#22	K_{10}	#33
注：表中 I、J、K 的下标用于确定自变量指定的顺序，在实际程序中不写					

数控系统内部可自动识别自变量指定 I、II。当自变量指定 I 和 II 混合指定时，则后指定的自变量类型有效。

例如：

G65 P1000 A1.0 B2.0 I-3.0 I4.0 D5.0；

则对应变量赋值为 1.0→#1，2.0→#2，-3.0→#4，4.0→#7，5.0→#7。其中 I4.0（自变量指

定Ⅱ中 I_2)和 D5.0(自变量指定Ⅰ中 D)都赋值给变量#7,实际只有 D5.0 有效。

(2) 模态调用(G66 指令)。当指令了模态调用 G66 指令后,每执行一段轴移动指令的程序段,就调用一次宏程序,直到用 G67 取消模态调用为止。

格式:G66 P_L_ ＜自变量指定＞;
　　　…
　　　G67(取消用户宏程序);

其中,参数含义同非模态调用。

注意:

① 在 G66 程序段中,不能调用多个宏程序。

② G66 必须在自变量前指定。

③ 在只有辅助功能,但无移动指令的程序段中不能调用宏程序。

④ 局部变量(自变量)只能在 G66 程序段中指定,每次执行模态调用时,不再设定局部变量。

⑤ 在模态调用期间,指定另一个 G66 代码可以嵌套模态调用,调用可以嵌套 4 级,包括模态调用 G66 和非模态调用 G65,但不包括子程序调用 M98。

例如:

```
O0001                          O9100
…                              …
N30 G66 P9100 L2 A1.0 B2.0;    G00 Z#1;
N40 G00 G90 X100.0;            G01 Z - #2 F300;
N50 Y200.0;                    …
N60 X150.0;                    M99;
N70 G67;
…
N150 M30;
```

当主程序执行完 N40 后调用宏程序 O9100 两次,执行完 N50 后调用 O9100 两次,……直到 G67 停止调用。

除用 G65、G66 方法调用宏程序外,还可以用 G 代码、M 代码调用。将调用宏程序用的 G 代码、M 代码设定在参数上,然后就可以像单纯调用 G65 一样调用宏程序,这里不一一详细介绍了。

3. 宏程序应用实例

【例 4 - 18】 如图 4 - 53 所示,用宏程序编制在数控车床上钻削孔加工循环的程序。设孔深的绝对坐标 Z 为 50mm,每次切深 k 为 20mm。

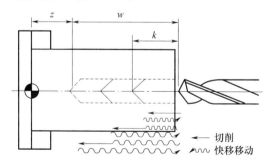

图 4 - 53　钻孔的宏程序举例

宏程序调用格式:G65 P9100 $\begin{Bmatrix} Zz \\ Ww \end{Bmatrix}$ Kk Ff;

其中,z(#26)为孔深(绝对指令时);w(#23)为孔深(增量指令时);k(#6)为每次进给量;f(#9)为切削时进给速度。

程序编写如下:

O3022	主程序号
N10 G50 X100.0 Z200.0;	设定工件坐标系
N20 S1000 M03;	主轴正转,转速1000r/min
N30 G00 X0 Z102.0;	快速移动至孔加工起始点
N40 G65 P9100 Z50.0 K20.0 F0.3;	调用O9100宏程序,指定孔深和进给量
N50 G00 X100.0 Z200.0;	快速返回换刀点
N60 M05;	主轴停
N70 M30;	程序结束
O9100	被调用宏程序的程序号
N10 #1 = 0;	当前孔深清零
N20 #2 = 0;	上次孔深清零
N30 IF[#23 NE #0]GOTO 60;	如果#23≠<空>,程序转移到N60
N40 IF[#26 EQ #0]GOTO 160;	如果#26=<空>,程序转移到N160
N50 #23 = #5002 - #26;	计算孔深,#5002为当前位置Z坐标
N60 #1 = #1 + #6;	计算当前孔深
N70 IF[#1 LE #23]GOTO 90;	如#1≤#23,转移到N90,判断是否到达孔深
N80 #1 = #23;	孔深限制
N90 G00 W - #2;	快速进给到前一次孔深
N100 G01 W - [#1 - #2]F#9;	钻孔
N110 G00 W#1;	返回到孔加工的起始点
N120 IF[#1 GE #23]GOTO 150;	如#1≥#23,转移到N150,检查是否钻孔结束
N130 #2 = #1;	存储当前孔深
N140 GOTO 60;	程序转移到N60
N150 M99;	程序结束
N160 #300 = 1(NOT Z OR W COMMAND);	Z、W都没被指令时报警

【例4-19】 如图4-54所示,编制一个加工圆周螺栓孔的宏程序。圆周的半径为I,起始角为A,间隔为B,钻孔数为H,圆的中心是(X,Y)。指令可以用绝对值或增量值指定,顺时针方向钻孔时B应指定负值。

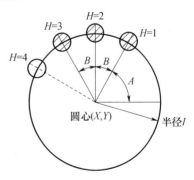

图4-54 加工圆周螺栓孔的宏程序举例

① 宏程序调用格式:

G65 P9100 Xx Yy Zz Rr Ff Ii Aa Bb Hh;

其中,X为圆心的X坐标(绝对值或增量值指定)(#24);Y为圆心的Y坐标(绝对值或增量值指定)(#25);Z为孔点(#26);R为R点(#18);F为切削进给速度(#9);I为圆半径(#4);A为第一孔的角度(#1);B为增量角(#2);H为孔数(#11)。

② 调用宏程序的程序:

O0002

…

N90 G65 P9100 X100.0 Y50.0 R30.0 Z - 50.0 F500 I100.0 A0 B45.0 H5;

…

③ 宏程序:

O9100	被调用的程序
N10 #3 = #4003;	储存 03 组 G 代码
N20 G81 Z#26 R#18 F#9 K0;	钻孔循环
N30 IF[#3 EQ 90]GOTO 1;	在 G90 方式转移到 N1
N40 #24 = #5001 + #24;	计算圆心的 X 坐标
N50 #25 = #5002 + #25;	计算圆心的 Y 坐标
N60 N1 WHILE [#11 GT 0]DO 1;	直到剩余孔数为 0
N70 #5 = #24 + #4 * COS[#1];	计算 X 轴上的孔位
N80 #6 = #25 + #4 * SIN[#1];	计算 Y 轴上的孔位
N90 G90 X#5 Y#6;	移动到目标位置之后,执行钻孔
N100 #1 = #1 + #2;	更新角度
N110 #11 = #11 - 1;	孔数减 1
N120 END 1;	
N130 G#3 G80;	返回原始状态的 G 代码
N140 M99;	宏程序结束

【例 4-20】 如图 4-55 所示,编写在指定位置进行车槽加工的宏程序。

宏程序调用格式:

G66 P9110 Uu Ff;

其中,u(#21)为槽深(增量指令);f(#9)为切槽时的进给速度。

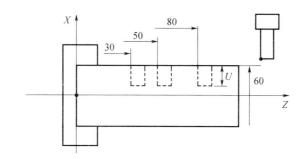

图 4-55 车槽的宏程序举例

程序编写如下:

O3023	主程序号
N10 G50 X100. Z200.;	建立工件坐标系
N20 M03 S1000;	主轴正转,转速 1000r/min
N30 G66 P9110 U12. F0.3;	模态宏程序,指定槽深和切削速度
N40 G00 X60. Z80.;	快速接近槽 1,调用宏程序 O9110 车槽
N50 Z50.;	快速接近槽 2,调用宏程序 O9110 车槽
N60 Z30.;	快速接近槽 3,调用宏程序 O9110 车槽
N70 G67;	模态调用取消
N80 G00 X100. Z200. M05.;	返回换刀点
N90 M30;	主程序结束
O9110	宏程序号
N10 G01 U - #21 F#9;	切槽
N20 G04 P200;	暂停 200ms
N30 G00 U#21;	退刀

N40 M99;　　　　　　　宏程序结束

思考题与习题

4-1　数控编程有哪几种方法？各有何特点？
4-2　数控编程的主要步骤和内容有哪些？
4-3　什么叫手工编程和自动编程？
4-4　什么叫插补？常用插补方法有哪些？
4-5　数控编程中的数值计算包括哪些内容？
4-6　什么是基点和节点？它们在零件轮廓上的数目分别取决于什么？
4-7　程序编制中的误差主要有哪几项？它们是如何产生的？
4-8　简述数控加工程序中指令字的组成和功能。
4-9　简述数控加工程序的程序段格式，说明程序由哪几部分组成。
4-10　程序字主要有哪几类？简述其含义。
4-11　简述子程序的概念、子程序调用格式和使用子程序的注意点。
4-12　什么叫模态指令和非模态指令？举例说明。
4-13　数控机床坐标系和运动方向的命名原则有哪些？
4-14　数控机床的 X、Y、Z 坐标轴及其正方向是如何确定的？试分析数控车床和卧式、立式数控铣床的机床坐标系。
4-15　如何设定工件坐标系？工件坐标系和机床坐标系有什么关系？
4-16　什么是刀位点、对刀点、换刀点？如何选择对刀点和换刀点？
4-17　数控机床加工工件前为什么要先回参考点及对刀？
4-18　整理归纳常用 G 指令的功能及格式。
4-19　整理归纳常用 M 指令的功能。
4-20　F、S、T 功能指令各自的作用是什么？
4-21　什么是刀具半径补偿和刀具长度补偿？它们有什么作用？
4-22　简述刀具半径补偿的建立、执行、取消过程。
4-23　简述宏程序具有哪些功能，宏程序变量有哪些？
4-24　整理归纳常用宏程序指令的功能及格式。
4-25　当不考虑刀具的实际尺寸，加工下列轮廓形状时，试分别用绝对方式和增量方式编写图 4-56～图 4-58 的加工程序。

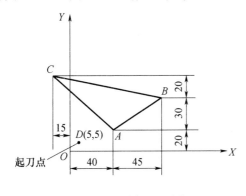

图 4-56　题 4-25 图

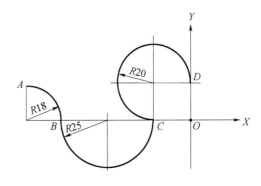

图 4-57　题 4-25 图

4-26 试根据图 4-59 的尺寸,选用 D = 10mm 的立铣刀,编写加工轮廓 ABCDEFA 的程序。

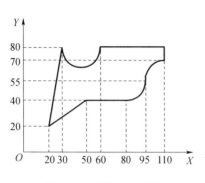

图 4-58 题 4-25 图

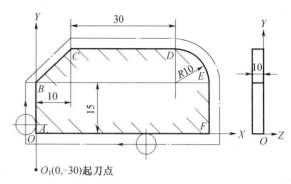

图 4-59 题 4-26 图

4-27 试编制图 4-60 所示零件外轮廓的加工程序(材料为 45 钢,厚度为 5mm)。

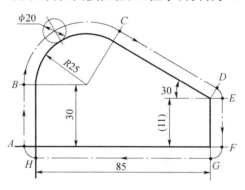

图 4-60 题 4-27 图

4-28 试用子程序编制图 4-61 所示零件的孔加工程序。

4-29 试用宏程序编制图 4-61 所示零件的孔加工程序。

4-30 试用宏程序编制图 4-62 所示零件的椭圆加工程序。

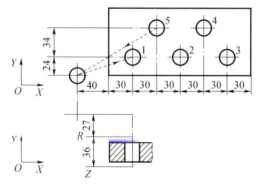

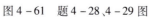

图 4-61 题 4-28、4-29 图

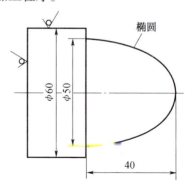

图 4-62 题 4-30 图

第5章 数控铣床的程序编制

5.1 数控铣床概述

5.1.1 铣床的分类、主要功能及加工对象

在箱体、壳体类机械零件的加工中,特别是模具型腔的加工中,数控铣床的加工量占有很大的比重。学习掌握数控铣床的编程十分重要。同时,也是学习加工中心编程的重要基础。

数控铣床主要用于加工平面和曲面轮廓的零件,还可以加工复杂型面的零件,如凸轮、样板、模具、螺旋槽等。同时也可以对零件进行钻、扩、铰、锪和镗孔加工,但因数控铣床不具备自动换刀功能,所以不能完成复杂的孔加工要求。

数控铣床是一种功能很强的数控机床,它加工范围广、工艺复杂、涉及的技术问题多。目前发展迅速的加工中心、柔性加工单元都是在数控铣床的基础上产生和发展的,其主要加工也是铣削加工。

1. 数控铣床的分类及结构特点

数控铣床可分为立式和卧式两种。一般数控铣床是指规格较小的升降台(立式)数控铣床,其工作台宽度多在400mm以下,规格较大的数控铣床(工作台宽度在500mm以上),其功能已向加工中心靠近,进而演变成柔性制造单元。数控铣床多为三坐标、两轴联动的机床,也称两轴半控制,即在 X、Y、Z 3个坐标轴中,任意两轴都可以联动。一般情况下,在数控铣床上只能用来加工平面曲线的轮廓。对于有特殊要求的数控铣床,还可以加一个回转的 A 坐标或 C 坐标,即增加一个数控分度头或数控回转工作台,这时机床的数控系统为四坐标的数控系统,可用来加工螺旋槽、叶片等立体曲面零件。

小型数控立式铣床一般都采用工作台移动、升降和主轴不动的方式,与普通立式升降台铣床结构相似;中型数控立式铣床一般采用纵向和横向工作台移动方式,且主轴沿垂直溜板上下运动;大型数控立式铣床,因要考虑到扩大行程,缩小占地面积及刚性等技术问题,往往采用龙门架式移动方式,其主轴可以在龙门架的横向与垂直溜板上运动,而龙门架则沿床身作纵向运动。数控立式铣床可以附加数控转盘,采用自动交换台,增加靠模装置等来扩大数控立式铣床的功能、加工范围和加工对象,同时可以进一步提高生产效率。

卧式数控铣床通常采用增加数控转盘或万能数控转盘来实现4～5坐标加工。这样,不但工件侧面上的连续回转轮廓可以加工出来,而且可以实现在一次安装中,通过转盘改变工位,进行"四面加工"。尤其是万能数控转盘可以把工件上各种不同角度或空间角度的加工面摆成水平来加工,可以省去许多专用夹具或专用角度成型铣刀。对箱体类零件或需要在一次安装中改变工位的工件来说,选择带数控转盘的卧式铣床进行加工是非常合适的。

数控铣床主轴的结构特点是其主轴开启与停止、主轴正反转与主轴变速等都可以按输入程序的指令自动执行。不同的机床其变速功能与范围也不同。有的采用变频机组,固定几种转速,可自选一种编入程序,但不能在运转时改变转速;有的采用变频器调整,将转速分为几挡,编程时可任选一挡,在运转中可通过控制面板上的旋钮,在本挡范围内自由调节;有的则不分挡,编程时

可在整个范围内无级调速。但是在实际操作中,调速不能有大起大落的突变,只能在允许的范围内调高或调低。数控铣床的主轴套筒内一般都设有拉、退刀装置,能在数秒内完成装刀或卸刀,换刀比较方便。此外,多坐标数控铣床的主轴可以绕 X、Y 或 Z 轴作数控摆动,扩大了主轴自身的运动范围,但是主轴结构更加复杂。

2. 数控铣床的主要功能

1) 点位控制功能

利用这一功能,数控铣床可以进行只需要点位控制的钻孔、扩孔、锪孔、铰孔和镗孔等的加工。

2) 连续轮廓控制功能

数控铣床通过直线与圆弧插补,可以实现对刀具运动轨迹的连续轮廓控制,加工出由直线和圆弧两种几何要素构成的平面轮廓工件。对非圆曲线(椭圆、抛物线等二次曲线及阿基米德螺旋线和列表曲线等)构成的平面轮廓,在经过直线或圆弧逼近后也可以加工。除此之外,还可以加工一些空间曲面。

3) 刀具半径自动补偿功能

使用这一功能,在编程时可以很方便地按工件实际轮廓形状和尺寸进行编程计算,而加工中可以使刀具中心自动偏离工件轮廓一个刀具半径,加工出符合要求的轮廓表面;也可以利用该功能,通过改变刀具半径补偿量的方法来弥补铣刀制造的尺寸精度误差,扩大刀具直径选用范围及刀具返修刃磨的允许误差;还可以利用改变刀具半径补偿值的方法以同一加工程序实现分层铣削和粗、精加工或用于提高加工精度。此外,通过改变刀具半径补偿值的正负号,还可以用同一加工程序加工某些需要相互配合的工件,如凹凸模等。

4) 刀具长度自动补偿功能

利用该功能可以自动改变切削平面高度,同时可以降低在制造与返修时对刀具长度尺寸的精度要求,还可以弥补轴向对刀误差。

5) 固定循环功能

利用数控铣床对孔进行钻、扩、铰、锪和镗加工时,加工的基本动作是:刀具无切削快速到达孔位→慢速切削进给→快速退回。对于这种典型化动作,可以专门设计一段程序(子程序),在需要的时候进行调用来实现上述加工循环,特别是在加工许多相同的孔时,应用固定循环功能可以大大简化程序。

6) 镜像加工功能

镜像加工也称为轴对称加工。对于一个轴对称形状的工件来说,利用这一功能,只要编出一半形状的加工程序就可完成全部加工了。

有些数控铣床还具有缩放、旋转等功能。

3. 加工对象

数控铣削是机械加工中最常用和最主要的数控加工方法之一。数控铣床与普通铣床相比,具有加工精度高、加工零件的形状复杂、加工范围广等特点。它除了能铣削普通铣床所能铣削的各种零件表面外,还能铣削普通铣床不能铣削的、需要 2~5 坐标联动的各种平面轮廓和空间曲面轮廓。数控铣床加工内容与加工中心加工内容有许多相似之处,但从实际应用的效果来看,数控铣削加工更多地用于复杂曲面的加工,而加工中心更多地用于具有多工序零件的加工。恰当选择适合数控铣床加工的零件很有必要,适合数控铣削的主要加工对象有以下几类:

1) 平面曲线轮廓类零件

平面曲线轮廓类零件是指有内、外复杂曲线轮廓的零件,特别是由数学表达式给出的,轮廓为非圆曲线或列表曲线的零件。平面曲线轮廓类零件的加工面平行或垂直于水平面,或加工面与水平面的夹角为定角,各个加工面是平面,或可以展开成平面,如图 5-1 所示。

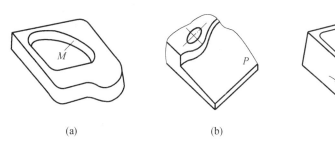

图 5-1 平面类零件
(a) 带平面轮廓的平面零件;(b) 带斜平面的平面零件;(c) 带正圆台和斜筋的平面零件。

平面类零件是数控铣削加工中最简单的一类零件,一般只需用三坐标数控铣床的两坐标联动就可以把它们加工出来。

2) 曲面类(立体类)零件

曲面类零件一般指具有三维空间曲面的零件,曲面通常由数学模型设计出,因此往往要借助于计算机来编程。曲面的特点是加工面不能展开为平面,加工时,铣刀与加工面始终为点接触,一般采用三坐标数控铣床加工曲面类零件。

常用的曲面加工方法主要有两种:

(1) 采用三坐标数控铣床进行二轴半坐标控制加工,加工时只有两个坐标联动,另一个坐标按一定行距周期性进给。这种方法常用于不太复杂的空间曲面的加工。图 5-2 所示为对曲面进行二轴半坐标行切加工的示意图。

(2) 采用三坐标数控铣床三坐标联动加工空间曲面。所用铣床必须能进行 X、Y、Z 三坐标联动,进行空间直线插补。这种方法常用于发动机及模具等较复杂空间曲面的加工。

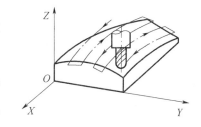

图 5-2 两轴半坐标行切加工示意图

3) 其他适合数控铣削加工的零件

(1) 形状复杂,尺寸繁多,划线与检测均较困难,在普通铣床上加工又难以观察和控制的零件。

(2) 高精度零件。尺寸精度、形位精度和表面粗糙度等要求较高的零件。如发动机缸体上的多组尺寸精度要求高,而且有比较高的相对尺寸和位置要求的孔或型面。

(3) 一致性要求好的零件。在批量生产中,由于数控铣床本身的定位精度和重复定位精度都较高,能够避免在普通铣床加工时人为因素而造成的多种误差。故数控铣床容易保证成批零件的一致性,使其加工精度得到提高,质量更加稳定。同时,因数控铣床加工的自动化程度高,还可以大大减轻操作者的劳动强度,显著提高其生产效率。

虽然数控铣床的加工范围广泛,但是因受数控铣床自身特点的制约,某些零件仍不适合在数控铣床上加工。如简单的粗加工面,加工余量不太充分或很不均匀的毛坯零件,以及生产批量特别大而精度要求又不高的零件等。

5.1.2 数控铣床的工艺装备及选用

1. 数控铣削加工的机床选择

1) 机床类型的选择

数控机床的种类繁多,不同类型的数控铣床和加工中心其使用范围也有一定的局限性,只有在一定的工作条件下加工一定的工件才能达到最佳的效果。因此,确定要选择的机床之前,应首先明确加工的对象、内容和要求。

每一种加工机床都有其最适宜加工的典型零件。如卧式数控铣床和加工中心配合回转工作台适用于加工箱体、泵体、壳体有多面加工任务的零件。而立式数控铣床和加工中心适用于加工平面凸轮、样板、箱盖、壳体等形状复杂单面加工零件及模具的内外型腔等。如果对箱体的侧面与顶面要求在一次装夹中加工,可选用五面体加工中心。

对于已知的工件,数控铣床和加工中心的类型选择不当将影响加工的质量和加工效率。如果在立式铣床和加工中心上加工适合卧式铣床和加工中心加工的典型零件,则当对零件的多个加工面、多工位加工时,需要更换夹具和倒换工艺基准,这样会降低加工精度和生产效率。又如将适合在立式铣床和加工中心的典型工件在卧式铣床和加工中心上加工,则需要增加弯板夹具,从而降低工件加工工艺系统的刚性。

在数控铣床及镗铣加工中心上加工零件,工序比较集中,在一次装夹中,应尽可能完成全部工序。根据数控机床的特点,为了保持数控铣床及镗铣加工中心的精度,降低生产成本,延长使用寿命,又通常把零件的粗加工,特别是零件的基准面、定位面的加工安排在普通机床上进行。

2)机床规格的选择

应根据被加工典型工件的大小尺寸选用相应规格的数控机床。数控机床的主要规格包括工作台尺寸、几个数控坐标的行程范围和主轴电动机功率。选用工作台尺寸应保证工件在其上面能顺利装夹,被加工工件的加工尺寸应在各坐标有效行程内。数控铣床和加工中心的工作台面尺寸和3个直线坐标行程都有一定比例关系,如机床的工作台为$500mm \times 500mm$,其X轴行程一般为$700 \sim 800mm$,Y轴为$550 \sim 700mm$,Z轴为$500 \sim 600mm$,因此工作台的大小基本确定了加工空间的大小。此外,选择数控机床时还应考虑工件与换刀空间的干涉及工作台回转时与护罩等附件干涉等一系列问题,而且还要考虑机床工作台的承载能力。对机床的主要技术参数了解是确定机床能否满足加工要求的重要依据。表5-1所列为XK5025型数控立式升降台铣床的主要技术参数。

表5-1 XK5025型数控立式升降台铣床的主要技术参数

名称	参数	名称	参数
机床型号	XK5025	主轴转速范围	$65 \sim 4750$r/min(12挡)
数控系统	BEIJING FANUC 0-MD	主轴电机容量	2.2kW
工作台面积(长×宽)	1120mm×250mm	铣削进给速度范围	$0 \sim 0.35$m/min
工作台纵向行程	680mm	定位移动速度	2.5m/min
工作台横向行程	350mm	脉冲当量	0.001mm
主轴套筒行程	130mm	定位精度	±0.013mm/(300mm)
升降台垂向行程(手动)	400mm	重复定位精度	±0.005mm
工作台允许最大承载	250kg	用户存储器容量	64KB

3)机床精度的选择

选择机床的精度等级应根据被加工工件关键部位加工精度的要求来确定,批量生产的零件实际加工出的精度公差数值一般为机床定位精度公差数值的1.5~2倍。数控铣床和加工中心按精度分为普通型和精密型。其主要精度项目如表5-2所列。普通型数控机床可批量加工8

级精度的工件,精密型数控铣床和加工中心加工精度可达 5~6 级,但对使用环境要求较严格,且要有恒温等工艺措施。此外,普通型数控铣床进给伺服驱动机构大都采用半闭环方式,故对滚珠丝杠受温度变化引起的伸长无法检测,因此会影响工件加工精度。在一些要求较高的加工中心上,对丝杠伸长采取预拉伸措施,这不仅减少了丝杠热变形,也提高了传动刚度。

表 5-2 数控铣床和加工中心主要精度项目

精度项目	普通型/mm	精密型/mm
直线定位精度	±0.01/全程	±0.005/全程
重复定位精度	±0.006	±0.002
铣圆精度	0.03~0.04	0.02

数控铣床和加工中心的直线定位精度和重复定位精度综合反映了该轴各运动元部件的综合精度。尤其是重复定位精度,它反映了该控制轴在全行程内任意点的定位稳定性,这是衡量该控制轴能否稳定、可靠工作的基本指标。

铣圆精度是综合评价数控铣床和加工中心有关数控轴的伺服跟随运动特性和数控系统插补功能的指标。由于数控机床具有一些特殊功能,因此,在加工中等精度的典型工件时,一些大孔径圆柱面和大圆弧面可以采用高切削性能的立铣刀铣削。测定每台机床的铣圆精度的方法是用一把精加工立铣刀铣削一个标准圆柱试件,中小型机床圆柱试件的直径一般为 $\phi(200~300)$ mm。将铣削后加工得到的标准圆柱试件放到圆度仪上,测出加工圆柱的轮廓线,取其最大包络圆和最小包络圆,两者间的半径差即为其精度。

2. 数控铣削加工的工件装夹

1) 夹具选用的一般方法

数控铣床和加工中心的工件装夹一般都是以平面工作台为安装基础来定位夹具或工件,并通过夹具最终定位夹紧工件,使工件在整个加工过程中始终与工作台保持正确的相对位置。数控铣床和加工中心的工件装夹方法基本相同,装夹原理是相通的。

根据数控铣床和加工中心的特点以及加工需要,目前常用的夹具类型有通用夹具、可调夹具、组合夹具、成组夹具和专用夹具。一般的选择顺序是单件生产中尽量选用机床用平口虎钳、压板螺钉等通用夹具,批量生产时优先考虑组合夹具,其次考虑可调夹具,最后考虑选用成组夹具和专用夹具。选择时,要综合考虑各种因素,选择经济、合理的夹具形式。

2) 夹具的组成

机床夹具是在机床上用以装夹工件的一种装置,其作用是使工件相对于机床或刀具有一个正确的位置,并在加工过程中保持这个位置不变。根据其功用一般可分为以下几个组成部分:

(1) 定位元件或装置。用以确定工件在夹具中的位置,如夹具底板、圆柱销和菱形销等。

(2) 刀具导向元件或装置。用以引导刀具或用以调整刀具相对于夹具的位置,如对刀块等。

(3) 夹紧元件或装置。用以夹紧工件,如压板、螺母、螺栓等。

(4) 连接元件。用以确定夹具在机床上的位置并与机床相连接,如定位键、夹具底板等。

(5) 夹具体。用以连接夹具各元件及装置,使之成为一个整体,并通过它将夹具安装在机床上,如夹具底板。

(6) 其他元件或装置。除上述各部分以外的元件或装置,如某些夹具上的分度装置、防错装置和安全保护装置等,如止动销等。

3. 数控铣削加工的刀具选择

根据被加工工件的加工结构、工件材料的热处理状态、切削性能以及加工余量,选择刚性好、耐用度高、刀具类型和几何参数适当的铣刀,是充分发挥数控铣床的生产效率和获得满意加工质量的前提。铣刀的种类很多,下面只介绍几种在数控机床上常用的铣刀。

1) 面铣刀

面铣刀的圆周表面和端面上都有切削刃,端部切削刃为副切削刃。由于面铣刀的直径一般较大,为 $\phi(50\sim60)$ mm,故常制成套式镶齿结构,即将刀齿和刀体分开,刀体采用40Cr制作,可长期使用。

硬质合金面铣刀与高速钢面铣刀相比,铣削速度较高、加工效率高、加工表面质量也较好,并可以加工带有硬皮和淬硬层的工件,故得到广泛应用。硬质合金面铣刀形式如图5-3所示。

目前最常用的面铣刀为硬质合金可转位式面铣刀(可转位式端铣刀)。这种类型的面铣刀成本低,制作方便,刀刃用钝后,可直接在机床上转换刀刃和更换刀片。可转位式面铣刀要求刀片定位精度高、夹紧可靠、排屑容易、更换刀片迅速等,同时各定位、夹紧元件通用性要好,制造要方便,并且经久耐用。因此,这种铣刀在提高产品质量和加工效率、降低成本,操作使用方便等方面都具有明显的优越性,目前已得到广泛应用。

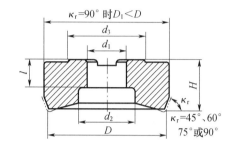

图5-3 硬合金面铣刀

面铣刀主要以端齿为主加工各种平面。主偏角一般为45°、60°、75°、90°,主偏角为90°的面铣刀还能同时加工出与平面垂直的直角面,这个面的高度受到刀片长度的限制。为使粗加工接刀刀痕不影响精加工进给精度,加工余量大且不均匀时,铣刀直径 D 要小些;精加工时铣刀直径 D 要大些,最好能包容加工面的整个宽度。

面铣刀齿数对铣削生产效率和加工质量有直接影响,齿数越多,同时工作齿数也多,生产效率高,铣削过程平稳,加工质量好,但要考虑到其负面的影响:刀齿越多,排屑可能不畅,因此,只有在精加工余量小和切屑少的场合用齿数多的铣刀。可转位面铣刀的齿数根据直径不同可分为粗齿、细齿、密齿3种。粗齿铣刀主要用于粗加工;细齿铣刀用于平稳条件下的铣削加工;密齿铣刀的每齿进给量较小,主要用于薄壁铸铁的加工。

2) 立铣刀

(1) 立铣刀的一般结构。立铣刀是数控机床上用得最多的一种铣刀,其结构如图5-4所示。立铣刀的圆柱表面和端面上都有切削刃,它们可以同时进行切削,也可以单独进行切削。主要用于加工凸轮、台阶面、凹槽和箱口面。

立铣刀一般由3~6个刀齿组成,圆柱表面的切削刃为主切削刃,主切削刃一般为螺旋齿,其螺旋角为30°~45°,这样可以增加切削平稳性,提高加工精度;端面上的切削刃为副切削刃,主要用来加工与侧面相垂直的底平面。立铣刀的主切削刃和副切削刃可同时进行铣削,也可以单独进行铣削。由于普通立铣刀端面中心处无切削刃,所以立铣刀不能做轴向进给。

立铣刀根据其刀齿数目,可分为粗齿(z 为3、4、6、8)、中齿(z 为4、6、8、10)和细齿(z 为5、6、8、10、12)。粗齿铣刀刀齿数目少、强度高、容屑空间大,适用于粗加工;细齿齿数多,工作平稳适用于精加工;中齿介于粗齿和细齿之间。

为了能加工较深的沟槽并保证有足够的备磨量,高速钢立铣刀的轴向长度一般较长。

直径较小的立铣刀,一般制成带柄形式。$\phi(2\sim71)$ mm 的立铣刀制成直柄;$\phi(6\sim63)$ mm 的立铣刀制成莫氏锥柄;$\phi(25\sim80)$ mm 的立铣刀做成 7:24 锥柄,内有螺孔用来拉紧刀具。但是由于数控机床要求铣刀能快速自动装卸,故立铣刀柄部的形式也有很大不同,一般是由专业厂家按照一定的规范设计制造成统一形式、统一尺寸的刀柄。直径大于 $\phi(40\sim60)$ mm 的立铣刀可做

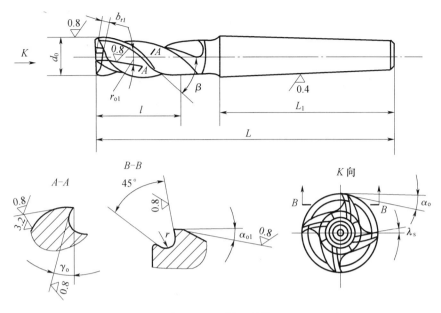

图 5-4 立铣刀结构

成套式结构。

（2）特种立铣刀。为提高生产效率，除采用普通高速钢立铣刀外，数控铣床或加工中心普遍采用硬质合金螺旋齿立铣刀与波形刃立铣刀。为加工成形表面，还经常要用球头铣刀。

① 硬质合金螺旋齿立铣刀。如图 5-5 所示，通常这种刀具的硬质合金刀刃可做成焊接、机夹及可转位 3 种形式，它具有良好的刚性及排屑性能，可对工件的平面、阶梯面、内侧面及沟槽进行粗、精铣削加工，生产效率可比同类型高速钢铣刀提高 2～5 倍。

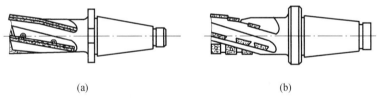

(a)   (b)

图 5-5 硬质合金螺旋齿立铣刀
(a) 每齿单条刀片；(b) 每齿多个刀片。

当铣刀的长度足够时，可以在一个刀槽中焊上两个或更多的硬质合金刀片，并使相邻刀齿间的接缝相互错开，利用同一刀槽中刀片之间的接缝作为分屑槽，如图 5-5(b) 所示，这种铣刀俗称"玉米铣刀"，通常在粗加工时选用。

② 波形刃立铣刀。波形刃立铣刀与普通立铣刀的最大区别是其刀刃为波形，如图 5-6 所示。采用这种立铣刀能有效降低铣削力，防止铣削时产生振动，并显著地提高铣削效率。它能将狭长的薄切屑变为厚而短的碎块切屑，使排屑顺畅。由于刀刃为波形，使它与被加工工件接触的切削刃长度较短，刀具不易产生振动；波形刀刃还能使切削刃的长度增大，有利于散热。它还可以使切削液较容易渗入切削区，能充分发挥切削液的效果。波形刃立铣刀特别适合切削余量大的粗加工，效率很高。

3）模具铣刀

铣削加工中还常用到一种由立铣刀变化发展而来的模具铣刀，主要用于加工模具型腔或凸

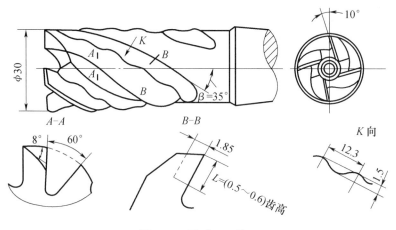

图 5-6 波形刃立铣刀

凹模成形表面。

模具铣刀由立铣刀发展而成,可分为圆锥形立铣刀(圆锥半角 $\alpha/2$ 为 3°、5°、7°、10°)、圆柱形球头立铣刀和圆锥形球头立铣刀 3 种,其柄部有直柄、削平型直柄和莫氏锥柄。它的结构特点是球头或端面上布满了切削刃,圆周刃与球头刃圆弧连接,可以做径向和轴向进给。铣刀工作部分用高速钢或硬质合金制造,国家标准规定直径 $d=4\sim63\,\mathrm{mm}$。图 5-7 所示为高速钢制造的模具铣刀,图 5-8 所示为硬质合金制造的模具铣刀。小规格的硬质合金模具铣刀多制成整体结构;$\phi 6\,\mathrm{mm}$ 以上的制成焊接或机夹可转位刀片结构。

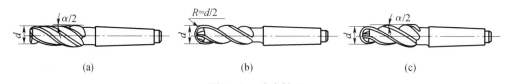

图 5-7 球头铣刀
(a) 圆锥形平头;(b) 圆柱形球头;(c) 圆锥形球头。

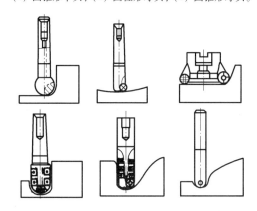

图 5-8 硬质合金模具铣刀及对型面的加工

4) 键槽铣刀

键槽铣刀如图 5-9 所示,它有两个刀齿,圆柱面和端面都有切削刃,端面刃延至中心,既像立铣刀,又像钻头。加工时先轴向进给达到槽深,然后沿键槽方向铣出键槽全长。

按国家标准规定,直柄键槽铣刀直径 $d = 2 \sim 22\text{mm}$,锥柄键槽铣刀直径 $d = 14 \sim 50\text{mm}$。键槽铣刀直径的偏差有 e8 和 d8 两种。键槽铣刀的圆周切削刃仅在靠近端面的一小段长度内发生磨损,重磨时,只需刃磨端面切削刃,因此重磨后铣刀直径不变。

5) 鼓形铣刀

图 5-10 所示为一种典型的鼓形铣刀,它的切削刃分布在半径为 R 的圆弧面上,端面无切削刃。加工时控制刀具上下位置,相应改变刀刃的切削部位,可以在工件上切出从负到正的不同斜角。R 越小,鼓形铣刀所能加工的斜角范围越广,但所获得的表面质量越差。这种刀具的缺点是刃磨困难,切削条件差,而且不适于加工有底的轮廓。

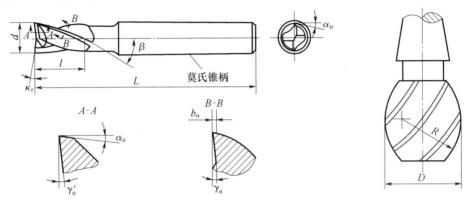

图 5-9　高速钢键槽铣刀的结构　　　　图 5-10　典型的鼓形铣刀

5.2　数控铣削加工的工艺分析与设计

5.2.1　数控铣削加工的特点和方式

1. 铣削加工的特点

铣削是铣刀旋转做主运动,工件或铣刀做进给运动的切削加工方法。数控铣削是一种应用非常广泛的数控切削加工方法,能完成数控铣削加工的设备主要是数控铣床和加工中心。

数控铣削与数控车削比较有如下特点:

(1) 多刃切削。铣刀同时有多个刀齿参加切削,生产效率高。

(2) 断续切削。铣削时,刀齿依次切入和切出工件,易引起周期性的冲击振动。

(3) 半封闭切削。铣削的刀齿多,使每个刀齿的容屑空间小,呈半封闭状态,容屑和排屑条件差。

2. 铣削加工方式

在面铣削加工中,存在周铣与端铣、顺铣与逆铣等不同加工方式的选择。

1) 周铣与端铣

铣刀对平面加工时,存在周铣与端铣两种方式,如图 5-11 所示。

周铣平面时,平面度的好坏主要取决于铣刀的圆柱面上素线的直线度。因此,在精铣平面时,铣刀的圆柱度一定要好。用端铣的方法铣出的平面,其平面度的好坏主要取决于铣床主轴轴线与进给方向的垂直度。同样是平面加工,其方法不同对质量影响的因素也不同。下面对周铣与端铣进行比较。

(1) 端铣用的面铣刀其装夹刚性较好,铣削时振动较小,而周铣用的圆柱铣刀刀杆较长、直径较小、刚性较差,容易产生弯曲变形和引起振动。

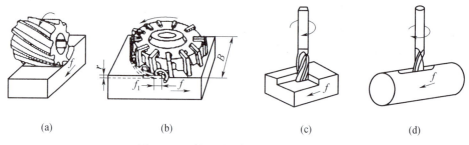

图 5-11 铣刀平面加工的周铣与端铣
(a) 圆柱形铣刀的周铣;(b) 端铣刀的端铣;(c) 立铣刀同时周、端铣;(d) 键槽铣刀的周、端铣。

(2) 端铣时同时工作的刀齿数比周铣时多,工作较平稳。这是因为端铣时刀齿在铣削层宽度的范围内工作,而周铣时刀齿仅在铣削层侧向深度的范围内工作。一般情况下,铣削层宽度比铣削层深度要大得多,所以端铣的面铣刀和工件的接触面较大,同时工作的刀齿数也多,铣削力波动小,而在周铣时,为了减小振动,可选用大螺旋角铣刀来弥补这一缺点。

(3) 端铣用面铣刀切削,其刀齿的主、副切削刃同时工作,由主切削刃切去大部分余量,副切削刃则可起到修光作用,铣刀刀齿切削刃负荷分配也较合理,铣刀使用寿命较长,且加工表面的表面粗糙度也比较小。而周铣时,只有圆周上的主切削刃在工作,不但无法消除加工表面的残留面积,而且铣刀装夹后的径向圆跳动也会反映到加工工件的表面上。

(4) 端铣的面铣刀,便于镶装硬质合金刀片进行高速铣削和阶梯铣削,生产效率高,铣削表面质量也比较好。而周铣用的圆柱铣刀镶装硬质合金刀片则比较困难。

(5) 精铣削宽度较大的工件时,周铣用的圆柱铣刀一般都要接刀铣削,故会残留有接刀痕迹。而端铣时,则可用较大的盘形铣刀一次铣出工件的全宽度,无接刀痕迹。

(6) 周铣用的圆柱铣刀可采用大的刃倾角,以充分发挥刃倾角在铣削过程中的作用。对铣削难加工的材料(如不锈钢、耐热合金等)有一定的效果。

综上所述,一般情况下,铣平面时,端铣的生产效率和铣削质量都比周铣高。所以,应尽量采用端铣铣平面。此外,铣削韧性很大的不锈钢等材料时,可以考虑采用大螺旋角铣刀进行周铣。总之,在选择周铣与端铣这两种铣削方式时,一定要对当时的铣床和铣刀条件、被铣削加工工件的结构特征和质量要求等因素进行综合考虑。

2) 顺铣与逆铣

在周铣时,因为工件与铣刀的相对运动不同,就会有顺铣和逆铣两种方式。周铣时的顺铣与逆铣如图 5-12 所示。顺铣与逆铣的比较如下:

(1) 顺铣。切削处刀具的旋向与工件的送进方向一致。通俗地说,是刀齿追着材料"咬",刀齿刚切入材料时切得深,而脱离工件时则切得少。顺铣时,作用在工件上的垂直铣削力始终是

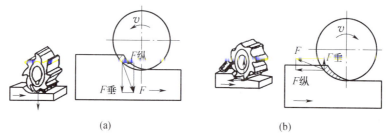

图 5-12 周铣时的顺铣和逆铣
(a) 顺铣;(b) 逆铣。

向下的,能起到压住工件的作用,对铣削加工有利,而且垂直铣削力的变化较小,故产生的振动也小,机床受冲击小,有利于减小工件加工表面的粗糙度,从而得到较好的表面质量,同时顺铣也有利于排屑。数控铣削加工一般尽量用顺铣法加工。

(2)逆铣。切削处刀具的旋向与工件的送进方向相反。通俗地说,是刀齿迎着材料"咬",刀齿刚切入材料时切得薄,而脱离工件时则切得厚。这种方式机床受冲击较大,加工后的表面不如顺铣加工后的光洁,消耗在工件进给运动上的动力较大。由于铣刀刀刃在加工表面上要滑动一小段距离,刀刃容易磨损。但对于表面有硬皮的毛坯工件,顺铣时铣刀刀齿一开始就切削到硬皮,切削刃容易损坏,而逆铣时则无此问题。

端面铣削中,传统上有对称方式、不对称逆铣方式、不对称顺铣方式3种铣削方式。对称铣削方式中,刀具沿槽或表面的中心线运动。进给加工中,同时存在顺铣和逆铣,刀具在中心线的一侧顺铣,而在中心线的另一侧逆铣。对于大多数端面铣削,保证顺铣是最好的选择。顺铣和逆铣在圆周铣削中的应用要比在端面铣削中的应用更为常见。

5.2.2 数控铣削的工艺分析与设计

数控铣削的加工工艺过程一般是:先通过分析零件图样,明确工件适合在数控铣床上的加工内容、加工要求,然后以此为出发点确定零件在数控铣削中的加工工艺和加工顺序。接着确定数控加工的工艺装备,例如:选择何种类型的机床;工件如何装夹及装夹方案的拟定;选择适合加工要求的刀具并进行调试,明确和细化工步的具体内容,包括对走刀路线、对刀点和换刀点、位移量及切削参数等的确定。

1. 数控铣削的工艺特点和工艺的主要内容

由于普通铣床受控于操作工人,因此,在普通铣床上用的工艺规程实际上只是一个工艺过程卡,铣床的切削用量、进给路线、工序的工步等往往都是由操作工人自行选定。而数控铣床在加工过程中是受控于数控程序的,加工的全部过程都是按程序指令自动进行的,因此,数控铣床加工工艺与普通铣床工艺规程有较大差别,涉及的内容也较广。数控程序是机床的指令性文件,程序中不仅要包括零件的工艺过程,而且还要包括切削用量、进给路线、刀具尺寸以及铣床的运动过程。工艺方案的好坏不仅会影响铣床效率的发挥,而且将直接影响到零件的加工质量。

数控铣床加工工艺主要包括:

(1)确定适合在数控铣床上加工的零件或加工内容。

(2)对拟定在数控铣床加工的零件或加工内容进行工艺分析。通过分析被加工零件的图样,针对零件加工结构内容及技术要求初步拟定适当的工艺措施。

(3)确定零件的总体加工方案。包括确定零件整个加工过程的工序划分、各工序间的顺序、数控铣床上加工工序与非数控加工工序的衔接等。

(4)数控铣床上的加工工序的设计,如选取零件的定位基准、装夹方案的确定、工步的划分、刀具的选择和确定切削用量及确定加工路线等。

(5)确定数控加工前的调整方案,如对刀方案、换刀点、刀具预调和刀具补偿方案。

2. 零件图样的工艺性分析

1)分析零件的尺寸标注

在分析零件图时,除了考虑尺寸数据是否有遗漏或重复、尺寸标注是否模糊不清和尺寸是否封闭等因素外,还应该分析零件图的尺寸标注方法是否便于编程。无论是用绝对值、增量值还是混合方式编程,都希望零件结构的形位尺寸从同一基准出发标注尺寸或直接给出坐标尺寸。这种标注方法,不仅便于编程,而且便于尺寸之间的相互协调,并便于保持设计、制造及检测基准与编程原点设置的一致性。不从同一基准出发标注的分散类尺寸,可以考虑通过编程时的坐标系变换的方法,或通过工艺尺寸链解算的方法变换为统一基准的工艺尺寸。此外,还有一些封闭尺寸,如图 5-13 所示,为了同时保证这 3 个孔间距的公差,直接按名义尺寸编程是不行的,在编程时必须通过尺寸链的计算,对原孔位尺寸进行适当的调整,保证加工后的孔距尺寸符合公差要求。实际生产中有许多与此相类似的情况,编程时一定要引起注意。

2) 分析加工的质量要求

检查零件加工结构的质量要求,如尺寸加工精度、形位公差及表面粗糙度在现有的加工条件下是否可以得到保证,是否还有更经济的加工方法或方案。虽然数控铣床的加工精度高,但对一些过薄的腹板和缘板零件应认真分析其结构特点。这类零件在实际加工中因较大切削力的作用容易使薄板产生弹性退让变形,从而影响到薄板的加工精度,同时也影响到薄板的表面粗糙度。当薄板的面积较大而厚度又小于 3mm 时,就应充分重视这一问题,并采取相应措施来保证其加工的精度。如在工艺上,减小每次进刀的切削深度或切削速度,从而减小切削力等方法来控制零件在加工过程中的变形,并利用数控机床的循环编程功能减少编程工作量。

在用同一把铣刀、同一个刀具补偿值编程加工时,由于零件轮廓各处尺寸公差带不同(图 5-14),很难同时保证各处尺寸在尺寸公差范围内。这时一般采取的方法是:兼顾各处尺寸公差,在编程计算时,改变轮廓尺寸并移动公差带,改为对称公差。采用同一把铣刀和同一个刀具半径补偿值加工。图 5-14 中括号内的尺寸其公差带均做了相应的修正,计算与编程时选用括号内的尺寸进行。

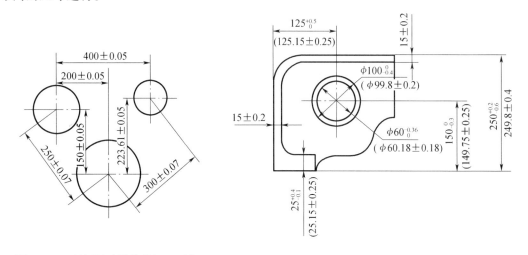

图 5-13 封闭尺寸零件的加工要求　　　　图 5-14 零件轮廓尺寸公差带的调整

3) 零件的内转接凹圆弧

零件的内槽及缘板之间的内孔转接圆弧半径 R 往往限制了刀具直径 D 的增大(图 5-15),一般来说,当 $R<0.2H$ 时,可以判定零件上该部位的工艺性不好(H 为被加工轮廓面的最大高度)。这种情况下,虽然加工工艺性较差,但仍应选用不同直径的铣刀分别进行粗、精加工,以最终保证零件上内转接圆弧半径的要求。

在一个零件上,多个这种凹圆弧半径在数值上的一致性问题,对数控铣削的工艺性显得相当重要。一般来说,即使不能寻求完全的统一,也要力求将数值相近的圆弧半径分组靠拢,达到局部统一,以尽量减少铣刀规格与换刀次数,并避免因频繁换刀而增加零件加工面上的接刀痕,降低表面质量。对于多个凹圆弧只用一把刀集中连续加工,则刀具的半径受最小的凹圆弧半径的限制,即 $D/2 \leqslant$ 圆弧半径 R。

4) 零件的槽底圆角半径

零件的槽底圆角半径 r 或腹板与缘板相交处的圆角半径 r 对平面的铣削影响较大。r 越大时,铣刀端刃铣削平面的能力越差,效率也越低,如图 5 – 16 所示。因铣刀与铣削平面接触的最大直径 $d = D - 2r$（D 为铣刀直径）,当 D 越大而 r 越小时,铣刀端刃铣削平面的面积越大,加工平面的能力越强,铣削工艺性越好。当 r 过大时,可采取先用 r 较小的铣刀粗加工（注意防止 r 被"过切"）,再用 r 符合零件要求的铣刀进行精加工。

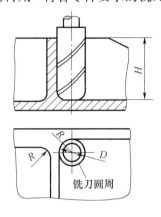 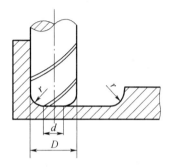

图 5 – 15　肋板高度与内孔转接圆弧　　　　图 5 – 16　零件底面与筋板的转接圆弧
　　　对零件铣削工艺性的影响　　　　　　　　　　对零件铣削工艺性的影响

综上所述,在分析零件图时,应综合考虑多方面因素的影响,权衡利弊,选择最佳的加工工艺方案。例如,对选择不同规格的铣刀进行粗、精加工以及减少换刀次数的问题,则应根据生产批量的大小、加工精度要求的高低和编程是否方便等因素,进行综合分析,以获得最佳的工艺方案。

3. 零件加工的工艺设计

加工工艺设计的关键是从现有加工条件出发,根据工件结构形状特点合理选择定位基准,确定工件各个加工表面的加工顺序,协调数控铣削工序和其他工序之间的关系,初步设计数控铣削加工工序以及考虑整个加工工艺方案的经济性等。在工艺设计中主要应考虑以下几个方面的问题：

1) 机床加工效率

要提高机床的加工效率,就必须提高切除率。金属切削中的切除量与切削速度、进给量和切削深度有着密切的关系。

为充分发挥数控加工的优势,可以与通用机床配合使用,由通用机床进行粗加工或半精加工。数控铣床主要进行精加工,在其间穿插安排热处理及其他工序,这样能够得到较好的加工效果,加工成本也较低。这时要注意采用必要的措施保证数控铣削加工工序中的加工表面与普通加工工序中的加工表面之间的位置尺寸关系,一般可以采用同一基准进行协调,而即使这样,由于多次安装,仍然会有较大的累积定位误差,所以必须确定这种方式是否满足零件的位置精度要求。

当机床能够进行高速加工、超硬加工,且数控系统功能丰富,可进行四或五坐标联动时,加工能力很强,铣削能够达到很高的效率。这时,为减少装夹次数,可采用数控加工方式使粗加工、半精加工和精加工在一次装夹中完成,并合理选择切削参数、进行完全且充分冷却等方法来解决粗加工中产生的受力、受热变形等问题。当采用高速加工技术及超硬加工的刀具时,精加工可以安排在最后工序进行,且精加工后不需要后续工序。

2)切削性能

分析零件材料的种类、牌号及热处理要求,了解零件材料的切削加工性能,才能合理选择刀具材料和切削参数。同时要考虑热处理对零件的影响,如热处理变形,并在工艺路线中安排相应的工序消除这种影响。而零件的最终热处理状态也将影响工序的前后顺序。

3)进刀方式和加工路线的确定

(1)进刀方式的选择。粗、精加工对进刀方式选择的出发点是不相同的。粗加工选择进刀方式主要考虑的是刀具切削刃的强度;而精加工考虑的是被加工工件的表面质量,不至于在被加工表面内留下进刀痕。

对于粗加工,由于除键槽铣刀端部切削刃过刀具中心之外,其余刀具端面刀刃切削能力均较差,尤其刀具中心处若没有切削刃根本就没有切削能力,因此必须重视粗加工时进刀方式的选择,以免损伤工件和机床。对于外轮廓的粗加工刀具的起刀点,应放在工件毛坯的外部,逐渐向毛坯里面进行进刀;对于型腔的加工,可事先预钻工艺孔,以便刀具落在合适的高度后再进行进给加工;也可以让刀具以一定的斜角切入工件。

(2)加工路线的确定。粗加工铣削平面时,刀具一般选择单向切削,即刀具始终保持一个方向切削加工,当刀具完成一行加工后提拉至安全平面,然后快速运动到下一行的起始点后落刀再进行下一行的加工。因为粗加工时切削量较大,切削状态与用户选择的顺铣与逆铣方式有较大的关系,单向切削可保证切削过程稳定。为了缩短刀具在每行切削后向上提拉的空行程,可根据加工的部位适当改变安全平面的高度。精加工切削力较小,对顺铣、逆铣方法不敏感,因而精加工的加工路径一般可以采用双向切削,这样可以大大减少空行程,提高切削效率。

在确定刀具进给路线时,除考虑零件轮廓、对刀点、换刀点及装夹方便外,还应考虑进刀、退刀的路线。当铣削平面零件外轮廓时,一般采用立铣刀侧刃切削。刀具切入工件时,应避免沿零件外廓的法向切入,而应沿外廓曲线延长线的切向切入,以避免在切入处产生刀痕而影响表面质量,保证零件外轮廓曲线平滑过渡。同理,在切出工件时,也应避免在工件的轮廓处直接退刀,而应沿着零件轮廓延长线的切向逐渐切离工件,如图5-17所示。

铣削封闭的内轮廓表面时,若内轮廓曲线允许外延,则应沿切线方向切入切出。如内轮廓曲线不允许外延,则刀具只能沿内轮廓曲线的法向切入切出,此时刀具的切入切出点应尽量选在内轮廓曲线两几何元素的交点处,而且进给过程中要避免停顿,如图5-18所示。

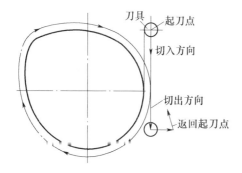
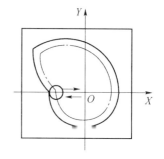

图5-17 外轮廓加工刀具的切入和切出　　图5-18 内轮廓加工刀具的切入和切出

下图为铣削整圆时的走刀路线。铣削整圆外轮廓时,采用直线切入、切出方式,如图5-19所示(图中 X 为刀具切出时多走的距离)。铣削整圆内轮廓时,采用圆弧切入、切出方式,如图5-20所示。

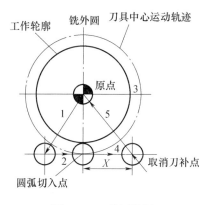
图 5-19 外圆铣削

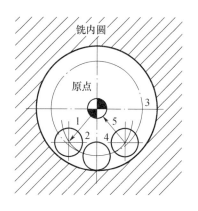
图 5-20 内圆铣削

图 5-21 所示为型腔加工 3 种不同的走刀路线：图 (a) 为行切法，加工路线最短，其刀位计算简单，程序量少，但每一条刀轨的起点和终点会在型腔内壁上留下一定的残留高度，表面粗糙度差，适用于对表面粗糙度要求不太高的粗加工或半精加工；图 (b) 为环切法，加工路线最长，刀位计算复杂，程序段多，但内腔表面加工光整，表面粗糙度最好；图 (c) 方法的加工路线介于 (a)、(b) 之间，先采用行切法，最后环切一刀，综合了二者的优点，且表面粗糙度较好，获得较好的编程和加工效果。

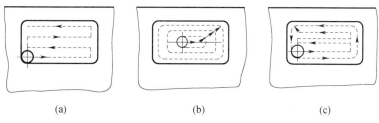

图 5-21 型腔加工的三种走刀路线
(a) 行切法；(b) 还切法；(c) 综合法。

在进行孔加工时，对位置精度要求较高的孔系，要特别注意安排孔的加工顺序，安排不当，就有可能将传动副的反向间隙带入，影响位置精度。例如，图 5-22 所示为在一个零件上精镗 4 个孔的两种加工路线示意图。从图 5-22(a) 不难看出，刀具从孔Ⅲ向孔Ⅳ运动的方向与从孔Ⅰ向孔Ⅱ运动的方向相反，X 向的反向间隙会使孔Ⅳ与孔Ⅲ间的定位误差增加，从而影响位置精度。图 5-22(b) 是在加工完孔Ⅲ后不直接在孔Ⅳ处定位，而是多运动了一段距离，然后折回来在孔Ⅳ处进行定位，这样孔Ⅰ、Ⅱ、Ⅲ和孔Ⅳ的定位方向是一致的，就可以避免反向间隙误差的引入，从而提高了孔Ⅲ与孔Ⅳ的孔距精度。

总之，确定走刀路线应遵守以下原则：

① 保证被加工零件获得良好的加工精度和表面质量，如精加工时，最终轮廓应安排在最后一次走刀连续加工出来。

② 尽量使走刀路线最短，以减少空行程时间，提高加工效率。

③ 使数值计算方便，减少刀位计算工作量，减少程序段，提高编程效率。

4) 加工方案的确定

针对数控铣削加工的主要加工表面，一般可以采用如表 5-3 所列的加工方案。

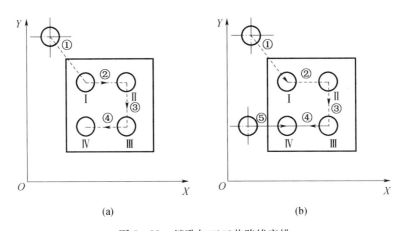

图 5-22 镗孔加工工艺路线安排
(a) 不合理的加工路线；(b) 合理的加工路线。

表 5-3 数控铣削加工方案

序号	加工表面	加工方案	所使用的刀具
1	平面内外轮廓	粗铣→内外轮廓方向分层半精铣→轮廓高度方向分层半精铣→内外轮廓精铣	整体高速钢或硬质合金立铣刀 机夹可转位硬质合金立铣刀
2	空间曲面	粗铣→曲面Z方向分层粗铣→曲面半精铣→曲面精铣	整体高速钢或硬质合金立铣刀、球头铣刀 机夹可转位硬质合金立铣刀、球头铣刀
3	孔	定尺寸刀具加工	麻花钻、扩孔钻、铰刀、镗刀
		铣削	整体高速钢或硬质合金立铣刀 机夹可转位硬质合金立铣刀
4	外螺纹	螺纹铣刀铣削	螺纹铣刀
5	内螺纹	攻螺纹	丝锥
		螺纹铣刀铣削	螺纹铣刀

5) 加工工序设计

加工工序设计是在制定了工艺路线的基础上，兼顾考虑程序编制的要求，安排各个工序的具体内容和工步顺序。由于在数控铣床上加工零件，工序比较集中，所以在一次装夹中，应尽可能完成全部工序。

根据数控机床的特点，为了保持数控铣床的精度，降低生产成本，延长使用寿命，通常把零件的粗加工，特别是基准面、定位面的加工安排在普通机床上进行。零件的加工工序通常包括切削加工工序、热处理工序和辅助工序（包括表面处理、清洗和检验等），这些工序的顺序直接影响到零件的加工质量、生产效率和加工成本。因此，在设计工艺路线时，应合理安排好切削加工、热处理和辅助工序的顺序，并解决好工序间的衔接问题。

铣削加工零件划分工序后，各工序的先后顺序安排通常要考虑如下原则：

（1）基面先行原则。用作精基准的表面应优先加工出来。

（2）先粗后精原则。各个表面的加工顺序按照粗加工→半精加工→精加工→光整加工的顺序依次进行，逐步提高表面的加工精度和减小表面粗糙度。

（3）先主后次原则。零件的主要工作表面、装配基面应先加工，从而能及早发现毛坯中主要表面可能出现的缺陷。次要表面可穿插进行,放在主要加工表面加工到一定程度后、最终精加工之前进行。

(4) 先面后孔原则。对箱体、支架类零件,平面轮廓尺寸较大,一般先加工平面,再加工孔和其他尺寸,这样安排加工顺序,一方面用加工过的平面定位,稳定可靠;另一方面在加工过的平面上加工孔,孔加工的编程数据比较容易确定(如 R 点的高度),并能提高孔的加工精度,特别是钻孔时的轴线不易歪斜。

对后3个原则很容易理解,不再叙述,下面重点介绍基面先行原则,对它的应用往往是排列工序的关键,也是难点。

定位基准的选择是决定加工顺序的重要因素。在安排加工工序之前,应先找出零件的主要加工表面,并了解它们之间主要的相互位置精度的要求。而定位基准的选择对零件各主要表面的相互位置精度又有着直接的影响。一些彼此有较高精度要求的表面应尽量在一次安装中加工出来,这样可以减少零件的安装误差对它们之间的相互位置精度的影响。

用作精基准的表面应优先加工出来,因为定位基准的表面越精确,装夹误差就越小。任何一个较高精度的表面在加工之前,作为其定位基准的表面必须已加工完毕。加工这些定位基准面时又必须以另外的表面来作为定位粗基准。因此在工艺分析时,工序的精定位基准初步确定后,向前可推出加工定位精基准的工序,向后推出以工序的精定位基准加工的工序,这样便可以逐步得到整个工艺过程的加工顺序的大致轮廓。

图 5-23 所示为盘状凸轮零件的加工。分析工艺路线的方法:首先分析出零件的设计基准是中心孔 $\phi22H7$ mm 的中心和 A 面(或 B 面),精定位基准显然由一面两孔定位比较合适,因此,可以向前推出加工定位精基准中心孔 $\phi22H7$ mm 的加工及另一个工艺孔 $\phi4H7$ mm 的加工和 A 面(或 B 面)的加工工序,第一阶段采用普通机床的加工工序,第二阶段采用数控机床的加工工序,由一面两孔定位,加工凸轮的曲线轮廓表面;其次插入适当的热处理工序和辅助的工序等,盘状凸轮零件整个工艺过程的加工顺序就基本明确了。

再如,加工箱体零件的工艺路线也可以分为两个阶段,即在数控加工工序前,用普通机床加工箱体上的精基准表面,之后,才宜采用数控机床尽可能多地加工其他表面,满足加工精度,充分发挥数控机床的设备优势。

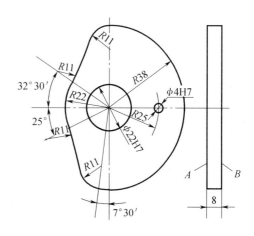

图 5-23 盘状凸轮零件

在对加工工序做出设计并最后决定时,应结合本单位的实际,如生产批量、生产周期、工序间周转情况等。总之,要尽量做到合理,立足于解决难题、攻克关键点和提高生产效率,充分发挥数控加工的优势。

一般适合数控铣削加工零件的大致的加工顺序为:
(1) 加工精基准。
(2) 粗加工主要表面。
(3) 加工次要表面。
(4) 安排热处理工序。

(5) 精加工主要表面。

(6) 最终检查。

6) 工序中各工步的安排

由于数控机床具有集中工序加工的特点,在数控铣床上的一个加工工序中,一般有多个工步,并使用多把刀具。因此,在一个加工工序中应合理安排工步顺序,它直接影响到数控铣床加工的精度、效率、刀具数量和经济性。安排工步时除考虑通常的工艺要求之外,还应考虑下列因素:

(1) 以相同定位、夹紧方式或同一把刀具加工的内容,最好连续进行,以减少刀具更换次数,节省辅助时间。比如可以用同一把钻头把不在同一高度的中心孔一次加工完。

(2) 在一次安装的工序中进行的多个工步,应先安排对工件刚性破坏较小的工步。

(3) 工步顺序安排和工序顺序安排是类似的,都要遵循由粗到精的原则。先进行重切削、粗加工,去除毛坯大部分加工余量,然后安排一些发热小、加工要求不高的加工内容(如钻小孔、攻螺纹等),最后再精加工。

如对箱体类零件的结构加工,集中原来普通机床需要的多个工序,成为数控加工中心的一个工序,该工序的各个工步加工顺序建议参照下列次序:粗铣大端面→粗镗孔、半精镗孔→立铣刀加工→加工中心孔→钻孔→攻螺纹→孔和平面精加工。

(4) 考虑走刀路线,减少空行程。在决定某一结构的加工顺序时,还应兼顾到邻近的加工结构的加工顺序,考虑相邻加工结构的一些相似的加工工步能否统一起来,用一把刀连续加工,减少换刀次数和空行程移动量。

7) 铣削用量的选择

在铣削过程中,如果能在一定的时间内切除较多的金属,就会有较高的生产效率。显然,提高背吃刀量、铣削速度和进给量均能增加金属的切除量。但是,影响铣刀使用寿命最显著的因素是铣削速度,其次是进给量,而背吃刀量的影响最小。所以,为了保证铣刀合理的使用寿命,应当优先采用较大的吃刀量,其次是选择较大的进给量,最后才是根据铣刀使用寿命的要求,选择适宜的铣削速度。

(1) 吃刀量的选择。如图 5-24 所示,在铣削加工时,刀具切入工件包括两个方向和深度,即铣削深度 a_p(轴向)和铣削宽度 a_w(侧向)。

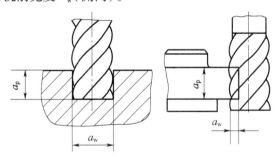

图 5-24 铣削深度 a_p 和铣削宽度 a_w

切削深度 a_p 也称背吃刀量,在机床、工件和刀具刚度允许的情况下,a_p 可以等于加工余量,即尽量做到一次进给铣去全部的加工余量,这是提高生产效率的一个有效措施。只有当表面粗糙度要求较高($Ra < 6.3\mu m$)时,为了保证零件的加工精度和表面粗糙度,才需要考虑留一定的余量进行精加工。

切削宽度 a_w 也称侧吃刀量，在编程软件中称为步距，在粗加工中，步距取得大些有利于提高加工效率。一般当刀具直径 d 大时，切削宽度 a_w 可相应取大些；当 Z 轴向切削深度 a_p 取值已经较大，考虑到工艺系统的受力限制，切削宽度 a_w 取值要相应小些。使用平底刀进行切削时，切削宽度的取值范围为 $a_w = (0.6 \sim 0.9)d$。而使用圆鼻刀进行加工，刀具直径应扣除刀尖的圆角部分，即 $d = D - 2r$（D 为刀具直径，r 为刀尖圆角半径），此时 a_w 可以取到 $(0.8 \sim 0.9)d$。而在使用球头刀进行精加工时，步距的确定应首先考虑所能达到的精度和表面粗糙度。

背吃刀量或侧吃刀量与表面质量的要求如下：

① 在工件表面粗糙度要求为 $Ra12.5 \sim 25\mu m$ 时，如果圆周铣削的加工余量小于 5mm，端铣的加工余量小于 6mm，粗铣一次进给就可以达到要求。但在余量较大、工艺系统刚性较差或机床动力不足时，可以分两次进给完成。

② 在工件表面粗糙度要求为 $Ra3.2 \sim 12.5\mu m$ 时，可分粗铣和半精铣两步进行。粗铣时背吃刀量或侧吃刀量尽量做到一次进给铣去全部的加工余量，工艺系统刚性较差或机床动力不足时，可分两次进给完成。粗铣后留 $0.5 \sim 1.0mm$ 余量，在半精铣时切除。

③ 在工件表面粗糙度要求为 $Ra0.8 \sim 3.2\mu m$ 时，可分粗铣、半精铣、精铣三步进行。半精铣时背吃刀量或侧吃刀量取 $1.5 \sim 2.0mm$，精铣时，圆周铣削的侧吃刀量取 $0.3 \sim 0.5mm$，面铣刀背吃刀量取 $0.5 \sim 1.0mm$。

（2）每齿进给量的选择。粗铣时，限制进给量提高的主要因素是切削力，进给量主要是根据铣床进给机构的强度、刀杆的刚度、刀齿的强度及铣床、夹具、工件的工艺系统刚度来确定。在强度和刚度许可的条件下，进给量可以尽量选取得大一些。精加工时，限制进给量提高的主要因素是表面粗糙度。为了减少工艺系统的振动，减小已加工表面的残留面积高度，一般选取较小的进给量。

每齿进给量的选择方法如下：

① 一般情况下，粗铣取大值，精铣取小值。

② 对刚性较差的工件，或所用的铣刀强度较低时，铣刀每齿进给量应适当减小。

③ 在铣削加工不锈钢等冷硬倾向较大的材料时，应适当增大铣刀每齿进给量，以免刀刃在冷硬层上切削，导致加速刀刃的磨损。

④ 精铣时，铣刀安装后的径向及轴向圆跳动量愈大，则铣刀每齿进给量应相应适当地减小。

⑤ 用带修光刃的硬质合金铣刀进行精铣时，只要工艺系统的刚性好，铣刀每齿进给量可适当增大，但修光刃必须平直，并与进给方向保持较高的平行度，这就是大进给量强力铣削，可以充分发挥铣床和铣刀的加工潜力，提高铣削加工效率。确定铣刀每齿进给量 f_z 后，进给速度 $F = f_z z n$（mm/min），其中 z 为铣刀的齿数，n 为转速。

（3）切削线速度 V_c。在铣削加工时，切削线速度 V_c 也称为单齿切削量，单位为 m/min。提高 V_c 值也是提高生产效率的一个有效措施，但 V_c 与刀具耐用度的关系比较密切。一般随着 V_c 的增大，刀具磨损增大，故 V_c 的选择主要取决于刀具耐用度。另外，切削速度 V_c 值还要根据工件的材料硬度来做适当的调整。

数控加工的多样性、复杂性以及日益丰富的数控刀具，决定了选择刀具时不能再主要依靠经验。刀具制造厂在开发每一种刀具时，已经做了大量的实验，在向用户提供刀具的同时，也提供了详细的使用说明。

操作者对自己常用牌号的刀具，应该能够熟练地使用该产品的厂商提供的技术手册，通过手册选择合适的刀具，并根据手册提供的参数合理使用数控刀具。表 5-4 所列为成量集团公司数控刀具硬质合金铣刀推荐切削用量表。

表 5-4 数控刀具硬质合金铣刀推荐切削用量表

项目		$k_r=90°$、$75°$面铣刀		密齿面铣刀	三面刃铣刀	螺旋立铣刀（玉米铣刀）		螺旋齿立铣刀	整体合金立铣刀		
		粗铣	精铣			铣槽	铣平面		$\phi 3$	$\phi 3.5\sim\phi 6$	$\phi 7\sim\phi 8$
普通碳钢	$V/(m/min)$	80~150	100~180	150~300	150~300	60~100	60~160	150~300			
	$f_z/(mm/齿)$	0.2~0.4	0.12~0.4	0.03~0.06	0.3~1.0	0.1~0.3	hm 0.06~0.5	0.15~0.4			
低合金钢	$V/(m/min)$	60~120	80~150	120~40	120~240	60~100	60~160	120~240	$V=30\sim40$ $f_z=0.015$	$V=30\sim40$ $f_z=0.02\sim0.04$	$V=40\sim60$ $f_z=0.03\sim0.06$
	$f_z/(mm/齿)$	0.2~0.35	0.12~0.35	0.03~0.06	0.3~0.9	0.1~0.3	hm 0.06~0.15	0.1~0.3			
高强度合金钢	$V/(m/min)$	45~85	55~90	60~120	60~120	55~90	55~90	30~60			
	$f_z/(mm/齿)$	0.2~0.4	0.12~0.3	0.03~0.06	0.2~0.8	0.1~0.2	hm 0.08~0.15	0.08~0.15			
铸钢	$V/(m/min)$	70~130	80~150	75~105	75~105	50~90	50~90	75~105			
	$f_z/(mm/齿)$	0.2~0.4	0.15~0.3	0.03~0.06	0.3~1.0	0.1~0.3	hm 0.08~0.2	0.1~0.3			
铸铁	$V/(m/min)$	50~90	60~120	75~140	75~140	50~90	50~130	75~140	$V=30\sim40$ $f_z=0.02$	$V=30\sim40$ $f_z=0.03\sim0.06$	$V=40\sim60$ $f_z=0.04\sim0.08$
	$f_z/(mm/齿)$	0.2~0.35	0.12~0.3	0.03~0.06	0.3~1.0	0.1~0.3	hm 0.08~0.2	0.1~0.3			
低轻金属	$V/(m/min)$	300~600	400~800	<1000				600~1500			
	$f_z/(mm/齿)$	0.08~0.3	0.05~0.2	0.03~0.05				0.15~1.0			

注：1. 加工一般铸铁选ISO分类K10~K30，如YG6、YG8；加工一般钢材选ISO分类P10~P30，如YT15、YT14、YT5；加工高强度合金钢选ISO分类P25~P30，如YS25、YS30；加工耐热钢、高温钢、不锈钢等难加工材料选ISO分类M10~M20，如YW1~YW2；加工有色金属选ISO分类K01~K10，如YG3A、YG6A、YG6X；
2. 可转位螺旋立铣刀$f_z=h_m\sqrt{D/a_w}$，其中，a_w为铣刀切入工件宽度，D为铣刀直径；
3. 对于面铣刀，表中数值适合$k_r=90°$、$75°$，对$k_r=60°$、$45°$，f_z取值分别乘以1.1和1.4

5.3 数控铣削系统简化编程的方法

在编写数控加工程序时，用一些特殊的方法和功能指令可以简化编程，并使程序的通用性更强（在以下程序编写中，有些程序段的段号被省略）。这些方法有子程序编程、极坐标编程、比例缩放和镜像编程等。子程序编程在第4章中已经介绍过，下面将介绍FANUC-0系统中其他常用的特殊简化编程功能指令。

5.3.1 极坐标编程

1. G16/G15——极坐标指令格式

极坐标指令G16/G15用于以极坐标的方法表示某一平面内的点的坐标位置。

格式:G17/G18/G19 G90/G91 G16 X/Y_ X/Z_Y_ Y /Z_ ;
格式表示的规则:

(1) G16 为极坐标系有效指令;G15 为取消极坐标系指令。

(2) 点所在的平面由 G17、G18、G19 来指令。

(3) 平面内点的位置若用极坐标的方法表示,是以相对某一点(基准原点)的极坐标半径和极坐标角度来确定。

(4) 极坐标表示点相对的基准原点可以是工件坐标系的零点,也可以是线段的起点,即也存在绝对值/增量值的编程方式,如同直角坐标,分别用 G90/G91 确定。

(5) 极坐标的半径值地址符是平面的第一坐标轴地址符;极坐标角度地址符是平面的第二坐标轴地址符。如:G17 指令的 X、Y 平面,X 作为半径值地址符;Y 作为极坐标角度地址符。极坐标的零度方向为第一坐标轴的正方向,逆时针方向为角度方向的正方向。

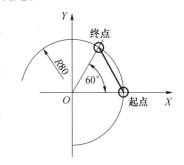

例如:图 5 – 25 所示的直线进给运动,用极坐标方式指令从起点到终点的直线插补。绝对值、增量值方式编程如下。

绝对值方式:

G90 G00 X80.0 Y0;
G90 G17 G16;   绝对值,XY 平面,极坐标有效
G01 X80.0 Y60.0;   终点极坐标半径为80,终点极坐标角度为60°
G15;   取消极坐标

图 5 – 25 从起点到终点的直线插补

增量值方式:

G91 G00 X80.0 Y0;
G91 G17 G16;   增量值,XY 平面,极坐标有效
G01 X80.0 Y120.0;   终点极坐标半径为80,终点极坐标角度为120°
G15;   取消极坐标

2. 应用注意点

(1) 当以工件坐标系零点作为极坐标系原点,使用绝对值编程方式时,如程序段"G90 G17 G16;"极坐标半径值应是指终点坐标到编程原点的距离,角度值是指终点坐标与编程原点的连线与 X 轴的夹角,如图 5 – 26 所示。

(2) 当以运动线段的起点位置作为极坐标系基准原点,使用增量值编程方式时,如程序段"G91 G17 G16;",极坐标半径值是指终点到起点位置的距离,角度值应是指当前起点、终点连线与前一起点、终点连线间的夹角,如图 5 – 27 所示。

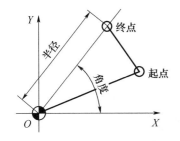

图 5 – 26 工件零点作为极坐标系原点

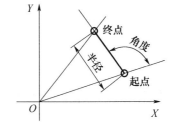

图 5 – 27 运动线段的起点位置作为极坐标系基准原点

3. 极坐标的应用举例

采用极坐标编程,可以大大减少编程时的计算工作量,因此在编程中得到广泛应用。

【例 5-1】 如图 5-28 所示工件,最后用直径 φ10mm 的平面立铣刀对正六边形外形精铣,图样尺寸是以半径与角度形式标注的零件,适合极坐标编程,工件坐标系和起刀点均在图中标出。采用极坐标绝对值编精加工程序如下:

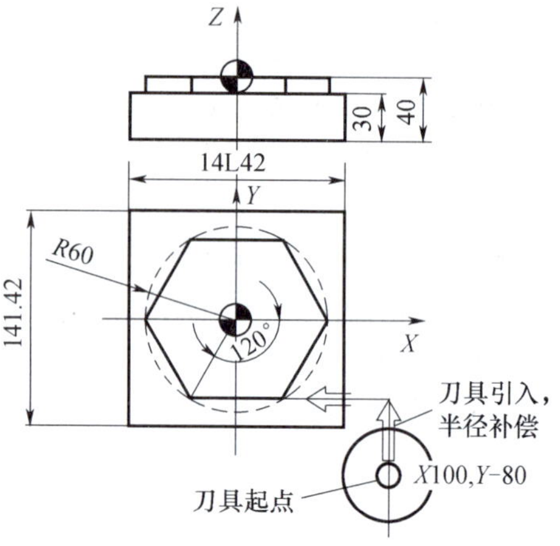

```
O0011
G21；
G90 G94 G15 G17 G40 G80；
G91 G28 Z0；
G90 G54 G00 X100.0 Y-80.0；
G43 Z20.0 H01 S600 M03；
G01 Z-10.0 F400.0；              并不发生切削
G41 G01 Y-51.961 D01；           法向引入半径补偿
G90 G17 G16；                    设定工件坐标系原点为极坐标系原点
G01 X60.0 Y240.0；               极坐标半径为60.0,极坐标角度为240°
Y180.0；
Y120.0；
Y60.0；
Y0；
X103.923 Y-90.0；                多进给一段距离,保证轮廓的加工质量
G15；                            取消极坐标编程
G90 G00 Z20.0；                  抬刀
G40 G01 X100.0 Y-80.0；          在安全高度取消半径补偿,比较安全
G49 G91 G28 Z0；
M05；
M30；
```

图 5-28 极坐标编程

5.3.2 比例缩放编程

在数控编程中,有时在对应坐标轴上的值是按固定的比例系数进行放大或缩小的,这时,为了编程方便,可采用比例缩放指令进行编程。

1. 指令格式

进行缩放格式:G51 X_ Y_ Z_ I_ J_ K_；

取消缩放格式:G50；

该格式用于较为先进的数控系统(如 FANUC-0i 系统),各坐标轴允许以不同比例进行缩放。格式中,以 X、Y、Z 为地址符的值用于指定缩放中心,I、J、K 分别用于指定 X 轴、Y 轴和 Z 轴的缩放比例。下面用一个例子说明使用比例缩放指令的两个要点。

例如:

G51 X0 Y0 Z0 I1.5 J2.0 K1.0；

(1) 选择要进行比例缩放轴的缩放比例,缩放比例的大小决定缩放后刀具路线的大小。其中 I 是 X 轴缩放比例的地址,J 是 Y 轴缩放比例的地址,K 是 Z 轴缩放比例的地址。地址后的数

表示缩放比例值,缩放比例值的取值直接以小数点的形式来指定缩放比例,如 J2.0 表示在 Y 轴方向上的缩放比例为 2.0 倍。如例中的"I1.5 J2.0 K1.0"表示在 X、Y 轴上进行比例缩放的比例分别是 1.5 倍、2.0 倍,而在 Z 轴上不进行比例缩放。

(2)指定比例缩放的中心,缩放的中心位置决定缩放后刀具路线的位置。缩放的中心位置用"X_Y_ Z_"格式表示,如例中的"X0 Y0 Z0"表示缩放中心在坐标(0,0,0)处。有的系统用"G51 X_Y_ Z_ P_;"的格式,"X_Y_ Z_"同样指定缩放中心,"P_"则指令各轴统一的缩放比例,"P2000"表示缩放比例为 2 倍。

2. 比例缩放中的注意事项

1)比例缩放中的圆弧插补

在比例缩放中进行圆弧插补,如果进行等比例缩放,则圆弧半径也相应缩放相同的比例;如果指定不同的缩放比例,刀具也不会画出相应椭圆轨迹,仍将进行圆弧的插补,圆弧的半径根据 I、J 中的较大值进行缩放,如图 5-29 所示的工件编程。

O0006
G51 X0 Y0 I2.0 J1.5;
G41 G01 X-10.0 Y20.0 D01 F100.0;
X10.0;
G02 X20.0 Y10.0 R10.0;
…
G50;

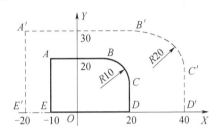

图 5-29 工件比例缩放编程

例中,圆弧插补的圆弧半径 R 则以 I、J 中的较大值 2.0 进行缩放,缩放后的半径为 R20,此时,圆弧在 C 点处不再相切,而是相交,因此要特别注意。其余插补均以 I_J_指令的不等比例值进行缩放。

2)比例缩放程序的刀补程序段

在编写比例缩放的程序过程中,一般情况下,刀补程序段写在比例缩放程序内,即 G51…G50 之内。如上例的"G41 G01 X-10.0 Y20.0 D01 F100.0;"在 G51…G50 之内。

3)比例缩放的限制

比例缩放指令并不改变程序中的刀具偏置值、刀具补偿值、固定循环中 Q 值与 d 值,或者说比例缩放指令对这些值无效。有时出于需要,可以通过修改系统参数来禁止在 Z 轴方向上的比例缩放。

4)缩放状态下的禁止使用指令

在缩放状态下,不能指定返回参考点的 G 代码(G27~G30),也不能指定坐系的 G 代码(G52~G59,G92)。若一定要指令这些 G 代码,应在取消缩放功能后指定。

3. 比例缩放的应用举例

【例 5-2】 如图 5-30 所示工件的加工程序 O1970 是缩放功能编程的轮廓加工程序,它使用一把 ϕ10mm 立铣刀对工件周铣一次,使用 1.1 的缩放比例(放大 10%),并且以 X0 Y0 Z0 为比例缩放中心,G51 中的 K0 可以省略。X、Y 向的工件零点如图所示,Z 向零点为工件的上表面高度。

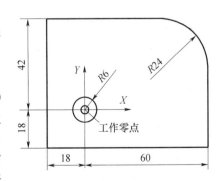

图 5-30 比例缩放的应用举例

O1970　　　程序 1970 中使用 1.1:1 的缩放比例
N1 G21;

N2 G17 G40 G80;
N3 G50;   比例缩放"关"
N4 G90 G00 G54 X-30.0 Y-30.0 S800 M03;
N5 G43 Z20.0 H01 M08;   设工件的上表面上方20mm高度为安全高度
N6 G51 X0 Y0 I1.1 J1.1;   以X0Y0Z0为缩放中心;设XY轴向1.1:1的放大比例
N7 G01 Z-15.0 F800.0;
N8 G41 X-18.0 D01 F500.0;   刀补程序段写在比例缩放程序内
N9 Y42.0 F300.0;
N10 X36.0;
N11 G02 X60.0 Y18.0 R24.0;
N12 G01 Y-18.0;
N13 X-30.0;
N14 G40 Y-30.0 M09;
N15 G50;   比例缩放"关"
N16 G00 Z20.0;   抬刀到安全高度
N17 G49 G91 G28 X0 Y0 Z0;
N18 M30;

5.3.3 可镜像编程

使用编程的镜像指令可实现沿某一坐标轴或某一坐标点的对称加工。在一些老的数控系统中通常采用M指令来实现镜像加工,在FANUC-0i系统中则采用G51或G51.1来实现镜像加工。

1. 指令格式

镜像有效的指令格式:G17 G51.1 X_Y_;

格式中的X、Y值用于指定对称轴或对称点。当G51.1指令后仅有一个坐标字时,该镜像以某一坐标轴为镜像轴。

例如:

G51.1 X10.0;

该指令为Y轴镜像,对称轴在X=10.0的位置。

当G51.1指令后有两个坐标字时,表示该镜像是以某一点作为对称点进行镜像。例如:G51.1 X10.0 Y10.0;表示对称点为(10,10)的镜像指令。

取消镜像的指令格式:G50.1 X_Y_;

2. 镜像编程实例

【例5-3】 试用镜像指令编写精加工如图5-31所示工件上4个相同轮廓的程序。轮廓厚度5mm,轮廓上表面为Z向零点高度,刀具是直径为$\phi6mm$的立铣刀。

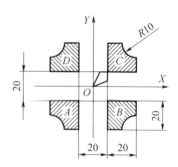

图5-31 镜像编程实例

```
O0008                            主程序
N010 G90 G94 G17 G40 G50;
N020 G91 G28 Z0;
N030 G90 G54;
N040 G00 X0 Y0 F600.0;
N050 G43 Z20.0 H01;
N060 S500 M03;
N070 G01 Z-5.0 F100.0;
N080 M98 P1800;                  调用子程序加工轨迹C
```

N090 G90 G51.1 X0 Y0;	X、Y轴镜像,镜像对称中心位置X0 Y0
N100 M98 P1800;	调用子程序加工轨迹A
N110 G90 G50.1 X0 Y0;	
N120 G90 G51.1 X0;	Y轴镜像,镜像位置X0.0
N130 M98 P1800;	调用子程序加工轨迹B
N140 G90 G50.1 X0;	
N150 G90 G51.1 X0 Y0;	X、Y轴镜像,镜像对称点位置X0.0 Y0.0
N160 M98 P1800;	调用子程序加工轨迹D
N170 G90 G50.1 X0 Y0;	
N180 G00 Z20.0;	
N190 G49 G91 G28 Z0 M05;	
N200 M30;	
O1800;	子程序
N100 G91 G41 G01 X10.0 Y4.0 D01 F100.0;	
N110 Y1.0;	
N120 Y25.0;	
N130 X10.0;	
N140 G03 X10.0 Y−10.0 R10.0;	
N150 G01 Y−10.0;	
N160 X−25.0;	
N170 G40 X−5.0 Y−10.0;	
N180 M99;	

5.3.4 坐标系旋转

对于某些围绕中心旋转得到的特殊轮廓加工,如果根据旋转后的实际加工轨迹进行编程,就可能使坐标计算的工作量大大增加,而通过图形旋转功能,可以大大简化编程工作量。

1. 指令格式

坐标系旋转生效指令格式:G17 G68 X_Y_ R_;

格式中的X、Y值用于指定坐标系旋转的中心,R用于表示坐标系旋转的角度,一般取值为0°~360°。旋转角度的零度方向为第一坐标轴的正方向,逆时针方向为角度方向的正向。不足1°的角度以小数点表示,如10°54′用10.9°表示。

例如:

G68 X15.0 Y20.0 R30.0;

该指令表示图形以坐标点(15,20)作为旋转中心,坐标系逆时针旋转30°。

坐标系旋转取消指令格式:G69;

在坐标系旋转取消指令G69之后的第一个移动指令必须用绝对值指定,如果用增量方式,则不能执行正确的移动。

2. 坐标系旋转编程实例

【例5-4】 如图5-32所示零件图,材料为铝件,表面和四方轮廓已加工完毕,现要求对7个圆周均布的型腔进行粗精加工,试编写加工程序。

对工件的这种结构分布特点,用坐标系旋转指令功能可以简化编程。因此编程的主要工作是对某一个型腔粗、精加工编程。

型腔的结构尺寸如图所示,型腔的圆角R4,选用直径为ϕ6mm的键槽铣刀精加工是合适的,

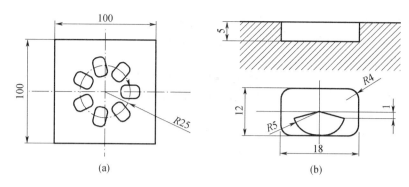

图 5-32 坐标系旋转编程实例
(a) 实例工件图；(b) 型腔结构和刀具的引入、引出路线。

精加工的路线用如图(b)所示的圆弧切入和切出的路线。

粗加工还是用直径为φ6mm的键槽铣刀，因为轮廓的宽度为12mm，粗加工时留侧面1mm的余量，当它沿轮廓一周时，刀具可以在宽度上出现"12-10=2(mm)"的重叠量，因此粗加工的每层路线只要沿轮廓一周即可。若粗加工的半径补偿值取"3+1=4(mm)"，精加工的半径补偿值取其半径3mm，这样粗、精加工可以用同一刀具路线，只是半径补偿值不同罢了。

设键槽铣刀的刀具号是T02，粗加工的半径补偿值4mm，存在D21补偿地址中；精加工的半径补偿值3mm，存在D22中。型腔深5mm，设键槽铣刀粗加工时最大切削深度为2mm，粗加工分2层切削时，Z向留1mm的精加工余量。0°位置为第1个型腔，程序如下：

O0018	主程序
N1 G21;	公制单位
N2 G69;	坐标旋转有效则取消
N3 G17 G40 G80 T02;	刀库选T02
N4 M06;	T02安装到主轴上
N5 G90 G54 G00 X25.0 Y0.0 S1500 M03;	轮廓铣削的第1个型腔中心的X、Y方向起始位置
N6 G43 Z20.0 H02 M08;	设置Z向安全高度；冷却
N7 G01 Z0 F300;	
N8 M98 P0019 L7;	对7个型腔进行粗加工和精加工
N9 G69;	坐标旋转有效则取消
N10 G90 G00 Z20.0 M09;	Z轴方向退刀；冷却液关
N11 G49 G28 Z20.0;	Z轴回原点
N12 M30;	主程序O0018结束
O0019	型腔铣削子程序
M98 P0020 D21 F300 L2;	调用O0020分2次粗加工到绝对深度Z-4.
G91 Z-1.0;	到最终绝对深度Z-5.
M98 P0021 D22 F200;	调用O0021精加工型腔轮廓到最终深度
G90 G00 Z20.0;	返回绝对模式及Z轴安全位置
G68 X0 Y0 R51.429;	下一个型腔的角度增量
G90 G00 X25.0 Y0.0;	运动到旋转后下一型腔的起始位置
G01 Z0 F300;	
N207 M99;	子程序O0019结束
%	
O0020	粗加工分层切削子程序—第1个型腔
G91 Z-2.0;	从型腔中心开始Z向进给量2mm

M98 P0021;	调用 O0021 进行型腔轮廓粗加工
M99;	子程序 O0020 结束
%	
O0021	第1个型腔的刀具路径
G91 G41 G01 X-5.0 Y-1.0;	直线导入运动
G03 X5.0 Y-5.0 R5.0;	圆弧导入运动
G01 X5.0;	轮廓右侧的底部侧壁
G03 X4.0 Y4.0 R4.0;	轮廓右下角的圆角
G01 Y4.0;	轮廓右侧侧壁
G03 X-4.0 Y4.0 R4.0;	轮廓右上角的圆角
G01 X-10.0;	轮廓上边的侧壁
G03 X-4.0 Y-4.0 R4.0;	轮廓左上角的圆角
G01 Y4.0;	轮廓左侧侧壁
G03 X4.0 Y-4.0 R4.0;	轮廓左下角的圆角
G01 X5.0;	轮廓左侧的底部侧壁
G03 X5.0 Y5.0 R5.0;	圆弧导出运动
G01 G40 X-5.0 Y1.0;	直线导出运动
M99;	O0021 子程序结束

5.4 典型结构的数控铣削加工方法及编程

本节主要通过实例介绍典型结构零件的加工及编程方法,包括常用的工件装夹装置和装夹方法、刀具和切削用量的选择、进刀方式、走刀路线的确定、程序编制等。

5.4.1 平面铣削及其编程

零件的平面有非加工平面和加工平面两种。加工平面就是有一定的精度要求和粗糙度要求的平面,需要通过机械加工途径来获得。平面类零件是数控铣削加工对象中最主要也是较简单的一类,一般只需要用三轴数控铣床的两轴联动,即两轴半坐标加工就可以实现。

在进刀方式和加工路线选择方面,分别有单次铣削和多次铣削的不同加工方法。

对于大平面,如果铣刀的直径大于工件的宽度,铣刀能够一次切除整个大平面。因此在同一深度不需要多次走刀,一般采用单次铣削(也称一刀式铣削)方式加工,如图5-33所示。

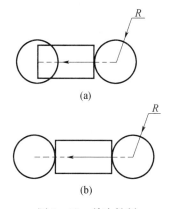

图5-33 单次铣削
(a)粗铣;(b)精铣。

如果铣刀的直径相对比较小,不能一次切除整个大平面,此时在同一深度需要多次走刀,即采用多次平面铣削加工方式。多次铣削的刀路有好几种,每一种方法在特定环境下都具有各自的优点。最为常见的方法为同一深度上的单向多次切削和双向多次切削,如图5-34、图5-35所示。

单向多次切削时,切削起点在工件的同一侧,另一侧为终点的位置,每完成一次切削后,刀具从工件上方快速点定位回到在工件同一侧的切削起点。这是平面铣削中常见的方法,但频繁的快速返回运动导致效率很低。这种刀路能保证面铣刀的切削总是顺铣。

双向多次切削也称为Z形切削,是常用的方法。它的效率比单向多次切削要高,但它在面铣刀改变方向时,刀具要从顺铣方式改为逆铣方式,从而在精铣平面时影响加工质量,因此,平面质量要求高的平面精铣通常并不使用这种刀路,但常用于平面铣削的粗加工。

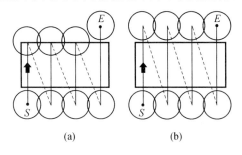

图 5-34 单向多次平面铣削
(a) 粗铣; (b) 精铣。

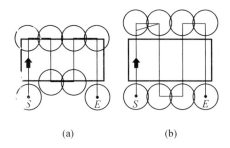

图 5-35 双向多次平面铣削
(a) 粗铣; (b) 精铣。

【例 5-5】 如图 5-36 所示零件图,材料为 45 钢,毛坯为圆钢料,无热处理和硬度要求。

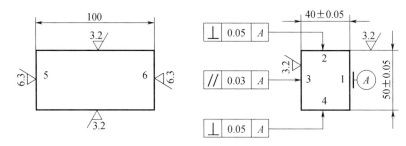

图 5-36 平面零件

（1）工艺分析。

① 基准。平面 1 为设计基准,平面 2、4 与平面 1 有垂直度要求,平面 3 与平面 1 有平行度要求。为了保证垂直度、平行度要求,在用虎钳装夹工件时,始终以平面 1 为主要定位基准。同时,平面 1 也作为垂直度、平行度测量的基准,使得设计基准与加工基准和测量基准重合。

由于平面 1 是设计基准、加工基准和测量基准,其平面度尽管在图纸中没有要求,但根据形状误差小于位置公差的原则,平面 1 应当有平面度要求,平面度误差值应当小于平面 3 与平面 1 的平行度要求 0.03。

② 选用毛坯圆钢料的直径。根据"勾股定理",如图 5-37 所示,圆钢料的直径 ϕD 可以进行计算,并根据计算结果,查材料手册选择。计算圆钢料的直径:

$$\phi D = \phi \sqrt{50^2 + 40^2} = 64.03$$

根据计算结果,查材料手册,最靠近 $\phi D(64.03)$ 的尺寸 $\phi 65$,因此,毛坯圆钢料的直径选用 $\phi 65$。

③ 加工工艺过程。图 5-36 所示平面零件的工艺规程如表 5-5 所列。

表 5-5 工艺规程

工序	工序内容	设备	夹具	刀具	量具	备注
1	锯工件长度为 100	普通锯床	略	略	普通游标卡尺	
2	粗、半精铣、精铣平面 1,保证平面度 0.015(工艺要求)	数控立式铣床	精密虎钳	φ60 面铣刀	普通游标卡尺	在检验平台上,用塞尺检查平面度。用直角尺的刀口检查直线度
3	粗、半精铣、精铣平面 2,保证垂直度 0.05	数控立式铣床	精密虎钳	φ60 面铣刀	普通游标卡尺	在检验平台上,用直角尺,配合塞尺检查垂直度

(续)

工序	工序内容	设备	夹具	刀具	量具	备注
4	粗、半精铣、精铣平面4,保证垂直度0.05和尺寸50公差	数控立式铣床	精密虎钳	φ60 面铣刀	25~50 外径千分尺	在检验平台上,用直角尺,配合塞尺检查垂直
5	粗、半精铣、精铣平面3,保证平行度0.03和尺寸40公差	数控立式铣床	精密虎钳	φ60 面铣刀	25~50 外径千分尺	在检验平台上,用固定在高度尺上的千分表检查平行度

（2）刀具及切削用量的选择。刀具的类型选择根据加工零件的特征来确定,由于加工的平面比较宽,采用面铣刀。加工零件的材质为45钢,可转位刀片的材料选用YT系列,加工中连续加冷却液。面铣刀的直径通过计算被加工面的最大宽度来确定。加工的最大宽度在加工面1、3面上,如图5-38所示,最大宽度可用勾股定理来确定,计算结果为51.23。平面采用一刀式铣削,铣削宽度应为铣刀直径的2/3左右,面铣刀的直径选用φ60。

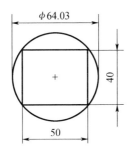

图 5-37 圆钢料直径的计算

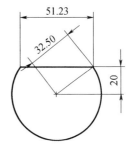

图 5-38 最大的加工平面宽度

加工平面1时铣削的加工余量比较大,厚度为12.5(32.5-20)mm,需要进行分层铣削,根据切削用量的选择原则,首先选用背吃刀量,然后选用进给速度,最后考虑刀具的切削速度。最终的切削用量如表5-6所列。表中仅仅列出了加工平面1的切削用量,其他平面的切削用量与平面1基本相同,在此不一一列出。

表 5-6 切削用量

刀具类型	铣削类型	刀齿数	主轴转速/(r/min)	背吃刀量/mm	进给速度/(mm/min)
面铣刀	粗铣	4	<500	6.5	<160
面铣刀	半精铣	4	<500	5.5	<160
面铣刀	精铣	4	<800	0.5	<160

（3）装夹方法和定位基准。工件以定钳口和垫块为定位面,动钳口将工件夹紧,垫块的厚度应保证加工后的表面距钳口的距离为3mm,如图5-39所示。虎钳的定钳口需要进行检测,以确保定钳口与工作台的垂直度和平行度,如图5-40所示。虎钳的底平面与工作台的平行度也要进行检测。垫块应经过平行度检验,使用时,应尽量减少垫块的数量。

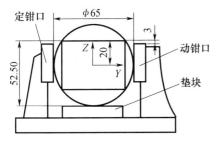

图 5-39 工件的定位和夹紧

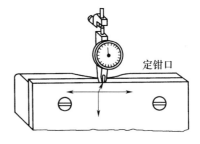

图 5-40 定钳口的检验

（4）走刀路线。该零件为单件生产，工件坐标系的原点设在工件的中心，X 轴设在轴心线上，如图 5-39 所示。加工共分为两次粗加工和一次精加工，为了提高加工效率，减少走刀路线，从工件的两侧下刀，粗、精铣时，铣刀需要完全铣出工件。为了缩短加工程序，采用子程序调用方式编程。

（5）程序编制。

O0001
N100 G21;
N102 G17 G40 G49 G80;
N104 M08;   切削液开
N108 G00 G90 G54 X-85.0 Y0 S350 M03; 进刀引线长度+切削方向的超出=35
N110 G43 H01 Z100.0;   安全高度
N112 Z35.5;   距毛坯表面 3mm
N114 G01 Z26.0 F200;   铣削深度为 6.5mm
N116 M98 P1001;   调用子程序
N118 G90 Z20.5 F200;
N120 M98 P1002;
N122 G90 Z20.0 F200;
N124 M98 P1001;
N142 G00 G90 Z100.0;
N144 M09;
N146 M05;
N148 G91 G28 Z0;
N150 G28 X0 Y0;
N152 M30;
O1001   子程序 从-X方向向+X方向铣削
N100 G91;
N102 X170.0 F120;   退刀引线长度+切削方向的超出=35
N104 M99;
O1002   子程序 从+X方向向-X方向铣削
N100 G91;
N102 X-170.0 F120;
N104 M99;

（6）面 2、3、4 的铣削。面 2、4 的铣削装夹如图 5-41 所示，与面 1 的装夹方法基本相同，由于已经有加工过的面，定位时需要特别注意确定哪一个面为主定位面，哪一个面是次定位面。加

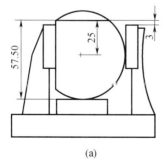
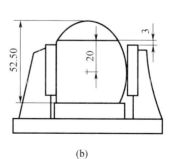

(a)   (b)

图 5-41 面 2、4 的装夹

(a) 面 2；(b) 面 4。

工面 2、3、4 的程序同面 1 的程序。

5.4.2 轮廓铣削及其编程

轮廓铣削加工主要指内轮廓、外轮廓的铣削加工,是圆周铣削的主要加工内容。立铣刀是周铣中常用的刀具,当铣削零件外轮廓时,一般采用立铣刀的侧刃铣削;铣削零件内轮廓时,则是铣刀的侧刃和端刃同时进行铣削。

在选择进/退刀方式时,主要有两种形式:垂直方向进刀(常称为下刀)和退刀;水平方向进刀和退刀。精加工轮廓时,比较常用的方式是,以与被加工表面相切的圆弧方式接触和退出工件表面。在程序开始时,刀具需先到达进/退刀的初始高度(起止高度),程序结束后,刀具也将退回到这一高度。起止高度要大于或等于安全高度。安全高度是在铣削过程中,为了避免刀具碰撞工件而设定的高度(Z 值),一般情况下它应大于零件的最大高度。在编程时还要注意,刀具先以 G00 方式快速下刀到指定位置,然后再以切削进给速度下刀到加工位置。

另外,在加工过程中,当刀具需要在两点间移动而不切削时,还要考虑是否让刀具在安全高度以上移动,如果在移动路径中无障碍结构,直接移动可以节省时间,否则,刀具不可以直接移动。

在切削方向上,有顺铣、逆铣两种模式,顺铣也称为向内铣削(从工件的实体外向实体内);逆铣也称为向外铣削(从工件的实体内向实体外)。图 5-42 所示为主轴正转时的顺铣和逆铣。当指令 M03 功能时,主轴为顺时针旋转,使用 G41 指令,将刀具半径偏置到工件左侧,则刀具为顺铣模式。相反,如果使用 G42 指令,刀具偏置到工件右侧,则刀具为逆铣模式。大多数情况下,顺铣模式是圆周铣削中较好的模式,尤其是在精加工操作中。

【例 5-6】 如图 5-43 所示,加工外轮廓,刀具采用直线切入/切出方式进退刀,试编制加工程序。

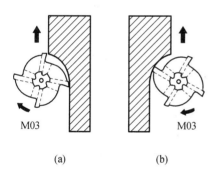

图 5-42 主轴正转时的顺铣和逆铣
(a)顺铣 (b)逆铣。

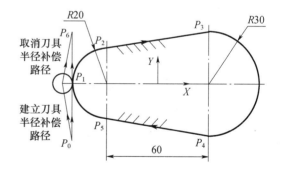

图 5-43 加工外轮廓零件

计算各基点的坐标值为

$P_0(-50.0, -30.0)$、$P_1(-50.0, 0)$、$P_2(-33.33, 19.72)$、$P_3(25.0, 29.58)$、$P_4(25.0, -29.58)$、$P_5(-33.33, -19.72)$、$P_6(-50.0, 30.0)$

程序:
O0011
N010 G21;
N020 G00 G17 G40 G49 G80 G90;
N030 G00 Z50.0;   安全位置
N040 G00 G90 G54 X-50.0 Y-30.0 S300 M03; P_0 点

N050 G43 H01 Z50.0;　　　　　　　　　建立刀具长度补偿
N060 Z3.0;　　　　　　　　　　　　　 参考高度(Z 轴进刀点)
N070 G01 Z -5.0 F100;
N080 G41 D01 Y0;　　　　　　　　　　 建立刀具半径补偿 P_1 点
N090 G02 X -33.33 Y19.72 R20.0 F120;　 P_2 点
N100 G01 X25.0 Y29.58 F100;　　　　　 P_3 点
N120 G02 X25.0 Y -29.58 R -30.0 F120;　圆心角≥180°半径为负值,P_4 点
N130 G01 -33.33 Y -19.72 F100;　　　　P_5 点
N140 G02 X -50.0 Y0 R20 F120;　　　　 P_1 点
N150 G01 G40 Y30.0 F100;　　　　　　 取消刀具半径补偿,P_6 点
N160 G00 Z50.0;
N170 G49 M05;　　　　　　　　　　　 取消刀具长度补偿
N180 G91 G28 Z0;
N190 M30;

该零件的外轮廓切削,也可以采用圆弧切入/切出方式,如图 5-44 所示,为了使用刀具半径补偿,在圆弧的端点引入了一段直线。刀具起点在 P_0 点,刀具路径为

$P_0 \to P_1 \to P_2 \to P_3 \to P_4 \to P_5 \to P_6 \to P_2 \to P_7 \to P_0$

读者可以自行编写加工程序。

【例 5-7】 如图 5-45 所示,加工内轮廓,刀具采用圆弧切入/切出方式进退刀,刀具路径为

$1 \to 2 \to 3 \to 4 \to 5$

试编制加工程序。

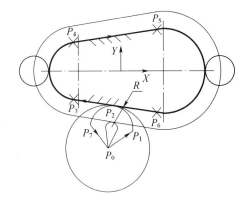

图 5-44　外轮廓加工的圆弧切入/切出

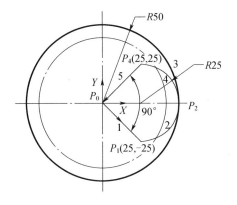

图 5-45　内轮廓加工的圆弧切入/切出

程序如下:
O0022
N10 G17 G40 G49 G80;
N15 G00 G90 G54 X0 Y0 S500 M03;
N20 G43 H02 Z50.0;
N25 Z3.0;
N30 G01 Z -5.0 F100
N35 G41 D02 X25.0 Y -25.0;　　　　　P_1 点
N40 G03 X50.0 Y0 R25.0;　　　　　　P_2 点
N45 I -50.0 J0;　　　　　　　　　　整圆加工使用 I、J

```
N50 X25.0 Y25.0 R25.0;            P4 点
N55 G01 G40 X0 Y0;
N60 G00 Z50.0;
N65 G49 M05;
N70 G91 G28 Z0;
N75 M30;
```

5.4.3 键槽加工及其编程

图5-46所示为带有键槽的传动轴,从图中可知,键槽的技术要求主要为尺寸精度、键槽两侧面的表面粗糙度、键槽与轴线的对称度。键槽深度的尺寸一般要求较低。

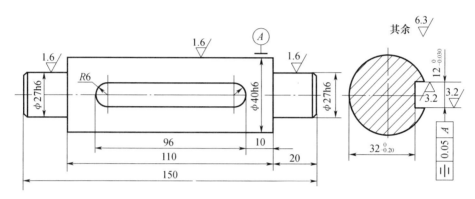

图5-46 带有键槽的传动轴

1. 键槽的铣削方法

键槽加工属于窄槽加工,轴上键槽一般用键槽铣刀或立铣刀加工。键槽铣刀有两个刀齿,圆柱面和端面都有切削刃,端面刃延至中心,既像立铣刀又像钻头。立铣刀不像键槽铣刀,其端部切削刃不过中心刃,立铣刀不可以直接轴向进刀,立铣刀圆柱表面的切削刃为主切削刃,端面上的切削刃为副切削刃。立铣刀加工键槽时,一般采用斜插式和螺旋进刀,也可以采用预钻孔的方法。

由于键槽铣刀的刀齿数相对于同直径的立铣刀的刀齿数的数量少,铣削时振动大,加工的侧面表面质量相对于立铣刀差。

键槽加工属于对称铣削,两侧面一边为顺铣,另一边为逆铣。逆铣一侧的表面粗糙度比较差,另外两侧面的粗糙度差别也很大。

键槽加工时,铣刀的直径比较小,强度低,刚性差。铣削过程中,切削厚度由小变大,铣刀两侧的受力不平衡,加工的键槽产生倾斜,所以,键槽相对于轴的对称度比较差。在加工时,如果铣刀一次铣到深度,铣削部分的长径比较小,进刀速度比较快时,铣刀容易折断;由于键槽加工为窄槽加工,排屑不畅,切削液的压力要求比较大,否则,铣刀容易夹屑,铣刀也容易折断。

数控机床加工键槽时,分为粗加工和精加工,如图5-47所示。当用立铣刀粗加工键槽时,采用斜插式进刀,如图5-47(a)所示,在斜插式的两端,使用圆弧进刀,键槽两侧面留余量,直到键槽槽底。精加工键槽时,普遍采用轮廓铣削法,如图5-47(b)所示。采用顺铣,切向切入和切出,加工键槽侧面,保证键槽侧面的粗糙度和键槽的宽度公差。图5-47(c)所示为粗、精加工两把刀具的走刀路线。

在斜插式的两端,使用圆弧进刀编程比较困难,实际中选择比键槽宽度尺寸小的立铣刀斜插式进刀,在斜插式的两端,不使用圆弧进刀,而是按如图5-48所示路径走刀。当用键槽铣刀粗

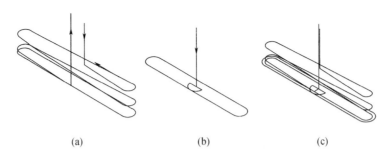

图 5-47 轮廓铣削法加工键槽

加工键槽时,键槽铣刀可以直接轴向进刀,走刀路线如图 5-49 所示。

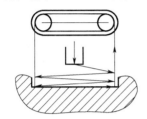

图 5-48 立铣刀粗加工走刀路线

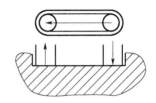

图 5-49 键槽铣刀粗加工走刀路线

2. 工件的装夹

轴类零件的装夹方法很多,以下两种就是最常用的方法。

1) 用 V 形架装夹

把圆柱形工件放在 V 形架内,并用压板紧固的装夹方法来铣削键槽是常用的方法之一,如图 5-50 所示。当键槽铣刀的中心对准 V 形架的角平分线时,能保证一批工件上键槽的对称度。铣削时虽然铣削深度有改变,但变化量一般不会超过槽深的尺寸公差。

2) 用抱虎钳装夹

如图 5-51 所示,用抱虎钳装夹轴类零件时,具有用普通虎钳装夹和 V 形架装夹的优点,所以装夹简便迅速。抱虎钳的 V 形槽能两面使用,夹角大小不同,能适应工件直径的变化。

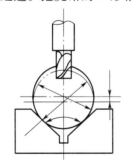

图 5-50 用 V 形架装夹工件铣削键槽

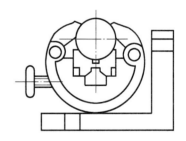

图 5-51 用抱虎钳装夹工件铣削键槽

【例 5-8】 加工如图 5-52 所示的键槽,工件坐标系如图所示。键槽加工采用两种方法。

方法一:使用立铣刀斜插式下刀(图 5-53)进行粗铣,立铣刀精铣。铣刀直径($\phi 10$mm)小于键槽宽度,粗铣时键槽侧壁留加工余量。精铣采用圆弧切入、切出,使用刀具半径补偿,顺铣,刀具路径如图 5-54 所示。

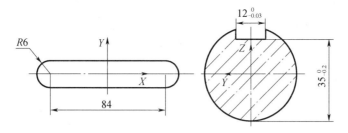

图 5-52 键槽零件

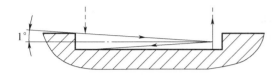

图 5-53 粗加工刀具路径图　　　　图 5-54 精加工刀具路径图

粗加工程序：
O0033
N100 G21;
N110 G17 G40 G49 G80;　　　　　　　　系统环境设定
N120 T1;　　　　　　　　　　　　　　　φ10 立铣刀准备
N125 M06;　　　　　　　　　　　　　　换刀
N130 G00 G90 X-42.0 Y0 S400 M03;
N140 G43 H03 Z30.0;　　　　　　　　　刀具长度补偿
N150 Z3.0;
N160 G01 Z0 F100;
N170 X42.0 Z-1.466 F200;　　　　　　 斜插下刀开始
N180 X-42.0 Z-2.932;
N190 X42.0 Z-4.399;
N200 X7.55 Z-5.0;　　　　　　　　　　斜插下刀结束
N210 X-42.0;
N220 X42.0;
N230 Z3.0 F500;
N240 M05;　　　　　　　　　　　　　　主轴停止
N250 G91 G28 Z0;　　　　　　　　　　 返回 Z 轴参考点
N260 M30;　　　　　　　　　　　　　　程序结束

精加工刀具路径如图 5-54 所示，下刀点在 X、Y 的零点。程序如下：
O0044
N100 G21;
N110 G17 G40 G49 G80;
N120 T2;　　　　　　　　　　　　　　　φ10 立铣刀准备
N125 M06;　　　　　　　　　　　　　　换刀
N130 G00 G90 X0 Y0 S400 M03;
N140 G43 H06 Z30.0;　　　　　　　　　刀具长度补偿
N150 Z3.0;

155

N160 G01 Z-5.0 F100;	
N170 G41 D20 X-6.0 F200;	刀具半径补偿
N180 G03 X0 Y-6.0 R6.0;	圆弧切入
N190 G01 X42.0;	
N200 G03 X48.0 Y0 R6.0;	
N210 X42.0 Y6.0 R6.0;	
N220 G01 X-42.0;	
N230 G03 X-48.0 Y0 R6.0;	
N240 X-42.0 Y-6.0 R6.0;	
N250 G01 X;	
N260 G03 X5.0 Y0 R6.0;	圆弧切出
N270 G01 G40 X0;	取消刀具半径补偿
N280 Z3.0 F500;	
N290 G00 Z30.0;	
N300 M05;	
N310 G91 G28 Z0;	返回 Z 轴参考点
N320 M30;	程序结束

方法二：使用键槽铣刀粗铣，走刀路线如图 5-55 所示。精铣采用立铣刀加工，铣刀直径为 φ10mm。走刀路线如图 5-54 所示。

粗加工程序：

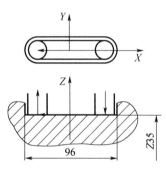

图 5-55 键槽铣刀粗加工路径

O0055	
N100 G21;	
N110 G17 G40 G49 G80;	
N120 T2;	φ10 键槽铣刀准备
N125 M06;	换刀
N130 G00 G54 G90 X-42.0 Y0 S400 M03;	
N140 G43 H08 Z30.0;	刀具长度补偿
N150 Z3.0;	
N160 G01 Z-5.0 F100;	
N170 X42.0 F200;	
N180 X-42.0;	
N190 G00 Z30.0;	
N200 M05;	主轴停止
N210 G91 G28 Z0;	返回 Z 轴参考点
N220 M30;	程序结束

精加工程序和方法一同。

5.4.4 型腔加工及其编程

型腔铣削是在一个封闭区域内去除材料。简单的或具有规则形状的型腔（如矩形和圆柱形型腔）可以手工编程，但是对于形状比较复杂或内部有孤岛的型腔则需要使用计算机辅助编程。

1. 一般规则

型腔铣削编程时有两个重要问题，即刀具切入方法和粗加工方法。

刀具切入方法一般有两种：

（1）可以使用键槽铣刀沿 Z 轴切入工件的方法。

(2)如果不能使用 Z 轴切入方法时,可以选择斜向切入方法。

从型腔内切除大部分材料的方法称为粗加工。常见的型腔粗加工形式有:刀具做 Z 字形运动;刀具从型腔内部到外部或从型腔外部到内部进行切削。

实际应用中还可以有其他的型腔加工选择方式,如螺旋形以及单向切削等。这时虽然也可以使用手工编程,但是工作量非常巨大,一般采用自动编程。简单的型腔比较容易编程,它们具有规则形状且中间没有孤岛,如正方形型腔、矩形型腔、圆柱形型腔等。本节只介绍矩形型腔编程。

2. 矩形型腔编程

矩形或正方形型腔的编程很简单,尤其当它们与 X 轴或 Y 轴平行时。

1)刀具选择

由于零件中 4 个角都有圆角,对于粗加工,刀具半径应选得比较大一些,以提高刀具的刚性。精加工中刀具半径应略小于圆角半径,以保证圆角的加工。

斜向插入必须在空隙位置进行,下刀点一般在型腔中心。垂直切入几乎可以在任何地方进行,下刀点在型腔拐角。如果从型腔中心开始,那么刀具可以只沿单一方向进给,且在最初的切削后只能使用顺铣或逆铣模式,这样就需要更多的计算。从型腔拐角开始的方法比较常用,这种方法中刀具可以采用 Z 字形运动,所以可以在一次切削中使用顺铣模式,而另一次切削中则使用逆铣模式,该方法的计算比较简单。本例中使用拐角作为开始点。

2)型腔编程的三要素

编制型腔加工程序时,必须考虑 3 个重要因素,即刀具直径(或半径)、精加工余量、半精加工余量。图纸中应当给出工件的重要尺寸,包括长度、宽度。

图 5-56 中给出了型腔加工的起始点坐标 X_1 和 Y_1 相对于给定拐角(左下角)的距离以及其他数据。

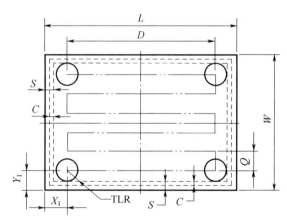

图 5-56 矩形型腔的 Z 字形加工

X_1、Y_1—刀具起点的 X、Y 坐标;L—型腔长度;D—实际切削长度;W—型腔宽度;
S—精加工余量;C—半精加工余量;TLR—刀具半径;Q—切削间距。

图 5-56 的字母表示各种参数设置,编程时根据工作类型来选择型腔的拐角半径,它们通常都是已知的。此外,还需要知道型腔的位置和定位以及工件其他元素的值。

(1)毛坯余量。通常有两种毛坯余量值,一种为精加工余量,另一种为半精加工余量。刀具沿 Z 字形路线来回运动,在加工表面上留下扇形轨迹。图 5-57 所示为矩形型腔粗加工后的结果(没有使用半精加工)。这种 Z 字形刀具路径加工的表面不适合用作精加工,因为切削不均匀,余量很难保证公差和表面质量。

为了避免后面可能出现的加工问题,通常需要半精加工,其目的是为了消除扇形。

(2) 间距值。型腔在半精加工之前的实际形状与两次切削之间的间距有关,型腔加工中的间距也就是切削宽度。该值的选择不需计算,但最好根据所需切削次数来计算这个值,使每次切削的间距相等。通常都是将切削宽度与刀具直径的百分数挂钩。

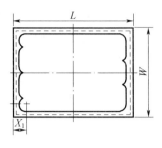

图 5-57 矩形型腔的 Z 字形粗加工

切削次数为奇数时与偶数次切削的结果截然不同:

① 如果切削次数为偶数,那么粗加工结束位置在开始位置的异侧;

② 如果切削次数为奇数,那么粗加工结束位置在开始位置的同侧。

切削次数 N 的计算公式如下:

$$Q = \frac{W - 2\text{TLR} - 2S - 2C}{N}$$

式中:N 为选择次数,其他各字母与前面介绍的含义一样。

例如:型腔长度 $L=60$,型腔宽度 $W=40$,刀具直径为 12(TLR=6),精加工余量 $S=0.5$,半精加工余量 $C=0.3$,选择次数为

$$N = W/(2 \times \text{TLR}) = 40/(2 \times 6) = 3.333$$

取次数 N 为 4。

间距尺寸为

$$Q = (40 - 2 \times 6 - 2 \times 0.5 - 2 \times 0.3)/4 = 6.6$$

上面公式中可以用型腔长度代替型腔宽度。

(3) 切削长度。在进行半精加工前,必须计算每次切削的长度,即增量 D。

切削长度计算公式在很多方面与间距公式相似:

$$D = L - 2\text{TLR} - 2S - 2C$$

(4) 半精加工。半精加工的唯一目的就是消除不均匀的加工余量。由于半精加工与粗加工往往使用同一把刀具,因此通常从粗加工的最后刀具位置开始进行半精加工,如图 5-58 所示。L_1 和 W_1 值需要计算得出,沿两根轴方向起点和终点位置的差为 C 值。半精加工切削的长度和宽度,即它的实际切削距离可通过下面公式计算:

$$L_1 = L - 2\text{TLR} - 2S$$

$$W_1 = W - 2\text{TLR} - 2S$$

(5) 精加工刀具路径。精加工编程时必须使用刀具补偿来保证尺寸公差,较小和中等尺寸的轮廓通常选择中心点作为加工起点位置,而较大轮廓的起点位置应当在它的中部,与其中一个侧壁相隔一段距离,但不是太远。

精加工切削中,刀具半径偏置应该有效,这主要是为了在加工过程中保证尺寸公差。由于刀具半径补偿不能在圆弧插补运动中启动,因此必须添加直线导入和导出运动。图 5-59 所示为矩形型腔的典型精加工刀具路径,起点在型腔中心。

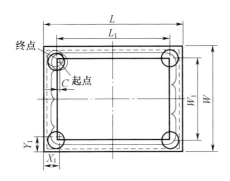

图 5-58 半精加工

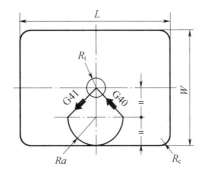

图 5-59 型腔的精加工刀具路径

在这种情况下还要考虑一些别的条件,其中一个就是引导圆弧半径,计算方法:

$$Ra < R_t < R_c$$

式中:Ra 为趋近圆弧半径;R_t 为刀具半径;R_c 为拐角半径。

铣削模式通常为顺铣,使用的刀具半径补偿为 G41 左补偿,如图 5-59 所示。

【例 5-9】 如图 5-60 所示矩形型腔铣削加工。选用两把刀,分别为 φ6mm 的键槽铣刀(粗加工)和 φ20mm 的立铣刀(半精、精加工)。粗加工为 Z 字形进刀,从槽的右下角下刀,沿 X 方向切削,切削次数为 $N = 2$;半精加工,从槽的右下角下刀,沿轮廓逆时针加工矩形槽侧壁;精加工采用圆弧切入,逆时针加工(顺铣)。精加工余量 $S = 0.25$,半精加工余量 $C = 0.5$。

由于槽比较深,粗、半精加工采用分层铣削,铣削次数 = 2,每次铣削深度 = 10。精加工一次直接铣削到深度。为了缩短程序,刀具路径使用子程序编程。

O0001
N100 G21;
N102 G17 G40 G49 G80;
N104 T1;
N105 M06;
N106 G00 G90 G54 X-61.25 Y-61.25 S300 M03;
N108 G43 H11 Z30.0;
N110 Z3.0;
N112 G01 Z-10.0 F150;
N114 M98 P1001;
N116 G90 X-61.25 Y-61.25;
N118 Z-20 F150;
N120 M98 P1001;
N122 G90 Z3.0 F500;
N124 G00 Z30.0;
N126 M05;
N128 G91 G28 Z0;
N130 M30;

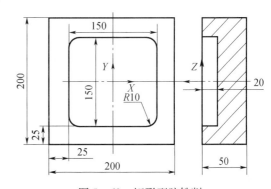

图 5-60 矩形型腔铣削

分层铣削子程序:

O1001
N100 G91;
N102 X122.5 F300;
N104 Y20.417;

N106 X-122.5;
N108 Y20.416;
N110 X122.5;
N112 Y20.417;
N114 X-122.5;
N116 Y20.417;
N118 X122.5;
N120 Y20.416;
N122 X-122.5;
N124 Y20.417;
N126 X122.5;
N128 M99;

半精加工程序：
O0002
N100 G21;
N102 G17 G40 G49 G80;
N104 T2;
N105 M06
N106 G00 G90 G54 X-64.75 Y-64.75 S400 M03;
N108 G43 H22 Z30.0;
N110 Z3.0;
N112 G01 Z-10.0 F150;
N114 M98 P1002;
N116 G90 Z-20.0 F150;
N118 M98 P1002;
N120 G90 Z3.0 F500;
N122 G00 Z30.0;
N124 M05;
N126 G91 G28 Z0;
N128 M30;

分层铣削子程序：
O1002
N100 G91;
N102 X129.5 F300;
N104 Y129.5;
N106 X-129.5;
N108 Y-129.5;
N110 M99;

精加工程序：
O0003
N100 G21;
N102 G17 G40 G49 G80;
N104 T2;
N105 M06;
N106 G00 G90 G54 X0 Y-45.0 S400 M03;

```
N108 G43 H22 Z30.0;
N110 Z3.0;
N112 G01 Z-10.0 F150;
N114 M98 P1003;
N120 G90 Z3.0 F500;
N122 G00 Z30.0;
N124 M05;
N126 G91 G28 Z0;
N128 M30;
```
刀具路径子程序:
```
O1003
N100 G91;
N102 X-20.0 F300;
N104 G03 X20.0 Y-20.0 R20.0;
N106 G01 X65.0;
N108 Y130.0;
N110 X-130.0;
N112 Y-130.0;
N114 X65.0;
N116 G03 X20.0 Y20.0 R20.0;
N118 G01 X-20.0;
N120 M99;
```

5.5 数控铣削加工综合实例

5.5.1 端盖零件的加工实例

在数控铣床上加工如图5-61所示的端盖零件,材料HT200,毛坯尺寸为170mm×110mm×50mm(实际生产应用中,一般不会选用长方块件作为这种零件的毛坯,而是用余量已经较少的铸件,例中这样选择,仅仅是为了得到更多的练习内容),试分析该零件的数控铣削加工工艺并编写加工程序。

1. 零件图工艺分析

通过零件图工艺分析,确定零件的加工内容、加工要求,初步确定各个加工结构的加工方法。

(1)加工内容。该零件主要由平面、孔系及外轮廓组成,毛坯是长方块件,尺寸为170mm×110mm×50mm。加工内容包括:ϕ40H7mm 的内孔;阶梯孔ϕ13mm 和ϕ22mm;A、B、C 3个平面;ϕ60mm 外圆轮廓;安装底板的菱形并用圆角过渡的外轮廓。

(2)加工要求。零件的主要加工要求为:ϕ40H7mm 的内孔的尺寸公差为H7,表面粗糙度要求较高,为 $Ra\ 1.6\mu m$。其他的一般加工要求为:阶梯孔ϕ13mm 和ϕ22mm 只标注了基本尺寸,可按自由尺寸公差等级 IT11~IT12 处理,表面粗糙度要求不高,为 $Ra\ 12.5\mu m$;平面与外轮廓表面粗糙度要求 $Ra\ 6.3\mu m$。

(3)各结构的加工方法。由于ϕ40H7mm 的内孔的加工要求较高,拟选择钻中心孔→钻孔→粗镗(或扩孔)→半精镗→精镗的方案。阶梯孔ϕ13mm 和ϕ22mm 可选择钻孔→锪孔方案。A、C 两个平面可用面铣刀粗铣→精铣的方法。B 面和ϕ60mm 外圆轮廓可用立铣刀粗铣→精铣

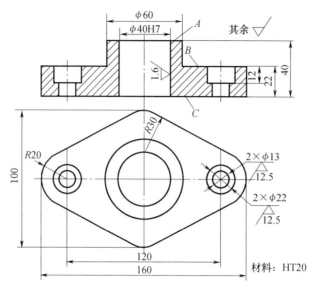

图 5-61 端盖零件图

同时加工。菱形并用圆角过渡的外轮廓亦可用立铣刀粗铣→精铣加工。

2. 数控机床的选择

零件加工的机床选择 XK5034 型数控立式升降台铣床,机床的数控系统为 FANUC 0-MD;主轴电动机容量 4.0 kW;主轴变频调速变速范围 100~4000r/min;工作台面积(长×宽) 1120 mm×250mm;工作台纵向行程 760mm;主轴套筒行程 120mm;升降台垂向行程(手动) 400mm;定位移动速度 2.5m/min;铣削进给速度范围 0~0.50 m/min;脉冲当量 0.001mm;定位精度 ±0.03mm/(300mm);重复定位精度 ±0.015mm;工作台允许最大承载 256 kg。选用的机床能够满足本零件的加工。

3. 加工顺序的确定

按照基面先行、先面后孔、先粗后精的原则确定加工顺序。由零件图可知,零件的高度 Z 向基准是 C 面,长、宽方向的基准是 ϕ40H7mm 的内孔的中心轴线。从工艺的角度看 C 面也是加工零件各结构的基准定位面,因此,在对各个部分的加工顺序的排列中,无疑第一个要加工的面是 C 面,且 C 面的加工与其他结构的加工不可以放在同一个工序。

ϕ40H7mm 内孔的中心轴线又是底板的菱形并用圆角过渡的外轮廓的基准,因此它的加工应在底板的菱形外轮廓的加工前、加工中考虑到装夹的问题,ϕ40H7mm 的内孔和底板的菱形外轮廓也不便在同一次装夹中加工。

按数控加工应尽量集中工序加工的原则,可把 ϕ40H7mm 的内孔、阶梯孔 ϕ13mm 和 ϕ22mm、A、B 两个平面、ϕ60mm 外圆轮廓在一次装夹中加工出来。这样按装夹次数为划分工序的依据,则该零件的加工主要分 3 个工序,其次序:①加工 C 面;②加工 A、B 两个平面及 ϕ40H7mm 的内孔和阶梯孔 ϕ13mm 和 ϕ22mm;③加工底板的菱形外轮廓。

在加工 ϕ40H7mm 的内孔,阶梯孔 ϕ13mm 和 ϕ22mm,A、B 两个平面的工序中,根据先面后孔的原则,又宜将 A、B 两个平面及 ϕ60mm 外圆轮廓的加工放在孔加工之前,且 A 面加工在前。至此,零件的加工顺序基本确定如下:

① 第一次装夹:加工 C 面。

② 第二次装夹:加工 A 面→加工 B 面及 ϕ60mm 外圆轮廓→加工 ϕ40H7mm 的内孔、阶梯孔

$\phi13mm$ 和 $\phi22mm$。

③ 第三次装夹:加工底板的菱形外轮廓。

4. 装夹方案的确定

根据零件的结构特点,第一次装夹加工 C 面,选用平口虎钳夹紧。

第二次装夹加工 A 面,加工 B 面及 $\phi60mm$ 外圆轮廓和加工 $\phi40H7mm$ 的内孔、阶梯孔 $\phi13mm$ 和 $\phi22mm$,亦选用平口虎钳夹紧,但应注意的是工件宜高出钳口 25mm 以上,下面用垫块,垫块的位置要适当,应避开钻通孔加工时钻头伸出的位置,如图 5-62 所示。

铣削底板的菱形外轮廓时,采用典型的一面两孔定位方式,即以底面、$\phi40H7mm$ 和一个 $\phi13mm$ 孔定位,用螺纹压紧的方法夹紧工件。测量工件零点偏置值时,应以 $\phi40H7mm$ 已加工孔面为测量面,用主轴上装百分表找 $\phi40H7mm$ 的孔心的机床 X、Y 机械坐标值作为工件 X、Y 向的零点偏置值,装夹方式如图 5-63 所示。

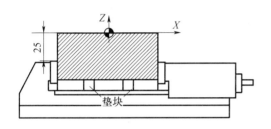

图 5-62 工件用平口虎钳装夹加工

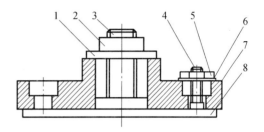

图 5-63 外轮廓铣削装夹方式
1—开口垫圈;2—压紧螺母;3—螺纹圆柱销;
4—带螺纹削边销;5—辅助压紧螺母;
6—垫圈;7—工件;8—垫块。

5. 刀具与切削用量的选择

该零件孔系加工的刀具与切削用量的选择参考表 5-4。

平面铣削上下表面时,表面宽度 110mm,拟用面铣刀单次平面铣削,为使铣刀工作时有合理的切入、切出角,面铣刀直径尺寸的选择最理想的宽度应为材料宽度的 1.3 倍~1.6 倍,因此用 $\phi160mm$ 的硬质合金面铣刀,齿数为 10,刀具路线参考图 5-33 单次铣削中平面铣刀刀路位置,一次走刀完成粗铣,设定粗铣后留精加工余量 0.5mm。

加工 $\phi60mm$ 外圆及其台阶面和外轮廓面时,考虑 $\phi60mm$ 的外圆及其台阶面同时加工完成,且加工的总余量较大,拟选用 $\phi63mm$,4 个齿($Z=4$)的 7:24 的锥柄螺旋齿硬质合金立铣刀加工;它具有高效切削性能,因为表面粗糙度要求是 $Ra 6.3 \mu m$,因此粗精加工用一把刀完成,设定粗铣后留精加工余量 0.5mm。粗加工时选 $f_z = 0.15mm/齿$(铣刀每齿进给量),$V = 75m/min$(切削速度),则主轴转速 $n = V \times 1000/(\pi \times D) = 318 \times 75 \div 63 \approx 360(r/min)$,进给速度 $F = f_z Z n = 0.15 \times 4 \times 360 \approx 200 (mm/min)$;精加工时选 $f_z = 0.08mm/齿$,$V = 100m/min$,则 $n = 318 \times 100 \div 63 \approx 500(r/min)$,$F = 0.08 \times 4 \times 500 \approx 160 (mm/min)$,$F$ 取 160mm/min。

底板的菱形外轮廓加工时,铣刀直径不受轮廓最小曲率半径限制,考虑到减少刀具数,还选用 $\phi63mm$ 的硬质合金立铣刀加工(毛坯长方形底板上菱形外轮廓之外 4 个角可预先在普通机床上去除)。

6. 拟订数控铣削加工工序卡片

把零件加工顺序、所采用的刀具和切削用量等参数编入表 5-7 所列的数控加工工序卡片中,以指导编程和加工操作。

表 5-7 工序卡片

工步号	工步内容	刀具号	刀具规格/mm	主轴转速/(r/min)	进给速度/(mm/min)	背吃刀量/mm
1	粗铣定位基准面(底面)	T01	φ160	180	300	4.0
2	精铣定位基面	T01	φ160	180	150	0.2
3	粗铣上表面	T01	φ160	180	300	5.0
4	精铣上表面	T01	φ160	180	150	0.5
5	粗铣φ160外圆及其台阶面	T02	φ63	360	200	5.0
6	精铣φ160外圆及其台阶面	T02	φ63	500	160	0.5
7	钻3个中心孔	T03	φ3	2000	80	3.0
8	钻φ40H7底孔	T04	φ38	200	40	19.0
9	粗镗φ40H7内孔表面	T05	25×25	400	60	0.8
10	精镗φ40H7内孔表面	T06	25×25	500	30	0.2
11	钻2-φ13螺孔	T07	φ13	500	70	6.5
12	2-φ22锪孔	T08	φ22×14	350	40	4.5
13	粗铣外轮廓	T02	φ63	360	200	11.0
14	精铣外轮廓	T02	φ63	500	100	22.0

7. 主要加工程序

φ40mm圆的圆心处为工件编程X、Y轴原点坐标,Z轴原点坐标在工件上表面。主要操作步骤与加工程序如下。

(1)粗精铣定位基准面C(底面),采用平口钳装夹,用φ160mm平面端铣刀,主轴转速为180r/min,起刀点坐标为(180,-20,-4),粗加工的路线设计可按有关平面加工的方法确定。粗精加工程序为

O1000
N1 G21；
N2 G17 G40 G94 G49 G80；
N3 G90 G54 G00 X180.0 Y-20.0 S180 M03；
N4 G43 Z20.0 H01；
N5 G01 Z-4.0 F800 M08； 没有切削,可用F800,用G00也可以,用G01出于更多对减少意外的考虑
N6 X-180.0 F300；
N7 Z-5.0；
N8 X180.0 F150；
N9 G00 Z20.0 M09；
N10 G49 G28 Z20.0；
N11 M30;

(2)粗精铣A表面加工程序:程序与上面的程序相同。

(3)用φ63mm平面端铣刀,粗铣φ60的外圆及其台阶面的程序。

粗铣程序:在XY向粗铣φ62外圆,则留精加工余量为单边1mm。从$Z0$分层切削到$Z-17.5$,Z向留0.5mm的精加工余量,若分层次数为4次,则每次Z向进刀17.5÷4=4.375(mm),每层切削程序用子程序编制,主程序则需要调用子程序4次。粗加工子程序的切削进刀路线如图5-64所示,在X、Y向刀具是从外圆的法向引入和切出。

主程序和子程序如下:

O3332   主程序
N1 G21;
N2 G17 G40 G80;
N3 G90 G54 G00 X0 Y-100.0 S360 M03;   到达X、Y向的起刀点
N4 G43 Z3.0 H01 M08;   建立长度补偿,并Z向快速接近工件
N5 G01 Z0 F200;   到达Z向起始位置为Z0
N6 M98 P3333 L4;   调用子程序4次
N7 G90 G00 Z25.0;
N8 M98 P3334;
N9 G90 G00 Z25.0 M09;
N10 G49 G28 Z25.0 M05;
N11 M30;
O3333   子程序
N581 G91 G01 Z-4.375 D01 F140;   在X0,Y-90处下刀,增量为-4.375
N582 G90 G42 G01 Y-31.0;   直线到达R31整圆插补起点并建立半径补偿
N583 G03 J31.0;   铣R31的整圆轮廓
N584 G00 G40 Y-90.0;   回到起始切削点
N585 M99;

精加工程序为(图5-65所示为ϕ60mm精加工子程序进刀路线)

O3334
N10 G00 X-120.0 Y-35.0 S500;
N20 Z-18.0;
N30 G01 G41 X-30.0 F160;
N40 G01 Y0;
N50 G03 I30;
N60 G01 Y30.0;
N70 G40 Y90;

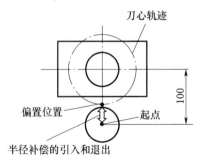

图5-64 ϕ60粗加工子程序进刀路线

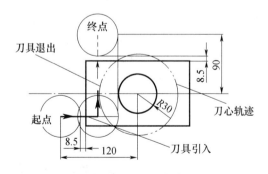

图5-65 ϕ60精加工子程序进刀路线

(4)用ϕ63硬质合金立铣刀加工底板的菱形外轮廓的程序。菱形外轮廓之外4个角可预先在普通机床上去除,这样粗铣程序XY向铣外轮廓时,XY向走刀一周即可,留精加工余量为单边1mm,单边余量1mm可通过增大半径补偿值的方法,即如实测半径为31.5mm,取32.5mm作为粗加工的半径补偿值,则轮廓就留下了1mm的余量,粗加工的半径补偿值32.5存在D22补偿地址中。从Z-18.0分层切削到Z-42.0,总深24mm,若分层次数为3次,则每次Z向进刀8mm,每层切削程序用子程序编制,主程序则需要调用子程序3次。子程序的切削进刀路线如图5-66所示。

以下为粗铣外轮廓加工程序：

O2000　　　　　主程序
N010 G21 G90 G95 G40 G49 G17;
N020 G91 G28 Z0;
N030 G90 G94;
N040 G00 X－120.0 Y0;
N050 G43 G00 Z－15.0 H01;
N060 S360 M03;
N070 G01 Z－18.0 F140;
N080 M98 P0011 L3;
N090 G91 G28 Z0.0;
N100 M05;
N110 M30;
O0011　　　　　子程序
N120 G91 G01 Z－8.0 F50;
N125 G90 G41 G01 X－80.0 Y0 D22 F200;
N130 G02 X－69.245 Y18.045 R20.0;
N135 G01 X－18.865 Y46.6;
N140 G02 X18.865 R30.0;
N145 G01 X69.245 Y18.045;
N150 G02 Y－18.045 R20.0;
N160 G01 X18.865 Y－46.6;
N170 G02 X－18.865 R30.0;
N180 G01 X－69.245 Y－18.245;
N190 G02 X－80.0 Y0 R20.0;
N200 G40 G01 X－120.0;
N220 M99;

（5）精铣外轮廓，亦用 $\phi63mm$ 立铣刀，主轴转速为360r/min，进给速度80mm/min，在Z轴方向不分层，一次铣削到位。与粗加工的法向引入、切出的进刀路线不同的是，精加工引入、切出的进刀路线是从轮廓的切线方向引入和切出。图5-67所示为菱形外轮廓精加工时引入、切出的进刀路线，其他的程序段的编写与粗加工子程序的编写相似，这里省略。至于孔加工的加工程序将在后续学习孔加工固定循环时讲述。

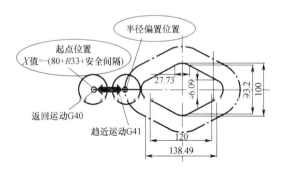

图5-66　菱形外轮廓
粗加工子程序进刀路线

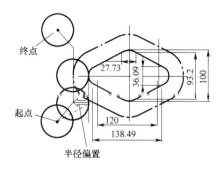

图5-67　菱形外轮廓精加工时
引入、切出的进刀路线

5.5.2 动模板零件的加工实例

动模板零件图如图 5-68 所示,材质为 45 钢,板材,气割下料,调质 HB(220~260),试分析该零件的数控铣削加工工艺并编写加工程序。

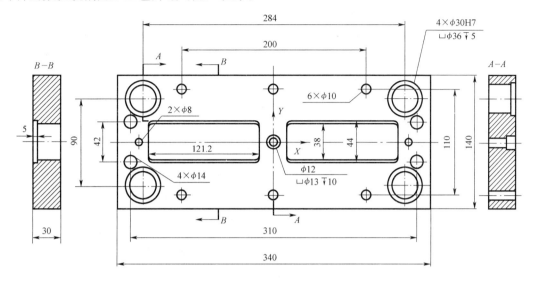

图 5-68 模板

1. 零件图工艺分析

(1) 按照"先面后孔"的工艺原则,上下表面有 $Ra0.8\mu m$ 表面粗糙度要求,用普通磨床加工;4 个侧面用普通卧式铣床加工;然后在数控铣床上加工所有的孔和方槽。方槽加工走刀路径如图 5-69、图 5-70 所示。

图 5-69 粗加工走刀路径 　　　　　　　　图 5-70 刀路径

(2) 根据孔的加工精度和毛坯的状态,确定孔的加工方法:$2\times\phi8$、$6\times\phi10$、$4\times\phi14$、$\phi12$ 采用打中心孔、钻孔的方法加工;由于刀具标准中没有 $\phi13$ 规格的铣刀,$\phi13\times10$ 沉孔,采用全圆铣削加工;$4\times\phi36$ 沉孔,采用全圆铣削加工;$4\times\phi30H7$ 孔的加工顺序为:打中心孔、钻孔、粗镗孔、精镗孔。

(3) 方槽的加工方法为:钻孔、大直径立铣刀粗铣、小直径立铣刀精铣(残料加工)。

121.2×38 方孔和 $121.2\times44\times5$ 台阶的加工先用 $\phi21$ 钻头钻孔,然后用 $\phi20$ 立铣刀进行粗铣加工,采用 Z 字形进刀方式(图 5-57、图 5-58)。最后用 $\phi8$ 立铣刀进行残料精铣。由于 121.2×38 方孔较深,采用分层加工。

2. 工件的定位夹紧

在数控机床上加工此零件,采用组合夹具来定位夹紧零件,如图 5-71 所示。

(1) 定位采用 6 点定位,底面为 3 点,长侧面为 2 点,短侧面为 1 点。

(2) 夹紧采用压板螺栓,工件下面要有垫块。

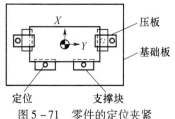

图 5-71 零件的定位夹紧

3. 加工工艺

加工工艺卡片如表5-8所列。

表5-8 加工工艺卡片

图号:Xj207-1-12		零件名:动模板			件数:1		
序号	加工内容	刀具	刀号	刀补号	切削用量		
					$s/(\text{r/min})$	$f/(\text{mm/min})$	a_p/mm
1	用中心钻打中心孔	φ3 中心钻	T6	H6	400	200	
2	深孔啄钻 2×φ8	φ8 钻头	T7	H7	500	200	
3	深孔啄钻 7×φ10	φ10 钻头	T8	H8	400	200	
4	深孔啄钻 4×φ14	φ13 钻头	T2	H2	400	200	
5	深孔啄钻 6×φ21	φ21 钻头	T5	H5	300	150	
6	铣 121.2×38 方孔	φ20 立铣刀	T4	H4	300	200	3
7	铣 100×44×5 台阶	φ20 立铣刀	T4	H4	300	200	15
8	对方孔进行清角	φ8 立铣刀	T1	H1/D1	500	150	
9	对台阶孔进行清角	φ8 立铣刀	T1	H1	500	150	
10	中间 φ10 孔扩至 φ12	φ12 立铣刀	T3	H3/D3	400	150	2
11	全圆铣削 φ13×10	φ12 立铣刀	T3	H3	400	150	1
12	粗镗孔 φ30~φ29.5	φ30 镗刀	T10	H10	400	100	2
13	精镗孔 φ30 至尺寸	φ30 精镗刀	T9	H9	500	50	0.5
14	全圆铣削 φ36×5	φ20 立铣刀	T4	H4/D4	400	150	3

4. 工件坐标系

工件坐标系以上表面的中心为零点。孔的编号如图5-72所示,孔的中心坐标如表5-9所列。

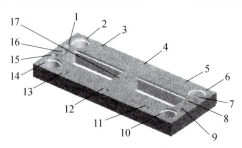

图5-72 孔的编号

表5-9 孔的中心坐标

基点	X	Y	Z	基点	X	Y	Z
1	-155	21	-35	11	100	-55	-35
2	-142	45	-35	12	0	-55	-35
3	-100	55	-35	13	-100	-55	-35
4	0	55	-35	14	-142	-45	-35
5	100	55	-35	15	-155	-21	-35
6	142	45	-35	16	-146.2	0	-35
7	155	21	-35	17	0	0	-35
8	146.2	0	-35	18	-125.2	-8	-35
9	155	-21	-35	19	26	-8	-35
10	142	-45	-35				

注:18,19 为附加坐标

5. 确定走刀路径

（1）孔的走刀路径。因为孔的位置精度要求不高，机床的定位精度完全能保证，所有孔加工进给路线均按最短路线确定，图5-73～图5-76所示即为各孔钻孔加工进给路线。

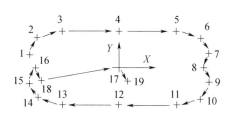

图5-73　钻中心孔的刀具路径

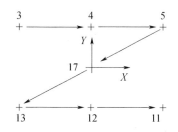

图5-74　钻6×φ10孔的走刀路线

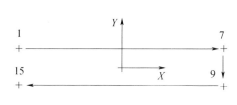

图5-75　钻4×φ14孔的走刀路线

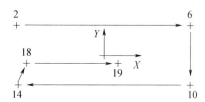

图5-76　钻4×φ30孔的走刀路线

（2）6×φ36和φ13沉孔的加工　6×φ36和φ13沉孔采用全圆铣削的方法进行加工，如图5-77所示。φ36沉孔用φ20立铣刀，φ13沉孔用φ12立铣刀，并且采用顺铣，这样铣出来的沉孔不但尺寸精确而且表面光洁。由于6×φ36孔的走刀路径相同，故编程时为使程序简练可以使用子程序调用。

6. 编程技巧

121.2×38方孔和100×44×5台阶孔的加工，用φ20立铣刀进行外形铣削，为了减小4个角的圆角半径，用φ8立铣刀进行残料加工，残料加工路径如图5-78所示。

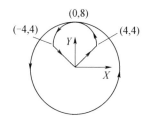

图5-77　全圆铣削走刀路径

图5-78　残料加工路径

残料加工时，刀具在每个角落的路径基本相同，利用局部坐标系设定G52和坐标系旋转G68指令编程。图5-79所示为局部坐标系示意图，在G54坐标系内，分别以(-75.6,0)和(75.6,0)作为局部坐标系的原点；图5-80是坐标系旋转示意图，以在局部坐标系G52(76.5,0)为例，分别以(41.6,3)、(-41.6,3)和(-41.6,-3)3点为旋转中心。生成简洁的程序（程序见O1003、O1004、O1005、O1006）。

169

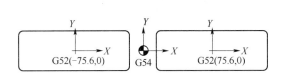

图5-79 局部坐标系示意图

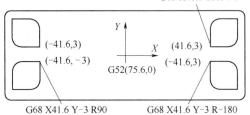

图5-80 坐标系旋转示意图

7. 对刀

采用主刀法对刀,刀具长度补偿是以5号刀作基准刀,5号刀对刀的机械坐标值作为基准,长度补偿值为0,其余刀具对刀的机械坐标值与5号刀相减,所得的值即为该把刀的长度补偿值。刀具参数如表5-10所列。

表5-10 刀具参数

刀具号	刀具	机械坐标	刀具补偿值		刀补号		备注
			长度	半径	长度	半径	
T1	φ8 立铣刀	-524.780	-87.03	4	H01	D01	
T2	φ13 钻头	-427.835	9.915		H02		
T3	φ12 立铣刀	-504.179	-66.429	6	H03	D03	
T4	φ20 立铣刀	-489.660	-51.910	10	H04	D04	
T5	φ21 钻头	-437.750	0		H05		基准刀
T6	φ3 定心钻	-456.403	-18.653		H06		
T7	φ8 钻头	-442.270	-4.420		H07		
T8	φ10 钻头	-442.581	-4.831		H08		
T9	φ30 镗刀	-508.058	-70.308		H09		
T10	φ14 钻头	-416.601	26.149		H010		

8. 加工程序

O0000 (DONGMUBAN 07.4.22)	程序名
N100 G21;	公制
N102 G00 G17 G40 G49 G80 G90;	XY平面取消刀径补偿,刀长补偿
N104 G91 G28 Z0;	返回Z轴零点
N103 M00;	
N106 T6;	T6 刀准备
N108 G00 G90 G54 X-155.0 Y21.0 S400 M03;	绝对编程,G54坐标系下快速移动到(-155,21),转速400r/min,主轴正转
N110 G43 H06 Z30.0 M08;	加刀长补,切削液开
N112 G98 G81 Z-3.0 R5.0 F200;	钻孔循环(钻中心孔1),返回到起始点
M120 M98 P1007;	调用子程序O1007
N150 G80;	取消钻孔循环
N154 M05 M09;	主轴停止,切削液关
N156 G91 G28 Z0;	返回Z轴零点

N158 M00;	程序选择停止
N162 T07;	T7 号刀准备
N164 G00 G90 G54 X-146.2 Y0 S500 M03;	绝对编程,快速移动到(-146.2,0)点,主轴正转,转速 500r/min
N166 G43 H07 Z30.0 M08;	加刀长补,切削液开
N168 G98 G83 Z-37.403 R5.0 Q2.0 F200;	深孔啄钻循环,16 孔,返回起始点
N170 X146.2;	8 孔
N172 G80;	取消循环
N176 M05 M09;	主轴停止,切削液关
N178 G91 G28 Z0;	
N180 M00;	
N184 T08;	T8 号刀准备
N186 G00 G90 G54 X-100.0 Y55.0 S500 M03;	
N188 G43 H08 Z30.0 M08;	
N190 G98 G83 Z-38.004 R5.0 Q2.0 F200;	钻 3 孔
N192 X0;	4 孔
N194 X100.0;	5 孔
N196 X0 Y0;	17 孔
N198 X-100.0 Y-55.0;	13 孔
N200 X0;	12 孔
N202 X100.0;	11 孔
N204 G80;	
N206 M09;	
N208 M05;	
N210 G91 G28 Z0;	
N212 M00;	
N216 T02;	T2 号刀准备
N218 G00 G90 G54 X-155.0 Y21.0 S500 M03;	
N220 G43 H02 Z30.0 M08;	
N222 G98 G83 Z-39.206 R5.0 F15;	钻 1 孔
N224 X155.0;	7 孔
N226 Y-21.0;	9 孔
N228 X-155.0;	15 孔
N230 G80;	
N232 M09;	
N234 M05;	
N236 G91 G28 Z0;	
N238 M09;	
N240 M00;	
N242 T05;	T5 号刀准备
N244 G00 G90 G54 X-142.0 Y45.0 S300 M03;	
N246 G43 H05 Z30.0 M08;	
N248 G98 G83 Z-41.309 R5.0 Q2.0 F200;	2 孔
N250 X142.0;	6 孔
N252 Y-45.0;	10 孔

N254 X－142.0;	14 孔
N256 X－125.2 Y－8.0;	18 孔
N258 X26.0;	19 孔
N260 G80;	
N262 M09;	
N264 M05;	
N266 G91 G28 Z0;	
N268 M00;	
N272 T03;	T3 号刀准备
N274 G00 G90 G54 X0 Y0 S400 M03 M08;	
N276 G43 H03 Z30.0;	
N278 G98 G81 Z－35.0 R5.0 F150;	钻 17 孔
N280 G80;	
N282 Z5.0;	
N284 G01 Z－10.0;	
N286 G41 D03 X6.26 Y0.25;	N286～N300ϕ13×10 沉孔全圆铣削
N288 G03 X0 Y6.5 R6.25;	
N290 Y－6.5 R6.5;	
N292 Y6.5 R6.5;	
N294 X－6.25 Y0.25 R6.25;	
N296 G01 G40 X0 Y0;	
N300 G00 Z30.0;	
N302 M09;	
N304 M05;	
N306 G91 G28 Z0;	
N308 M00;	
N312 T09;	T9 号刀准备
N314 G00 G90 G54 X－142.0 Y45.0 S400 M03;	
N316 G43 H09 Z30.0 M08;	
N318 G98 G85 Z－70.61 R5.0 F100;	粗镗孔循环,粗镗 2 孔,返回起始点
N320 X142.0;	6 孔
N322 Y－45.0;	10 孔
N324 X－142.0;	14 孔
N326 G80;	取消孔循环
N328 S500 M03;	
N330 Y45.0;	
N332 G98 G76 Z－71.213 R5.0 Q0.1 P2000 F50.0;	精镗孔循环,精镗 2 孔
N334 X142.0;	6 孔
N336 Y－45.0;	10 孔
N338 X－142.0;	14 孔
N340 G80;	取消孔循环
N342 M09;	
N344 M05;	
N346 G91 G28 Z0;	
N350 M00;	

N352 T04;	T4号刀准备
N354 G00 G90 G54 X-125.2 Y-8.0 S300 M03;	
N356 G43 H04 Z30.0 M08;	
N358 Z5.0;	
N360 G01 Z-5.0 F200;	N360~N450为铣121.2×38方孔
N362 M98 P1001;	调用子程序O1001
N370 G00 Z5.0;	
N372 X-125.2 Y-8.0;	
N376 G01 Z-10.0 F200;	
N378 M98 P1001;	
N380 G00 Z5.0;	
N382 X-125.2 Y-8.0;	
N384 G01 Z-15.0 F200;	
...	
N450 G00 Z30.0;	
N452 X75.6 Y0;	
N454 Z5.0;	
N456 G90 G01 Z-5.0 F200;	
N458 M98 P1002;	调用子程序O1002
N460 G00 Z5.0;	
N462 G01 Z-10.0;	
N464 M98 P1002;	
...	
N486 G00 Z30.0;	
N500 M09;	
N502 X-95.6 Y-11.8;	
N504 Z5.0;	
N506 G01 Z-5.0 F200 M08;	N506~N546为铣121.2×44×5台阶
N508 M98 P1008;	
N520 G90;	
N528 G00 Z30.0;	
N530 X55.6;	
N532 Z5.0;	
N534 G01 Z-5.0 F200;	
N536 M98 P1008;	
N540 G90;	
N546 G00 Z30.0;	
N548 M09;	
N550 X-142.0 Y45.0;	全圆铣削6×φ36×5沉孔
N552 Z5.0;	
N554 G01 Z-5.0 F200;	
N556 M98 P1009;	
N558 G00 Z5.0;	
N560 X142.0 Y45.0;	
N562 G01 Z-5.0 F200;	

N564 M98 P1009;
N566 X142.0 Y-45.0;
N568 G01 Z-5.0;
N570 M98 P1009;
N572 G00 Z5.0;
N574 X-142.0 Y-45.0;
N576 G01 Z-5.0;
N578 M98 P1009;
N580 G00 Z30.0;
N582 M05;
N584 G91 G28 Z0;
N586 G28 X0 Y0;
N588 M00;
N590 T01;   T1号刀准备
N594 G00 G90 G54 X0 Y0 S400 M03 M08;
N596 G52 X-75.6 Y0 M08;
N598 G43 H01 Z30.0;
N600 G01 G41 D01 X-38.6 Y0 F200;
N602 Z5.0;
N604 G01 Z-5.0 F200;   121.2×44×5台阶清角加工
N606 M98 P1003;
N608 G01 X41.6 Y0;
N610 Z-10.0;   121.2×38方孔清角加工
N612 M98 P1006;
N614 Z-15.0;
N616 M98 P1006;
N618 Z-20.0;
N620 M98 P1006;
N622 Z-35.0;
N624 M98 P1006;
N626 Z-30.0;
N628 M98 P1006;
N630 G00 Z30.0;
N632 G52 X75.6 Y0;
N634 X-38.6 Y0;
N636 G01 Z-5.0 F200;   121.2×44×5台阶清角加工
N638 M98 P1003;
N640 X-41.6 Y0;
N642 Z-10.0;   121.2×38方孔清角加工
N644 M98 P1006;
N646 Z-15.0;
N648 M98 P1006;
N650 Z-20.0;
N652 M98 P1006;
N654 Z-25.0;

N656 M98 P1006；
N658 G00 G40 Z30.0；
N660 M09；
N662 M05；
N664 G91 G28 Z0；
N666 M30；

O1001　　　　　　　　　　　　　　　　　粗铣121.2×38方孔子程序
N100 G91；
N102 X99.2；
N104 Y8.0；
N106 X－99.；2
N108 Y8.0；
N110 X99.2；
N112 G90；
N114 M99；

O1002　　　　　　　　　　　　　　　　　精铣121.2×38方孔子程序
N112 G91；
N114 X4.5 Y4.5；
N116 G02 X0 Y9.0 R4.5；
N118 G01 X－50.6；
N120 Y－9.0；
N122 X50.6；
N124 Y9.0；
N126 X0；
N128 G03 X4.5 Y4.5 R4.5；
N130 G01 X4.5 Y－4.5；
N132 M99；

O1003　　　　　　　　　　　　　　　　　121.2×44×5台阶清角加工子程序
N210 M98 P1004；
N212 G90；
N214 G00 Z30.0；
N216 X38.6 Y0；
N218 G68 X38.6 Y0 R－90；
N220 Z5.0；
N222 G01 Z－5.0 F200；
N224 M98 P1004；
N226 G90；
N228 G00 Z30.0；
N230 Y1.0；
N232 G68 X38.6 Y0 R－180；
N234 Z5.0；
N236 G01 Z－5.0 F200；

N238 M98 P1004;
N240 G90;
N242 G00 Z30.0;
N244 X-38.6;
N246 Z5.0;
N248 G01 Z-5.0 F200;
N250 M98 P1003;

O1004 121.2×44×5 台阶清一个角加工子程序
N310 G91;
N312 X-13.0;
N314 G02 X-9.0 Y9.0 R9.0;
N316 G01 Y13.0;
N318 X13.0;
N320 G02 X9.0 Y-9.0 R9.0;
N322 G01 Y-13.0;
N324 M99;

O1005 121.2×38 方孔清一个角加工子程序
N410 G91;
N412 X-11.0;
N414 G02 X-8.0 Y8.0 R8.0;
N416 G01 Y11.0;
N418 X11.0;
N420 G02 X8.0 Y-8.0 R8.0;
N422 G01 Y-11.0;
N424 M99;

O1006 121.2×38 方孔清角加工子程序
N510 M98 P1003;
N512 G90;
N514 G00 Z30.0;
N516 X41.6 Y0;
N518 G68 X41.6 Y0 R-90.0;
N520 Z5.0;
N522 G01 Z-5.0 F200;
N524 M98 P1003;
N526 G90;
N528 G00 Z30.0;
N530 Y1.0;
N532 G68 X41.6 Y0 R-180;
N534 Z5.0;
N536 G01 Z-5.0 F200;
N538 M98 P1003;
N540 G90;

```
N542 G00 Z30.0;
N544 X-41.6;
N546 Z5.0;
N548 G01 Z-5.0 F200;
N550 M98 P1003;

O1007                                          钻中心孔子程序
N114 X-142.0 Y45.0;                            钻2孔
N116 X-100.0 Y55.0;                            钻3孔
N118 X0;                                       钻4孔
N120 X100.0;                                   钻5孔
N122 X142.0 Y45.0;                             钻6孔
N124 X155.0 Y21.0;                             钻7孔
N126 X146.2 Y0;                                钻8孔
N128 X155.0 Y21.0;                             钻9孔
N130 X142.0 Y-45.0;                            钻10孔
N132 X100.0 Y-55.0;                            钻11孔
N134 X0;                                       钻12孔
N136 X-100.0;                                  钻13孔
N138 X-142.0 Y-45.0;                           钻14孔
N140 X-155.0 Y-21.0;                           钻15孔
N142 X-146.2 Y0;                               钻16孔
N144 X-125.2 Y-8.0;                            钻18孔
N146 X0 Y0;                                    钻17孔
N148 X26.0 Y-8.0;                              钻19孔

O1008                                          铣121.2×44×5台阶子程序
N114 G91;
N116 G02 X0 Y12.0 R12.0;
N118 G01 X50.6;
N120 Y-12.0;
N122 X-50.6;
N124 Y12.0;
N126 X0;
N128 G02 X12.0 Y0 R12.0;
N130 M99;

O1009                                          全圆铣削 φ36 沉孔子程序
N112 G91;
N114 X4.0 Y4.0 F3.0;
N116 G03 X0 Y8.0 R4.0;
N118 Y-8.0 R8.0;
N120 Y8.0 R8.0;
N122 X-4.0 Y4.0 R4.0;
N124 G01 X4.0 Y-4.0;
N126 G90;
```

思考题与习题

5-1 简述数控铣床的主要组成部分、结构特点和分类。
5-2 简述数控铣床的主要功能和加工对象。
5-3 简述数控铣削加工相对于数控车削加工的特点。
5-4 简述数控铣削加工的刀具类型与选用方法。
5-5 简述数控铣床加工工艺的主要内容。
5-6 什么是周铣与端铣、顺铣与逆铣?
5-7 简述立铣刀周铣削时需要考虑的问题。
5-8 简述用立铣刀进行轮廓加工时的进/退刀控制方法。
5-9 在孔系加工中,为保证位置精度要求,应如何安排孔的加工顺序?
5-10 简述在平面铣削中,单次和多次铣削时刀具路线的拟定方案。
5-11 简述在数控铣削加工中,零件各工序先后顺序的安排应遵循哪些原则。
5-12 铣削用量都有哪些要素?各要素的选择方法是什么?
5-13 简述极坐标指令的格式和应用。
5-14 简述使用比例缩放指令的两个要点及注意事项。
5-15 简述镜像指令的格式和应用。
5-16 简述坐标系旋转指令的格式和应用。
5-17 加工图 5-81 所示环形槽,槽宽为 14mm,现选用 φ14mm 的键槽铣刀加工,试编写立式数控铣床加工程序。
5-18 仿照型腔加工的典型例题,数控铣削一个长 250mm、宽 100mm、深 5mm 的槽,四角的圆角半径为 R20,以槽的中心为工件坐标系原点,试设计其加工工艺,拟定粗加工、半精加工、精加工路线,并算出各交点的坐标,编写加工程序。

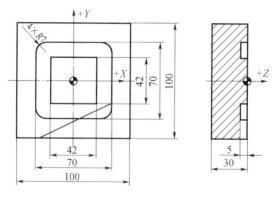

图 5-81 题 5-17 图

5-19 加工如图 5-82 所示具有 3 个台阶的型腔零件,试编制其数控铣削加工工艺和加工程序。
5-20 图 5-83 所示为正七边形轮廓,试用极坐标指令进行编程。

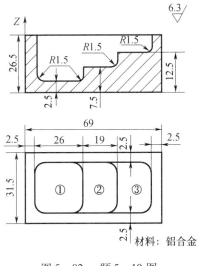

图 5-82 题 5-19 图   图 5-83 题 5-20 图

5-21 试用子程序编制图 5-84 所示零件的外轮廓加工程序,其中毛坯尺寸为 60mm × 60mm。

5-22 如图 5-85 所示,钻 4×φ7mm 通孔,深 13mm,孔的坐标:1(-17.678,17.678)、2(-17.678,-17.678)、3(17.678,-17.678)、4(17.678,17.678),试分别用直角坐标、极坐标和宏程序编程方法编写加工程序。

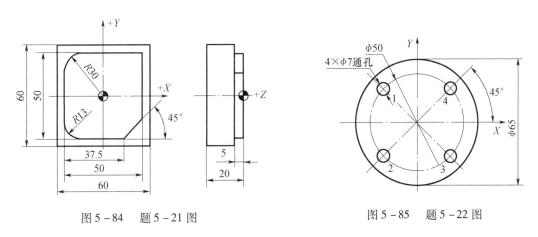

图 5-84 题 5-21 图   图 5-85 题 5-22 图

5-23 如图 5-86 所示,基本形状经缩放后加工,缩放比例为 1.1,切削深度为 10mm,刀具的半径补偿号为 D21,试编写加工程序。

5-24 利用坐标系旋转,对图 5-87 所示的外形加工,为了简化程序,Z 轴方向的进刀等程序段省略。图中的基点坐标为:出发点(40,50)、P_0(40,23.094)、P_1(25.981,15)、P_2(14.752,26.122)、P_3(9.962,80.872)、P_4(-9.962,80.872)、P_5(-14.752,26.122)、P_6(-25.981,15)。

5-25 如图 5-88 所示,刀具从原点开始加工工件,最后回到原点,刀具刀尖距工件表面 100mm(安全位置),切削深度为 10mm,用可编程镜像方法编制加工程序。

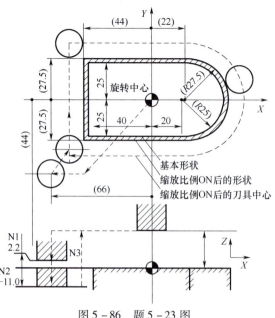

图 5-86 题 5-23 图

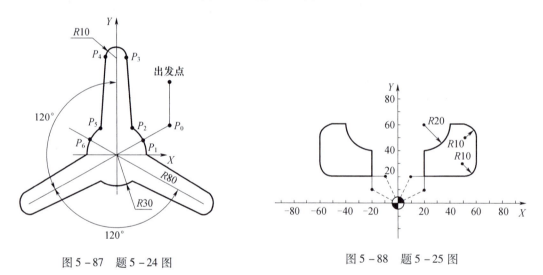

图 5-87 题 5-24 图　　图 5-88 题 5-25 图

5-26 加工图 5-89 所示形状的零件,用可编程镜像方法编制加工程序。

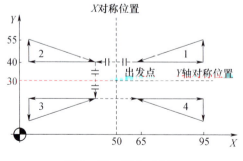

图 5-89 题 5-26 图

第6章 数控车床的程序编制

6.1 数控车削加工工艺

数控车床是目前使用最广泛的数控机床之一。数控车床及车削中心是一种高精度、高效率的自动化机床,它具有广泛的加工工艺性能,具有直线插补、圆弧插补等各种补偿功能,在复杂零件的批量生产中产生了良好的经济效益。数控车床主要用于加工轴类、盘类等回转体零件。通过数控加工程序的运行,可自动完成内外圆柱面、圆锥面、成型表面、螺纹和端面等工序的切削加工,并能进行车槽、钻孔、扩孔、铰孔等工作。

工艺分析是数控车削加工的前期工艺准备工作,工艺制订得合理与否,对程序编制、机床的加工效率和零件的加工精度都有重要的影响。因此,应遵循一般的工艺规则并结合数控车床的特点,认真而详细地制订好零件的数控加工工艺。

6.1.1 数控车床

1. 数控车床的组成和分类

1) 数控车床的分类

(1) 按加工性能分类,可分为数控立式车床(图6-1)、数控卧式车床(图6-2)、车削加工中心等。

(2) 按系统控制原理分类,可分为开环、半闭环、闭环、混合环控制型数控车床。

(3) 按控制系统功能水平分类,可分为经济型、普及型和全功能型数控车床。

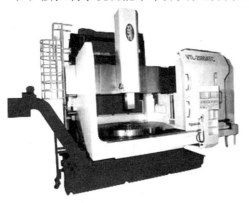

图6-1 数控立式车床

图6-2 数控卧式车床

2) 数控车床的组成及其作用

数控车床主要由数控系统、机床主机(包括床身、主轴箱、刀架进给传动系统、液压系统、冷却系统、润滑系统等)组成。

(1) 数控系统。数控系统用于对机床的各种动作进行自动化控制。

(2) 床身。数控车床的床身和导轨有多种形式,主要有水平床身、倾斜床身、水平床身斜滑鞍等,是构成机床主机的基本骨架。

(3) 传动系统及主轴部件。其主传动系统一般采用直流或交流无级调速电动机,通过皮带传动或通过联轴器与主轴直连,带动主轴旋转,实现自动无级调速及恒切削速度控制。主轴组件是机床实现旋转运动(主运动)的执行部件,

(4) 进给传动系统。一般采用滚珠丝杠螺母副,由安装在各轴上的伺服电动机通过齿形同步带传动或通过联轴器与滚珠丝杠直连,实现刀架的纵向和横向移动。

(5) 液压系统。实现机床夹盘的自动松开与夹紧,以及机床尾座顶尖自动伸缩。

(6) 冷却系统。在机床工作过程中,可通过手动或自动方式为机床提供冷却液,对工件和刀具进行冷却。

(7) 润滑系统。润滑系统为集中供油润滑装置,能定时定量地为机床各润滑部件提供合理润滑。

3) 数控车床工艺装备的应用

数控车床的夹具主要有用于盘类、轴类零件加工的液压动力卡盘和尾座。

(1) 液压动力卡盘。用于夹持加工零件,使零件与主轴一起完成旋转运动。其夹紧力的大小可通过调整液压系统的压力进行控制。液压动力卡盘具有结构紧凑、动作灵敏、能够实现较大夹紧力的特点。

(2) 尾座。用于长轴类零件的加工以及钻孔、扩孔等。数控车床一般有手动尾座和可编程尾座两种。尾座套筒的动作与主轴互锁,即在主轴转动时,按尾座套筒退出按钮,套筒不动作。只有在主轴停止状态下,尾座套筒才能退出,以保证安全。

2. 数控车床的加工对象

1) 轮廓形状特别复杂或难于控制尺寸的回转体零件

因车床数控装置都具有直线和圆弧插补功能,还有部分车床数控装置具有某些非圆曲线插补功能,故能车削由任意直线和平面曲线轮廓组成的形状复杂的回转体零件。

组成零件轮廓的曲线可以是数学方程式描述的曲线,也可以是列表曲线。对于由直线或圆弧组成的轮廓,直接利用机床的直线或圆弧插补功能;对于由非圆曲线组成的轮廓,可以用非圆曲线插补功能,若所选机床没有曲线插补功能,则应先用直线或圆弧去逼近,然后再用直线或圆弧插补功能进行插补切削。如果说车削圆弧零件和圆锥零件既可选用传统车床,也可选用数控车床,那么车削复杂形状回转体零件就只能使用数控车床了。

2) 精度要求高的零件

零件的精度要求主要指尺寸、形状、位置和表面粗糙度的等精度要求,例如尺寸精度高达0.001mm 或更高的零件,圆柱度要求高的圆柱体零件,素线直线度、圆度和倾斜度均要求高的圆锥体零件,以及通过恒线速度切削功能加工表面精度要求高的各种变径表面类零件等。数控车床的刚性好,制造和对刀精度高,能方便和精确地进行人工补偿甚至自动补偿,所以它能够加工尺寸精度要求高的零件。车削零件位置精度的高低主要取决于零件的装夹次数和机床的制造精度。在数控车床上加工,如果发现位置精度较高,可以用修改程序内数据的方法来校正,这样可以提高其位置精度。而在传统车床上加工是无法进行这种校正的。

3) 带特殊螺纹的回转体零件

这些零件是指特大螺距、等螺距与变螺距或圆柱与圆锥螺纹面之间作平滑过渡的螺纹等。传统车床所能切削的螺纹相当有限,它只能车等节距的直、锥面公/英制螺纹,而且一台车床只限定加工若干种节距。数控车床不但能车任何等节距的直、锥和端面螺纹,而且能车增节距、减节距,以及要求等节距、变节距之间平滑过渡的螺纹和变径螺纹。数控车床车削螺纹时,主轴转向不必像传统车床那样交替变换,它可以一刀又一刀不停地循环,直到完成,所以它车削螺纹的效

率很高。数控车床可以配备精密螺纹切削功能,再加上采用机夹硬质合金螺纹车刀,以及可以使用较高的转速,所以车削出来的螺纹精度较高且表面粗糙度小。

4）淬硬工件的加工

在大型模具加工中,有不少尺寸大而形状复杂的零件。这些零件热处理后的变形量较大,磨削加工有困难,因此可以用陶瓷车刀在数控机床上对淬硬后的零件进行车削加工,以车代磨,提高加工效率。

6.1.2 数控车削加工工艺

在制订数控车削加工工艺的过程中,工艺编制应遵循第 1 章所述的数控加工工艺设计总体原则。在这里主要针对数控车削加工常用的原则进行叙述,同时还对数控车削加工的特点进行分析。

1. 零件图工艺分析

在设计零件的加工工艺规程时,首先要对加工对象进行深入分析。对于数控车削加工应考虑以下几方面:

1）构成零件轮廓的几何条件

在车削加工中,手工编程时,要计算每个节点的坐标;在自动编程时,要对构成零件轮廓的所有几何元素进行定义。因此,在分析零件图时应注意:

（1）零件图上是否漏掉某尺寸,使其几何条件不充分,影响到零件轮廓的构成。

（2）零件图上的图线位置是否模糊或尺寸标注不清,使编程无法下手。

（3）零件图上给定的几何条件是否不合理,造成数学处理困难。

（4）零件图上尺寸标注方法应适应数控车床加工的特点,应基于同一基准标注尺寸或直接给出坐标尺寸。

2）尺寸精度要求

分析零件图样尺寸精度的要求,以判断能否利用车削工艺达到,并确定控制尺寸精度的工艺方法,在该项分析过程中,还可以同时进行一些尺寸的换算,如增量尺寸与绝对尺寸及尺寸链计算等。在利用数控车床车削零件时,常常对零件要求的尺寸取最大和最小极限尺寸的平均值,以此作为编程的尺寸依据。

3）形状和位置精度的要求

零件图样上给定的形状和位置公差是保证零件精度的重要依据。加工时,要按照其要求确定零件的定位基准和测量基准,还可以根据数控车床的特殊需要进行一些技术性处理,以便有效地控制零件的形状和位置精度。在这里强调的是,形状精度主要是由装夹定位来确定的,在数控车床上加工讲究的是一次装夹车成,从而保证形状公差的要求。

4）表面粗糙度要求

表面粗糙度是保证零件表面微观精度的重要要求,也是合理选择数控车床、刀具及确定切削用量的依据。根据图样中表面粗糙度的要求及加工的材料,查阅相关工艺编程手册,选取合适的主轴转速和相应的进给速度,才能得到所要求的表面粗糙度。

5）材料与热处理要求

零件图样上给定的材料与热处理要求是选择刀具、数控车床型号、确定切削用量的依据,需查阅相关的材料和热处理手册。

2. 工序和装夹方法的确定

1）工序的划分

加工工序的划分在前面的有关内容中已经介绍。对于数控车削加工来说,以下两条原则使用较多。

（1）按所用刀具划分工序。采用这种方式可提高车削加工的生产效率。

（2）按粗、精加工划分工序。采用这种方式可保持数控车削加工的精度。如图6-3所示的零件,应先切除整个零件的大部分余量,再将表面精车一遍,以保证加工精度和表面粗糙度的要求。

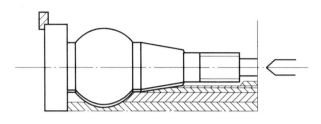

图6-3　车削加工零件

2）用通用夹具装夹

（1）在三爪自定心卡盘上装夹。三爪自定心卡盘的3个卡爪是同步运动的,能自动定心,一般不需找正。三爪自定心卡盘装夹工件方便、省时,自动定心好,但夹紧力较小,所以适用于装夹外形规则的中、小型工件。三爪自定心卡盘可装成正爪或反爪两种形式。反爪用来装夹直径较大的工件。用三爪自定心卡盘装夹精加工过的表面时,被夹住的工件表面应包一层铜皮,以免影响工件表面质量。

数控车床多采用三爪自定心卡盘夹持工件,轴类工件还可使用尾座顶尖支撑工件。数控车床主轴转速较高,为便于工件夹紧,多采用液压高速动力卡盘。这种卡盘在生产厂已通过了严格平衡检验,具有高转速(极限转速可达8000r/min以上)、高夹紧力(最大推拉力为2000～8000N)、高精度、调爪方便、通孔、使用寿命长等优点。通过调整油缸的压力,可改变卡盘的夹紧力,以满足夹持各种薄壁和易变形工件的特殊需要。还可使用软爪夹持工件,软爪弧面由操作者随机配制,可获得理想的夹持精度,为减少细长轴加工时的受力变形,提高加工精度,在加工带孔轴类工件内孔时,可采用液压自动定心中心架,其定心精度可达0.03mm。

（2）在两顶尖之间装夹。对于长度尺寸较大或加工工序较多的轴类工件,为保证每次装夹时的装夹精度,可用两顶尖装夹。两顶尖装夹工件方便,不需找正,装夹精度高,但必须先在工件的两端面钻出中心孔。该装夹方式适用于多工序加工或精加工。

用两顶尖装夹工件时须注意以下事项:

① 前后顶尖的连线应与车床主轴轴线同轴,否则车出的工件会产生锥度误差。

② 尾座套筒在不影响车刀切削的前提下,应尽量伸出得短些以增加刚性,减少振动。

③ 中心孔应形状正确,表面粗糙度值小。轴向精确定位时,中心孔倒角可加工成准确的圆弧形倒角,并以该圆弧形倒角与顶尖峰面的切线为轴向定位基准定位。

④ 两顶尖与中心孔的配合应松紧合适。

（3）用卡盘和顶尖装夹。用两顶尖装夹工件虽然精度高,但刚性较差。因此,车削质量较大工件时,要一端用卡盘夹住,另一端用后顶尖支撑。为了防止工件由于切削力的作用而产生轴向位移,必须在卡盘内装一限位支承,或利用工件的台阶面限位。这种方法比较安全,能承受较大的轴向切削力,安装刚性好,轴向定位准确,所以应用比较广泛。

（4）用双三爪自定心卡盘装夹。对于精度要求高、变形要求小的细长轴类零件,可采用双主轴驱动式数控车床加工。机床两主轴轴线同轴、转动同步,零件两端同时分别由三爪自定心卡盘装夹并带动旋转,这样可以减小切削加工时切削力矩引起的工件扭转变形。

3) 用找正方式装夹

(1) 找正要求。找正装夹时必须将工件的加工表面回转轴线(同时也是工件坐标系 Z 轴)找正到与车床主轴回转中心重合。

(2) 找正方法。与普通车床上找正工件相同,一般为打表找正。通过调整卡爪,使工件坐标系 Z 轴与车床主轴的回转中心重合。

单件生产工件偏心安装时常采用找正装夹;用三爪自定心卡盘装夹较长的工件时,工件离卡盘夹持部分较远处的旋转中心不一定与车床主轴旋转中心重合,这时必须找正;当三爪自定心卡盘使用时间较长,已失去应有精度,而工件的加工精度要求又较高时也需要找正。

(3) 装夹方式。一般采用四爪单动卡盘装夹。四爪单动卡盘的 4 个卡爪是各自独立运动的,可以调整工件夹持部位在主轴上的位置,使工件加工面的回转中心与车床主轴的回转中心重合,但四爪单动卡盘找正比较费时,只能用于单件小批生产。四爪单动卡盘夹紧力较大,所以通用于大型或形状不规则的工件。

4) 其他类型的数控车床夹具

为了充分发挥数控车床高速度、高精度和自动化的效能,必须有相应的数控夹具与其配合。数控车床夹具除了使用通用三爪自定心卡盘、四爪卡盘、顶尖、大批量生产中使用便于自动控制的液压/电动及气动卡盘、顶尖外,还有其他类型的夹具,它们主要分为两大类,即用于轴类工件的夹具和用于盘类工件的夹具。

(1) 用于轴类工件的夹具。数控车床加工一些特殊形状的轴类工件(如异形杠杆)时,

毛坯件可装夹在专用车床夹具上,夹具随同主轴一同旋转。用于轴类工件的夹具还有自动夹紧拨动卡盘、三爪拨动卡盘和快速可调万能卡盘等。加工实心轴所用的拨齿顶尖夹具,其特点是在粗车时可以传递足够大的转矩,以适应主轴高速旋转车削的要求。

(2) 用于盘类工件的夹具。这类夹具适用于无尾座的卡盘式数控车削。用于盘类工件的夹具主要有可调卡爪式卡盘和快速可调卡盘。

3. 加工顺序和进给路线的确定

1) 加工顺序的确定

数控车削的加工顺序一般按照第 3 章中的总体原则确定,下面针对数控车削的特点对这些原则进行详细的叙述。

(1) 先粗后精。为了提高生产效率,并保证零件的精加工质量,在切削加工时,应先安排粗加工工序,用较短的时间将精加工前大量的加工余量去掉,同时尽量满足精加工余量均匀性要求。

对粗、精加工在一道工序内进行的,先对各表面进行粗加工,全部粗加工结束后再进行半精加工和精加工,逐步提高加工精度,此工步顺序安排的原则要求是:粗车在较短的时间内将工件各表面上的大部分加工余量切掉,一方面提高金属切除率,另一方面满足精车的余量均匀性要求。若粗车后所留余量的均匀性满足不了精加工的要求,则要安排半精车,以此为精车做准备。为保证加工精度,精车要一刀切出图样要求的零件轮廓。此原则实质是在一个工序内分阶段加工,这样有利于保证零件的加工精度,适用于精度要求高的场合,但可能增加换刀的次数和加工路线的长度。

当粗加工工序安排完后应紧接着安排换刀后进行的半精加工和精加工。其中,安排半精加工的目的是当粗加工后所留余量的均匀性满足不了精加工要求时,安排半精加工作为过渡性工序,以便使精加工余量小而均匀。

在安排可以一刀或多刀进行的精加工工序时,其零件的最终轮廓应由最后一刀连续加工而成。这时,刀具的进退刀位置要考虑妥当,尽量不要在连续的轮廓中安排切入、切出、换刀及停顿,以免因切削力突然变化而造成弹性变形,致使光滑连接轮廓上产生表面划伤、形状突变或滞留刀痕等情况。

(2)先近后远。远与近,是按加工部位相对于对刀点的距离而言的。在一般情况下,特别是在粗加工时,通常安排离对刀点近的部位先加工,离对刀点远的部位后加工,以便缩短刀具移动距离,减少空行程时间。对于车削加工,先近后远有利于保持毛坯件或半成品件的刚性,改善其切削条件。

(3)内外交叉。对既有内表面(内型腔),又有外表面需加工的零件,安排加工顺序时,应先进行内、外表面粗加工,后进行内、外表面精加工。切不可将零件上一部分表面(外表面或内表面)加工完毕后,再加工其他表面(内表面或外表面)。

(4)基面先行原则。用作精基准的表面应优先加工出来,因为定位基准的表面越精确,装夹误差就越小。例如加工轴类零件时,总是先加工中心孔,再以中心孔为精基准加工外圆表面和端面。

上述原则并不是一成不变的,对于某些特殊情况,需要采取灵活可变的方案。如有的工件就必须先精加工后粗加工才能保证其加工精度与质量,这些都有赖于编程者实际加工经验的不断积累与学习。

2)加工进给路线的确定

进给路线是刀具在整个加工工序中相对于工件的运动轨迹,它不但包括了工步的内容,而且也反映出工步的顺序。进给路线也是编程的依据之一。

加工路线的确定首先必须保持被加工零件的尺寸精度和表面质量,其次应考虑数值计算简单、走刀路线尽量短、效率较高等原则。因精加工的进给路线基本上都是沿其零件轮廓顺序进行的,所以确定进给路线的工作重点是确定粗加工及空行程的进给路线。下面具体分析。

(1)加工路线与加工余量的关系。在数控车床还未达到普及使用的条件下,一般应把毛坯件上过多的余量,特别是含有锻、铸硬皮层的余量安排在普通车床上加工。如必须用数控车床加工,则要注意程序的灵活安排。安排一些子程序对余量过多的部位先作一定的切削加工。

对大余量毛坯进行阶梯切削时的加工路线。根据数控加工的特点,可以放弃常用的阶梯车削法,改用依次从轴向和径向进刀、顺工件毛坯轮廓走刀的路线。

分层切削时刀具的终止位置。当某表面的余量较多,需分层多次走刀切削时,从第二刀开始就要注意防止走刀到终点时切削深度的猛增。这对延长粗加工刀具的寿命是有利的。

(2)刀具的切入、切出。在数控机床上进行加工时,要安排好刀具的切入、切出路线,尽量使刀具沿轮廓的切线方向切入、切出。

(3)确定最短的空行程路线。确定最短的走刀路线,除了依靠大量的实践经验外,还应善于分析,必要时辅以一些简单计算。现将实践中的部分设计方法或思路介绍如下:

① 巧用对刀点。将起刀点与对刀点分离,以减少空行程路线。

② 巧设换刀点。为了考虑换(转)刀的方便和安全,有时将换(转)刀点也设置在离坯件较远的位置处,那么,当换第二把刀后,进行精车时的空行程路线必然也较长;如果将第二把刀的换刀点设置在离工件较近的位置上,则可缩短空行程距离。

③ 合理安排"回零"路线。在手工编制较复杂轮廓的加工程序时,为使其计算过程尽量简化,既不易出错,又便于校核,编程者(特别是初学者)有时将每一刀加工完后的刀具终点通过执行"回零"(即返回对刀点)指令,使其全都返回到对刀点位置,然后再进行后续程序。这样会增

加走刀路线的距离,从而大大降低生产效率。因此,在合理安排"回零"路线时,应使其前一刀终点与后一刀起点间的距离尽量减短,或者为零,以满足走刀路线为最短的要求。

（4）确定最短的切削进给路线。切削进给路线短,可有效地提高生产效率,降低刀具损耗等。在安排粗加工或半精加工的切削进给路线时,应同时兼顾到被加工零件的刚性及加工的工艺性等要求,不要顾此失彼。

4. 数控车削刀具

1）数控车削对刀具的要求

机械加工中,主要是粗加工和精加工。在不同的加工方式下,由于切削加工的参数不同,对刀具的要求也不同。下面针对不同的加工方式简单叙述其要求:

（1）粗车要能大吃刀、大走刀,要求粗车刀具强度高、耐用度好。

（2）精车首先是为了保证加工精度,所以要求刀具的精度高、耐用度好。

针对数控车床的加工,对刀具结构本身也要提出一定的要求。

由于工件材料、生产批量、加工精度以及机床类型、工艺方案的不同,车刀的种类也异常繁多。根据与刀体的连接固定方式的不同,车刀主要可分为焊接式与机械夹固式两大类。

（1）焊接式车刀。将硬质合金刀片用焊接的方法固定在刀体上称为焊接式车刀。这种车刀的优点是结构简单、制造方便、刚性较好;缺点是由于存在焊接应力,使刀具材料的使用性能受到影响,甚至出现裂纹,另外,刀杆不能重复使用,硬质合金刀片不能充分回收利用,造成刀具材料的浪费。这种刀具不提倡在数控车床的加工中使用。

（2）机夹可转位刀具。可减少换刀时间和方便对刀,是数控车床经常使用的刀具。数控加工对于机夹刀具也提出了一些要求:

① 机夹刀具的刀体要求制造精度较高,刀片夹紧的方式要选择得比较合理。由于机夹刀具装上数控车床时一般不加垫片调整,因此刀尖的高精度在制造时就应得到保证。对于长径比较大的内径刀杆,最好具有适当的抗振结构。内径刀的冷却液最好先引入刀体,再从刀头附近喷出。

② 在多数情况下应采用涂层硬质合金刀片,涂层在较高切削速度(大于 100m/min)时,才体现出它的优越性。普通车床的切削速度一般上不去,所以使用的硬质合金刀片可以不涂层。刀片涂层增加的成本不到一倍,而在数控车床上使用时耐用度可增加两倍以上。数控车床用了涂层刀片后可提高切削速度,从而可提高加工效率。

2）数控车刀及刀具选择

车床主要用于回转表面的加工,如内外圆柱面、圆锥面、圆弧面、螺纹等切削加工。如图 6-4 所示为常用车刀的种类、形状和用途,主要包括尖形车刀、圆弧形车刀和成型车刀。

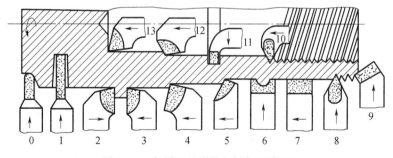

图 6-4 车削刀具形状与被加工表面

0—圆弧形车刀;1—切断刀;2—90°左偏刀;3—90°右偏刀;4—弯头车刀;5—直头车刀;6—成型车刀;7—宽刃精车刀;8—外螺纹车刀;9—端面车刀;10—内螺纹车刀;11—内槽车刀;12—通孔车刀;13—盲孔车刀。

（1）尖形车刀。以直线形切削刃为特征的车刀一般称为尖形车刀。这类车刀的刀尖（同时也为其刀位点）由直线形的主、副切削刃构成，如90°内、外圆车刀，左、右端面车刀，切槽（断）车刀及刀尖倒棱很小的各种外圆和内孔车刀。

用这类车刀加工零件时，其零件的轮廓形状主要由一个独立的刀尖或一条直线形主切削刃经移动后得到。它与另两类车刀加工零件轮廓形状的原理是截然不同的。

（2）圆弧形车刀。圆弧形车刀是较为特殊的数控加工用车刀。其特征是，构成主切削刃的刀刃形状为一圆度误差或轮廓误差很小的圆弧，该圆弧上的每一点都是圆弧形车刀的刀尖，因此，刀位点不在圆弧上，而在该圆弧的圆心上；车刀圆弧半径理论上与被加工零件的形状无关，并可按需要灵活确定或经测定后确认。

当某些尖形车刀或成型车刀（如螺纹车刀）的刀尖具有一定的圆弧形状时，也可作为这类车刀使用。圆弧形车刀可以用于车削内、外表面，特别适宜于车削各种光滑连接（凹形）的成型面。

（3）成型车刀。成型车刀也称样板车刀，其加工零件的轮廓形状完全由车刀刀刃的形状和尺寸决定。数控车削加工中，常见的成型车刀有小半径圆弧车刀、非矩形车槽刀和螺纹车刀等。在数控加工中，应尽量少用或不用成型车刀，当确有必要选用时，应在工艺文件或加工程序单上进行详细说明。

数控车床所使用的刀具还有机夹可转位刀具，对于机夹可转位刀具的选择如下：

（1）刀片材质的选择。车刀刀片的材料主要有高速钢、硬质合金、涂层硬质合金、陶瓷、立方氮化硼和金刚石等。其中应用最多的是硬质合金和涂层硬质合金刀片。选择刀片材质的主要依据有被加工工件的材料、被加工表面的精度、表面质量要求、切削载荷的大小以及切削过程中有无冲击和振动等。

（2）刀片尺寸的选择。刀片尺寸的大小取决于必要的有效切削刃长度 L，有效切削刃长度与背吃刀量 a_p 和车刀的主偏角 k_r 有关，使用时可查阅有关刀具手册选取。

（3）刀片形状的选择。刀片形状主要依据被加工工件的表面形状、切削方法、刀具寿命和刀片的转位次数等因素选择。

具体的选刀过程可查阅有关刀具手册。

3）对刀

数控车削加工中，应首先确定零件的加工原点，以建立准确的加工坐标系，同时考虑刀具的不同尺寸对加工的影响。这些都需要通过对刀来解决。

（1）一般对刀。一般对刀是指在机床上使用相对位置检测手动对刀。下面以 Z 向对刀为例说明对刀的方法，如图6-5所示，刀具装夹后，先移动刀具手动切削工件右端面，再沿 X 向退刀，将右端面与加工原点距离 N 输入数控系统，即完成这把刀具的 Z 向对刀过程。

手动对刀是基本对刀方法，但它还是没跳出传统车床的"试切—测量—调整"的对刀模式，占用较多的机床使用时间。此方法较为落后。

（2）机外对刀仪对刀。机外对刀的本质是测量出刀具假想刀尖点到刀具与基准之间 X 及 Z 方向的距离。利用机外对刀仪可将刀具预先在机床外校对好，以便装上机床后将对刀长度输入相应刀具补偿号即可使用，如图6-6所示。

（3）自动对刀。自动对刀是通过刀尖检测系统实现的，刀尖以设定的速度向接触式传感器接近，当刀尖与传感器接触并发出信号时，数控系统立即记下该瞬间的坐标值，并自动修正刀具补偿值。自动对刀过程如图6-7所示。

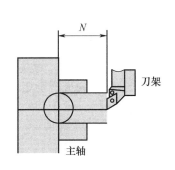 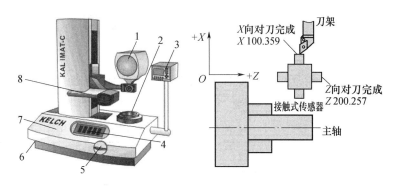

图 6-5　相对位置检测对刀　　图 6-6　机外对刀仪对刀　　图 6-7　自动对刀

1—显示屏幕；2—刀柄夹持轴；3—操作面板；
4—快速移动单键按钮；5、6—微调旋钮；
7—对刀仪平台；8—光源发射器。

5. 切削用量的选择

数控车削加工中的切削用量包括背吃刀量 a_p、车削速度 v_c 和进给量 f。

选择切削用量时，应该在切削系统强度、刚性允许的条件下充分利用机床功率，最大程度地发挥刀具的切削性能。所选取的数值要在机床给定的切削参数允许范围内，同时要使主轴转速、背吃刀量和进给量三者都能相互适应，形成最佳的切削效果。

在第 3 章中对切削用量选择的总体原则进行了介绍，在这里主要针对车削用量的选择原则进行论述。

粗车时，首先考虑选择一个尽可能大的背吃刀量 a_p，其次选择一个较大的进给量 f，最后确定一个合适的切削速度 v_c。增大背吃刀量 a_p 可使走刀次数减少，增大进给量 f 有利于断屑，因此，根据以上原则选择粗车切削用量对于提高生产效率、减少刀具消耗、降低加工成本是有利的。

精车时，加工精度和表面粗糙度要求较高，加工余量不大且较均匀，因此选择精车切削用量时，应着重考虑如何保证加工质量，并在此基础上尽量提高生产效率。因此，精车时应选用较小（但不能太小）的背吃刀量 a_p 和进给量 f，并选用切削性能高的刀具材料和合理的几何参数，以尽可能提高切削速度 v_c。

（1）背吃刀量 a_p 的确定。在工艺系统刚度和机床功率允许的情况下，尽可能选取较大的背吃刀量，以减少进给次数。当零件精度要求较高时，则应考虑留出精车余量，其所留的精车余量一般比普通车削时所留余量小，常取 0.1~0.5mm。

（2）进给量 f。进给量 f 的选取应该与背吃刀量和主轴转速相适应。在保证工件加工质量的前提下可以选择较高的进给速度（2000mm/min 以下）。在切断、车削深孔或精车时，应选择较低的进给速度。当刀具空行程特别是远距离"回零"时，可以设定尽量高的进给速度。

粗车时，一般取 $f=0.3$~0.8mm/r，精车时常取 $f=0.1$~0.3mm/r，切断时常取 $f=0.05$~0.2mm/r。

（3）主轴转速的测定。

① 车外圆时主轴的转速。车外圆时主轴转速应根据零件上被加工部位的直径，并按零件和刀具材料以及加工性质等条件所允许的切削速度来确定。

切削速度除了计算和查表选取外，还可以根据实践经验确定。需要注意的是，交流变频调速的数控车床低速输出力矩小，因而切削速度不能太低。

切削速度确定后，用下面公式计算主轴转速 n(r/min)：

$$n = \frac{1000v_c}{\pi D}$$

式中:D 为工件直径(mm)。

表6-1所列为硬质合金外圆车刀切削速度的参考值。

确定加工时的切削速度,除了可参考表6-1列出的数值外,主要根据实践经验进行确定。

表6-1 硬质合金外圆车刀切削速度的参考值

工件材料	热处理状态	a_p/mm		
		(0.3,2]	(2,6]	(6,10]
		f/(mm/r)		
		(0.08,0.3]	(0.3,0.6]	(0.6,1)
		v_c/(m/min)		
低碳钢、易切钢	热轧	140~180	100~120	70~90
中碳钢	热轧	130~160	90~110	60~80
	调质	100~130	70~90	50~70
合金结构钢	热轧	100~130	70~90	50~70
	调质	80~110	50~70	40~60
工具钢	退火	90~120	60~80	50~70
灰铸铁	HBS<190	90~120	60~80	50~70
	HBS=190~225	80~110	50~70	40~60
高锰钢		10~20		
铜及铜合金		200~250	120~180	90~120
铝及铝合金		300~600	200~400	150~200
铸铝合金		100~180	80~150	60~100

注:切削钢及灰铸铁时,刀具耐用度约为60min

② 车螺纹时主轴的转速。在车削螺纹时,车床的主轴转速将受到螺纹螺距 P(或导程)的大小、驱动电动机的升降频特性,以及螺纹插补运算速度等多种因素影响,故对于不同的数控系统,推荐不同的主轴转速选择范围。大多数经济型数控车床推荐车螺纹时的主轴转速 n(r/min)为

$$n \leqslant \frac{1200}{P} - k$$

式中:P 为被加工螺纹螺距(mm);k 为保险系数,一般取为80。

此外,在安排粗、精车削用量时,应注意机床说明书给定的允许切削用量范围。对于主轴采用交流变频调速的数控车床,由于主轴在低转速时扭矩降低,因而尤其应注意此时的切削用量选择。

6.1.3 典型零件的车削加工工艺分析

1. 轴类零件数控车削工艺分析

图6-8所示为典型轴类零件,该零件材料为LY12,毛坯尺寸为φ22mm×95mm,无热处理和

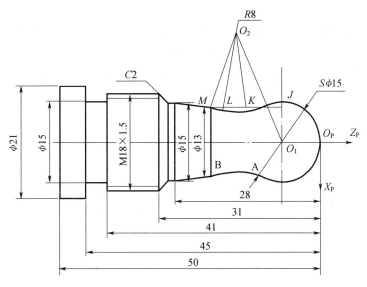

图 6-8 典型轴类零件

硬度要求,试对该零件进行数控车削工艺分析。

1) 零件图工艺分析

该零件表面由圆柱、圆锥、凸圆弧、凹圆弧及螺纹等组成。零件材料为 LY12,毛坯尺寸为 $\phi 22\text{mm} \times 95\text{mm}$,无热处理和硬度要求。

2) 选择设备

根据被加工零件的外形和材料等条件,选用 CK6140 数控车床。

3) 确定零件的定位基准和装夹方式

定位基准:确定坯料轴线和左端面为定位基准。

装夹方法:采用三爪自定心卡盘自定心夹紧。

4) 确定加工顺序及进给路线

加工顺序为先车端面,然后遵循由粗到精、由近到远(由右到左)的原则,即先从右到左粗车各面(留 0.5mm 精车余量)。然后从右到左精车各面,最后切槽、车削螺纹、切断。

5) 刀具选择

刀具材料为 W18Cr4V。

将所选定的刀具参数填入数控加工刀具卡片中(表 6-2)。

表 6-2 数控加工刀具卡片

产品名称或代号		XXX		零件名称	典型轴	零件图号	XXX
序号	刀具号	刀具规格名称	数量	加工表面			备注
1	T01	右手外圆偏刀	1	粗车外轮廓表面			20×20
2	T02	右手外圆偏刀	1	精车外轮廓表面			20×20
3	T03	60°外螺纹车刀	1	精车轮廓投螺纹			20×20
4	T04	切槽刀	1	切4mm槽、切断			$B=4\text{mm}$ 20×20
编制		XXX	审核	XXX	批准	XXX	共 页 第 页

6) 确定切削用量

根据被加工表面质量要求、刀具材料和工件材料,参考切削用量手册或有关资料选取切削速度与每转进给量,然后利用公式 $v_c = \pi Dn/1000$ 和 $v_f = nf$ 计算主轴转速与进给速度(计算过程略),最后根据实践经验进行修正,计算结果填入表 6-3 所示的工艺卡片中。

综合前面分析的各项内容,并将其填入表 6-3 所列的数控加工工艺卡片中。

表 6-3 轴的数控加工工艺卡片

单位名称	XXX		产品名称或代号		零件名称		零件图号	
			XXX		轴 2		XXX	
工序号	程序编号		夹具名称		使用设备		车间	
001	XXX		三爪卡盘		CK6140 数控车床		数控	
工步号	工步内容 (尺寸单位 mm)		刀具号	刀具规格 (mm)	主轴转速 /(r/min)	进给速度 /(mm/min)	背吃刀量 /mm	备注
1	从右至左粗车各面		T01	20×20	800	100	2	
2	从右至左精车各面		T02	20×20	1500	80	0.5	
3	切槽		T04	20×20	400	30		
4	车 M18×1.5 螺纹		T03	20×20	300	1.5mm/r		
5	切断		T04	20×20	400	30		
编制	XX	审核	XXX	批准	XXX	年 月 日	共 页	第 页

2. 套类零件数控车削工艺分析

图 6-9 所示为典型轴套类零件,该零件材料为 45 钢,无热处理和硬度要求,试对该零件进行数控车削工艺分析(单件小批量生产)。

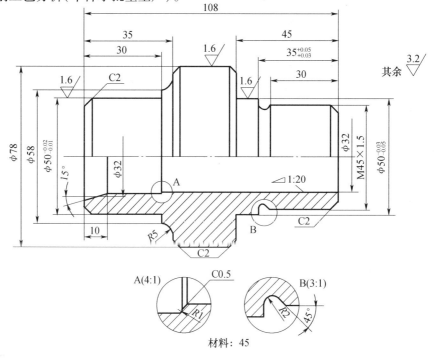

图 6-9 轴承套零件

1) 零件图工艺分析

该零件表面由内外圆柱面、内圆锥面、顺圆弧、逆圆弧及外螺纹等组成,其中多个直径尺寸与轴向尺寸有较高的尺寸精度和表面粗糙度要求。零件图尺寸标注完整,符合数控加工尺寸标注要求;轮廓描述清楚完整;零件材料为45钢,加工切削性能较好,无热处理和硬度要求。

通过上述分析,采用以下几点工艺措施:

(1) 对图样上带公差的尺寸,因公差值较小,故编程时不必取平均值,而取基本尺寸即可。

(2) 左、右端面均为多个尺寸的设计基准。相应工序加工前,应该先将左、右端面车出来。

(3) 内孔尺寸较小,镗1:20锥孔与镗 $\phi 32$ 孔及15°锥面时需掉头装夹。

2) 选择设备

根据被加工零件的外形和材料等条件,选用 CJK6240 数控车床。

3) 确定零件的定位基准和装夹方式

(1) 内孔加工。

定位基准:内孔加工时以外圆定位。

装夹方式:用三爪自动定心卡盘夹紧。

(2) 外轮廓加工。

定位基准:确定零件轴线为定位基准。

装夹方式:加工外轮廓时,为保证一次装夹加工出全部外轮廓,需要设一圆锥心轴装置(图6-10的双点画线部分),用三爪卡盘夹持心轴左端,心轴右端留有中心孔,并用尾座顶尖顶紧以提高工艺系统的刚性。

4) 确定加工顺序及进给路线

加工顺序的确定按由内到外、由粗到精、由近到远的原则确定,在一次装夹中尽可能加工出较多的工件表面。结合本零件的结构特征,可先加工内孔各表面,然后加工外轮廓表面。由于该零件为单件小批量生产,走刀路线设计不必考虑最短进给路线或最短空行程路线,外轮廓表面车削走刀路线可沿零件轮廓顺序进行,如图6-11所示。

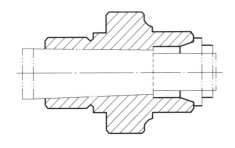

图6-10 外轮廓车削装夹方案

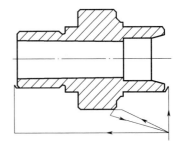

图6-11 外轮廓加工走刀路线

5) 刀具选择

将所选定的刀具参数填入表6-4所列的轴承套数控加工刀具卡片中,以便于编程和操作管理。注意:车削外轮廓时,为防止副后刀面与工件表面发生干涉,应选择较大的副偏角,必要时可作图检验。本例中选 $k'_r = 55°$。

6) 切削用量选择

根据被加工表面质量要求、刀具材料和工件材料,参考切削用量手册或有关资料选取切削速度与每转进给量,然后利用公式 $v_c = \pi D n / 1000$ 和 $v_f = nf$,计算主轴转速与进给速度(计算过程略),计算结果填入表6-4所列的工艺卡片中。

表 6-4 轴承套数控加工工艺卡片

单位名称	XXX		产品名称或代号		零件名称		零件图号	
			XXX		轴 2		XXX	
工序号	程序编号		夹具名称		使用设备		车间	
001	XXX		三爪卡盘和自制心轴		CJK6240 数控车床		数控	
工步号	工步内容		刀具号	刀具规格 /mm	主轴转速 /(r/min)	进给速度 /(mm/min)	背吃刀量 /mm	备注
1	平端面		T01	25×25	320		1	手动
2	钻 φ5 中心孔		T02	φ5	950		2.5	手动
3	钻 φ32 孔的底孔 φ26		T03	φ26	200		13	手动
4	粗镗 φ32 内孔、15°斜面及 0.5×45°倒角		T04	20×20	320	40	0.8	自动
5	精镗 φ32 内孔、15°斜面及 0.5×45°倒角		T04	20×20	400	25	0.2	自动
6	掉头装夹粗镗 1:20 锥孔		T04	20×20	320	40	0.8	自动
7	精镗 1:20 锥孔		T04	20×20	400	20	0.2	自动
8	心轴装夹从右至左粗车外轮廓		T05	25×25	320	40	1	自动
9	从左至右粗车外轮廓		T06	25×25	320	40	1	自动
10	从右至左精车外轮廓		T05	25×25	400	20	0.1	自动
11	从左至右精车外轮廓		T06	25×25	400	20	0.1	自动
12	卸心轴,改为三爪装夹,粗车 M45 螺纹		T07	25×25	320	1.5mm/r	0.4	自动
13	精车 M45 螺纹		T07	25×25	320	1.5mm/r	0.1	自动
编制	XXX	审核	XXX	批准	XXX	年 月 日	共 页	第 页

背吃刀量的选择因粗、精加工而有所不同。粗加工时,在工艺系统刚性和机床功率允许的情况下,应尽可能取较大的背吃刀量,以减少进给次数;精加工时,为保证零件表面粗糙度要求,背吃刀量一般取 0.1~0.4mm 较为合适。

7) 数控加工工艺卡片拟订

将前面分析的各项内容综合成表 6-4 所列的数控加工工艺卡片。

3. 盘类零件数控车削工艺分析

如图 6-12 所示的带孔圆盘工件,材料为 45 钢,试分析其数控车削工艺。

1) 零件图工艺分析

如图 6-12 所示工件,该零件属于典型的盘类零件,材料为 45 钢,可选用圆钢为毛坯。为保证在进行数控加工时工件能可靠定位,可在数控加工前将左侧端面、φ95mm 外圆加工出来,同时将 φ55mm 内孔钻为 φ53mm 孔。

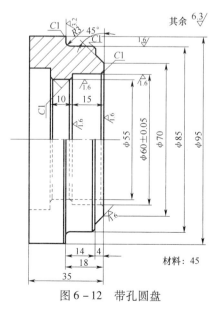

图 6-12 带孔圆盘

2)选择设备

根据被加工零件的外形和材料等条件,选定 Vturn-20 型数控车床。

3)确定零件的定位基准和装夹方式

定位基准:以已加工出的 $\phi 95mm$ 外圆及左端面为工艺基准。

装夹方法:采用三爪自定心卡盘自定心夹紧。

4)制定加工方案

根据图样要求、毛坯及前道工序加工情况,确定工艺方案及加工路线。

工步顺序:

(1)粗车外圆及端面。

(2)粗车内孔。

(3)精车外轮廓及端面。

(4)精车内孔。

5)刀具选择及刀位号

选择刀具及刀位号,将所选定的刀具参数填入表6-5所列的带孔圆盘数控加工刀具卡片中。

表6-5 带孔圆盘数控加工刀具卡片

产品名称或代号		XXX		零件名称	典型轴	零件图号	XXX
序号	刀具号	刀具规格名称		数量	加工表面		备注
1	T01	硬质合金外圆车刀		1	粗车端面、外圆		
2	T02	硬质合金内孔车刀		1	粗车内孔		
3	T03	硬质合金外圆车刀		1	精车端面、外轮廓		
4	T04	硬质合金内孔车刀		1	精车内孔		
编制		XXX	审核	XXX	批准	XXX	共 页

6)确定切削用量(略)

7)数控加工工艺卡片拟定

以工件右端面为工件原点,换刀点定为 X200、Z200。数控加工工艺卡片如表6-6所列。

表6-6 轴的数控加工工艺卡片

单位名称	XXX	产品名称或代号		零件名称		零件图号		
		XXX		轴2		XXX		
工序号	程序编号	夹具名称		使用设备		车间		
001	XXX	三爪卡盘		Vturn-20数控车床		数控		
工步号	工步内容	刀具号	刀具规格/mm	主轴转速/(r/min)	进给速度/(mm/min)	背吃刀量/mm	备注	
1	粗车端面	T01	20×20	400	80			
2	粗车外圆	T01	20×20	400	80			
3	粗车内孔	T02	$\phi 20$	400	60			
4	粗车外轮廓及端面	T03	20×20	1100	110			
5	精车内孔	T04	$\phi 32$	1000	100			
编制	XX	审核	XXX	批准	XXX	年 月 日	共 页	第 页

6.2 数控车床的编程基础

6.2.1 数控车床的编程特点

1. 工件坐标系

数控车床以径向为 X 轴,轴向为 Z 轴。从主轴箱指向尾架的方向为 $+Z$ 方向,从主轴轴心线指向操作者的方向为 $+X$ 轴方向,如图 6-13 所示。对于刀架后置式的车床来说,X 轴正向由轴心指向后方,如图 6-13(a)所示;而对于刀架前置式的车床来说,X 轴的正向应由轴心指向前方,如图 6-13(b)所示。由于车削加工是围绕主轴中心前后对称的,因此无论是前置式还是后置式的,X 轴指向前后对编程来说并无多大差别。本章的编程绘图都按如图 6-13(b)所示前置式的方式表示。

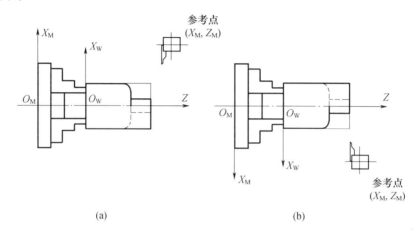

图 6-13 数控车床的坐标系

2. X 和 Z 坐标指令

按绝对坐标编程时使用代码 X 和 Z,按增量坐标编程时使用代码 U 和 W。在零件的程序中或程序段中,可以按绝对坐标编程或增量坐标编程,也可以用绝对坐标与增量坐标混合编程。

3. 直径编程方式

由于车削加工图样上的径向尺寸及测量的径向尺寸使用的是直径值,因此在数控车削加工的程序中输入的 X 及 U 的坐标值也是"直径值",即按绝对坐标编程时,X 为直径值,按增量坐标编程时,U 为径向实际位移值的 2 倍。采用直径值编程与零件图样中的尺寸标注一致,这样可以避免尺寸换算过程中可能造成的错误,给编程带来很大的方便。

6.2.2 数控车床编程的基本指令

数控车床加工中机床的运动是由数控加工程序中的指令决定的,这些指令包括准备功能 G 指令、辅助功能 M 指令、刀具功能 T 指令、主轴功能 S 指令和进给功能 F 指令等。目前,我国使用的各种数控机床和数控系统中,指令代码定义还没有完全统一,个别 G 指令或 M 指令在不同系统中的含义不完全相同,甚至完全不同。因此,编程人员在编程前必须仔细阅读所使用数控系统的编程说明书。本书主要以 FANUC0-T 系统为例介绍数控车床编程。

1. FANUC0-T 数控系统的指令表

FANUC0-T 数控系统中常见的 G 指令和 M 指令功能如表 6-7 和表 6-8 所列。

表 6-7 G 指令功能表

代码	组号	意义	代码	组号	意义
G00 G01 G02 G03	01	快速定位 直线插补 圆弧插补(顺时针) 圆弧插补(逆时针)	G65	00	宏指令简单调用
			G66 G67	12	宏指令模态调用 宏指令模态调用取消
G04	00	延时	G90 G92 G94	01	内/外径车削单一固定循环 螺纹车削单一固定循环 端面车削单一固定循环
G20 G21		英制输入 公制输入			
G27 G28 G30	00	参考点返回检查 返回到参考点 返回第二参考点	G96 G97	06	恒线速度控制 取消恒线速度控制
G32	01	螺纹切削	G98 G99	05	每分进给 每转进给
G40 G41 G42	07	刀具补偿取消 左刀补 右刀补	G71 G72 G73 G76	00	内/外径车削复合固定循环 端面车削复合固定循环 封闭轮廓车削复合固定循环 螺纹车削复合固定循环
G52	00	局部坐标系设定			
G54~G59	11	零点偏置			

表 6-8 M 指令功能表

指令	功能	说明
M00	程序暂停	执行 M00 后,机床所有动作均被切断,重新按动程序启动按钮后,再继续执行后面的程序段
M01	任选暂停	执行过程和 M00 相同,只是在机床控制面板上的"任选停止"开关置于接通位置时,该指令才有效
M02	主程序结束	切断机床所有动作,并使程序复位
M03	主轴正转	
M04	主轴反转	
M05	主轴停止	
M07	切削液开	
M09	切削液关	
M98	调用子程序	其后 P 地址指定子程序号,L 地址指定调用次数
M99	子程序结束	子程序结束并返回到主程序中 M98 所在程序行的下一行

2. 数控车床的 F、S、T 功能

1) F 功能

F 功能用于控制切削进给量。在程序中,有每转进给量和每分钟进给量两种使用方法。

(1) 每转进给量(G99)。

编程格式如下:

　　G99 F_;

F 后面的数字表示的是主轴每转进给量,单位为 mm/r。如 G99 F0.2 表示进给量为 0.2mm/r。G99 为模态指令,在程序中指定后,直到 G98 被指定前一直有效。机床通电后,该指令为系统默认状态。

(2) 每分钟进给量(G98)。

编程格式如下:

G98 F_;

F 后面的数字表示的是每分钟进给量,单位为 mm/min。如 G98 F100 表示进给量为 100mm/min。G98 也为模态指令。

2) S 功能

S 功能用于控制主轴转速。在程序中,有恒线速度控制和恒转速控制两种使用方法,并可以限制主轴最高转速。

(1) 主轴最高转速限制(G50)。

编程格式如下:

G50 S_;

S 后面的数字表示的是最高转速,单位为 r/min。如 G50 S3000 表示最高转速限制为 3000r/min。该指令可防止因主轴转速过高和离心力太大产生危险并影响机床寿命。

(2) 恒线速度控制(G96)。

编程格式如下:

G96 S_;

S 后面的数字表示的是恒定的线速度,单位为 m/min。如 G96 S150 表示切削点线速度控制在 150 m/min。该指令用于车削端面或工件直径变化较大时,可改善加工质量。

恒线速度控制和恒转速控制的关系为 n(恒转速值) = 1000 × 150(恒线速度值) ÷ (π × 工件半径)。

(3) 恒线速度控制取消(G97)

编程格式如下:

G97 S_;

S 后面的数字表示恒线速度控制取消后的主轴转速,如 S 未指定,将保留 G96 的最终值。如 G97 S3000 表示恒线速度控制取消后,主轴转速为 3000 r/min。

3) T 功能

T 功能指令用于选择加工所用的刀具。T 后面通常跟四位数字,前两位是刀具号,后两位是刀具补偿号,包含有 X 向补偿、Z 向补偿和刀尖圆弧半径补偿。

编程格式如下:

Txxxx;

如 T0303 表示选用 3 号刀及 3 号刀具补偿值。T0300 表示取消刀具补偿。

6.2.3 与工件坐标相关的指令

1. 工件坐标设定指令(G50)

工件坐标设定指令建立一个以工件原点为坐标原点的工件坐标系。

编程格式如下:

G50 X_Z_;

该指令规定刀具起点相对于工件原点的位置,X、Z 为刀尖起刀点在工件坐标系中的坐标,所有 X 坐标值均为直径值。如图 6 – 14 所示,分别设 O_1、O_2、O_3 为工件原点,则执行相应的程序后,系统建立相应的工件坐标系。

若以 O_1 为工件坐标系原点,则程序为 G50 X70 Z70;

若以 O_2 为工件坐标系原点,则程序为 G50 X70 Z60;

若以 O_3 为工件坐标系原点,则程序为 G50 X70 Z20。

2. 预置工件坐标系(G54~G59)

预置工件坐标系(G54~G59)是先测定出工件坐标系原点在机床坐标系中的位置,把该偏置值通过参数设定的方法预置在机床参数数据库中,然后使用相应的 G54~G59 指令激活此值,建立工件坐标系。数控系统提供的 G54~G59 指令,可完成预置 6 个工件原点的功能。

3. 绝对坐标方式与增量坐标方式

数控车削加工中,经常采用 U、W 方式进行增量坐标编程,用 X、Z 方式进行绝对坐标编程控制。

如图 6-15 所示,车刀刀尖从 A 点出发,按照"A→B→C→D"顺序移动,则点 B、C、D 的绝对坐标值为(40,-40),(50,-40),(80,-90);点 B、C、D 的增量坐标值为(0,-42),(10,0),(30,-50)。

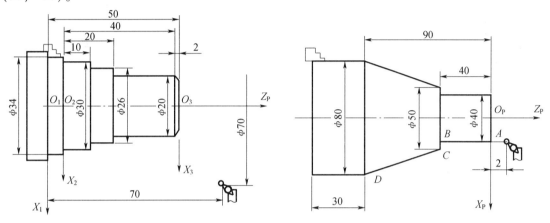

图 6-14 工件零点设定   图 6-15 绝对、增量坐标编程

4. 英制和公制单位设定(G20、G21)

工程图纸中的尺寸表示有英制和公制两种形式:G20 表示所有的几何值以英制输入;G21 表示所有的几何值以公制输入。两者均为模态指令,系统上电后,系统默认为 G21 状态。

6.2.4 返回参考点(G28)和返回参考点检查(G27)

1. 返回参考点(G28)

G28 指令可使刀具以空行程速度,从当前点返回机床参考点。

编程格式如下:

G28 X_Z_;

执行 G28 指令时,刀具先快速移动到指令值所指定的中间点位置,然后自动返回参考点。其中 X、Z 以绝对坐标方式编程时是中间点的坐标值。在系统启动之后,当没有执行手动返回参考点功能时,指定 G28 指令无效。G28 指令仅在其被规定的程序段有效。执行该指令前,应取消刀具补偿。

如图 6-16 所示,要求刀具从当前点 A,经中间点 B(160,200),返回到参考点 R。

程序如下:

G28 X160 Z200;

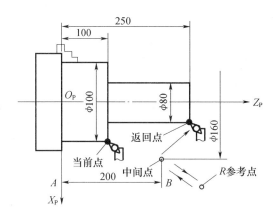

图 6-16 G28 功能应用示例

2. 返回参考点检查(G27)

G27 指令用于检查 X 轴和 Z 轴是否能正确返回参考点,其中 X、Z 为返回运动中间点的坐标值。执行该指令时,各轴经过指令中给定的坐标值快速定位,如果刀具到达参考点,参考点返回,灯点亮,否则报警,说明程序中指定参考点坐标值不对或机床定位误差过大。执行该指令前,也应取消刀具补偿。

6.2.5 与运动方式相关的 G 指令

1. 快速点定位(G00)

G00 指令使刀具以点控制方式从刀具所在点快速移动到目标点。编程格式如下:

    G00 X(U)_Z(W)_;

其中,指令中 X、Z 是目标点的坐标。

如图 6-17 所示,刀尖从换刀点(刀具起点)A 快进到 B 点,准备车外圆,则编写程序:
绝对坐标方式为:G00 X38 Z2;增量坐标方式为 G00 U-22 W-23。

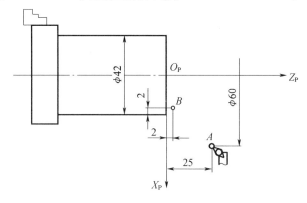

图 6-17 G00 功能示例

2. 直线插补(G01)

G01 指令使刀具按指定的进给速度,从所在点出发,以直线方式移动到目标点。
编程格式如下:

    G01 X(U)_Z(W)_F_;

其中,指令中 X、Z 是目标点坐标;F 是进给速度。

【例 6-1】 如图 6-18 所示,要求刀尖从 A 点直线移动到 B 点,完成车外圆的加工程序。
绝对坐标方式:G01 X24 Z-34 F200;
增量坐标方式:G01 U0 W-36;

【例 6-2】 如图 6-19 所示,要求刀尖从 A 点直线移动到 B 点,完成割槽的加工程序。
绝对坐标方式:G01 X25 F50;
增量坐标:G01 U-9 F50;

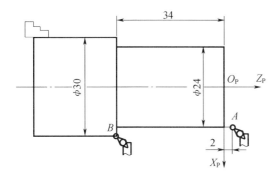
图 6-18 G01 功能应用——车外圆

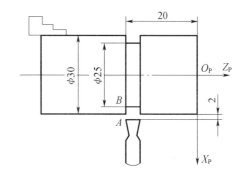
图 6-19 G01 功能应用——割槽

倒角和圆角是在两相邻轨迹的程序段之间插入直线倒角或圆弧倒角。

1) 45°倒角

由轴向切削向端面切削倒角,即由 Z 轴向 X 轴倒角,i 的正负根据倒角是向 X 轴正向还是负向来确定,如图 6-20(a)所示。

编程格式如下:

    G01 Z(W) I(C) ±i;

由端面切削向轴向切削倒角,即由 X 轴向 Z 轴倒角,k 的正负根据倒角是向 Z 轴正向还是负向来确定,如图 6-20(b)所示。

编程格式:

    G01 X(U) K(C) ±k;

其中,X、Z 值是两相邻直线的交点,即假想拐角交点的坐标值。

2) 任意角度倒角

在直线进给程序段尾部加上 C_,可自动插入任意角度的倒角。C 的数值是从假设没有倒角的拐角交点距倒角始点或终点之间的距离,如图 6-21 所示。

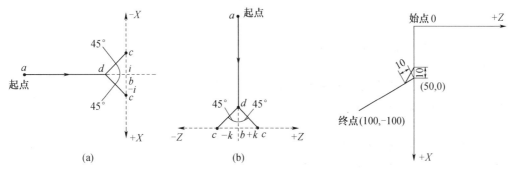

图 6-20 倒角
(a) Z 轴向 X 轴;(b) X 轴向 Z 轴。

图 6-21 任意角度倒角

编程格式如下:

G01 X(U)C±c；

示例如下(图6-21):

G01 X50 C10;

X100 Z-100;

3）倒圆角

由轴向切削向端面切削倒角，即由Z轴向X轴倒角，r的正负根据倒角是向X轴正向还是负向确定，如图6-22(a)所示。

编程格式如下:

G01 Z(W) R±r；

由端面切削向轴向切削倒角，即由X轴向Z轴倒角，r的正负根据倒角是向Z轴正向还是负向确定，如图6-22(b)所示。

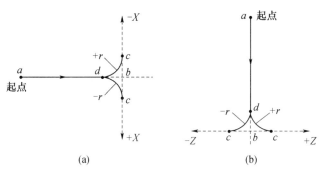

图6-22 倒圆角
(a) Z轴向X轴；(b) X轴向Z轴。

编程格式如下:

G01 X(U) R±r；

其中，X、Z值是两相邻直线的交点，R值是倒圆角的半径值。

【例6-3】 如图6-23所示零件轮廓的加工程序，当前点位于(50,40)。

G00 X10 Z22;

G01 Z10 R5 F0.2;

X38 K-4;

Z0;

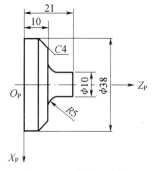

图6-23 倒角和圆角功能示例

【例6-4】 如图6-24所示零件的各加工面已完成了粗车，试设计一个精车程序。

(1) 设工件零点和换刀点。工件零点O_P设在工件端面(工艺基准处)，换刀点(即刀具起点)设在工件的右前方A点，如图6-24所示。

(2) 确定刀具工艺路线。如图6-24(b)所示，刀具从起点A(换刀点)出发，加工结束后再回到A点，走到路线为$A \rightarrow B \rightarrow C \rightarrow D \rightarrow E \rightarrow F \rightarrow A$。

(3) 计算刀尖运动轨迹坐标值。根据图6-24计算后得各点绝对坐标值为A(60,15)、B(20,2)、C(20,-15)、D(28,-26)、E(28,-36)、F(42,-36)。

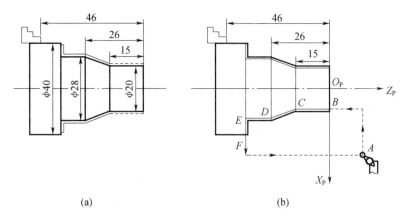

图 6-24 G01 功能应用示例

（4）编程。

绝对坐标方式的程序如下：

N10 G54 G21；　　　　　　　设工件零点 O_P
N20 G00 X60 Z15；　　　　　设换刀点（刀具起点）
N30 M03 S600；　　　　　　主轴正转 600 r/min
N40 T0101；　　　　　　　　换 1 号刀到位（A 点）
N50 G00 X20 Z2；　　　　　 刀具快进（A→B）
N60 G01 Z-15 F60；　　　　 车外圆（B→C）
N70 G01 X28 Z-26 F50；　　 车锥面（C→D）
N80 G01 Z-36 F60；　　　　 车外圆（D→E）
N90 G01 X42；　　　　　　　车平面（E→F）
N100 G00 X60 Z15；　　　　 车平面（F→A）
N110 M05；　　　　　　　　 主轴停转
N120 M02；　　　　　　　　 程序结束

增量坐标方式的程序如下：

N10 G54 G21；
N20 G00 X60 Z15；
N30 M03 S600；
N40 T0101；
N50 G00 X20 Z2；
N70 G01 W-17 F60；
N80 G01 U8 W-11 F50；
N90 G01 W-10 F60；
N100 G01 U14；
N120 G00 X60 W15；
Z130 M05；
N140 M02；

4. 圆弧插补（G02、G03）

在数控车床上加工圆弧时，如果是刀架后置的车床，坐标如图 6-25 上图所示。如果为前置刀架，由于 X 轴和 Z 轴正方向的规定，Y 轴的正向向下，使得在进行圆弧插补时，顺圆弧和逆圆弧的确定与我们的视觉正好相反，即车削逆圆弧时应用 G02，车削顺圆弧时用 G03，如图 6-25 下图所示。

编程格式常用的有两种:使用圆心坐标和使用圆弧半径编程。

1) 使用圆心坐标编程

编程格式如下:

G02 X(U)_Z(W)_I_K_F_;

G03 X(U)_Z(W)_I_K_F_;

其中,X、Z为圆弧终点坐标,既可以为绝对坐标也可以为增量坐标;I和K表示圆心相对于圆弧起点的坐标值,I对应X轴,K对应Z轴,不论使用G90还是G91,I、K均为增量值。用I、K值可作任意圆弧(包括整圆)插补,如图6-26所示。

2) 使用圆弧半径编程

编程格式如下:

G02 X(U)_Z(W)_R_F_;

G03 X(U)_Z(W)_R_F_;

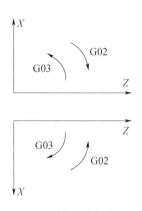

图6-25 圆弧的方向判断

其中,X、Z为圆弧终点坐标,既可以为绝对坐标也可以为增量坐标,R表示圆弧的半径,由于在相同半径下,从圆弧起点到终点有两个圆弧的可能性,如图6-27所示。为区分两者,用"+R"表示圆弧小于等于180°,用"-R"表示圆弧大于180°。一般不能进行整圆插补。

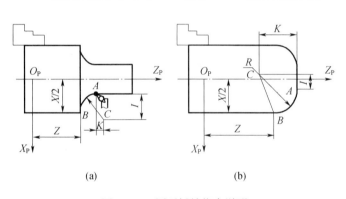

图6-26 圆弧插补指令说明

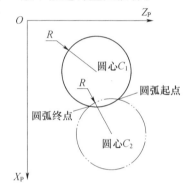

图6-27 用+R、-R指定圆弧

【例6-5】 如图6-28和图6-29所示,刀尖从圆弧起点A移动到终点B,试编写其圆弧插补的程序段。

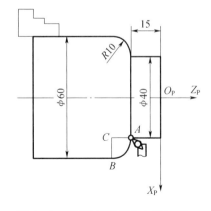

图6-28 圆弧插补指令应用示例一

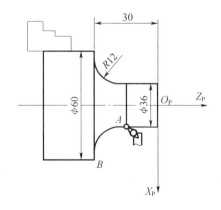

图6-29 圆弧插补指令应用示例二

绝对坐标方式程序如下：
　　　　G03 X60 Z－25 I0 K－10 F150；
增量坐标方式程序如下：
　　　　G03 U20 W－10 I0 K－10 F150；
绝对坐标方式程序如下：
　　　　G02 X60 Z－30 R12 F150；
增量坐标方式程序如下：
　　　　G02 U24 W－12 R12 F150；

5. 暂停指令（G04）

G04 指令可使刀具作短时间的停顿，实现无进给光整加工，一般适用于镗平面、锪孔、车槽等场合。
编程格式如下：
　　　G04 X_；
也可以采用如下格式：
　　　G04 P_；
其中，X 用来指定时间，后面可用带小数点的数，单位为 s；P 用来指定时间，不允许用小数点，单位为 ms。如：G04 X1.0 或 G04 P1000，都表示暂停 1s。

G04 指令使用在车削沟槽或钻孔时，为使槽底或孔底得到准确的尺寸精度及光滑的加工表面，在加工到槽底或孔底时，做无进给光整加工。使用 G96 恒线速度切削轮廓，改成 G97 后，进行螺纹加工时，可暂停适当时间，使主轴转速稳定后再执行车螺纹，以保证螺距加工精度要求。

6.2.6　刀尖圆弧自动补偿功能

编程时，通常都将车刀刀尖作为一点来考虑，但实际上刀尖处是存在圆角，如图 6－30 所示。当用按理论刀尖点编出的程序进行切削时，会产生少切或过切现象，如图 6－31 所示。

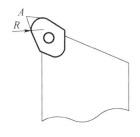
图 6－30　刀尖图

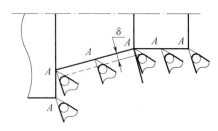
图 6－31　车削圆锥产生的误差

若工件精度要求不高或留有精加工余量，可忽略此误差，否则应考虑刀尖圆弧半径对工件形状的影响。具有刀尖圆弧自动补偿功能的数控系统能根据刀尖圆弧半径计算出补偿量，避免少切或过切现象的产生。采用刀具半径补偿功能后，编程者仍按工件轮廓编程，数控系统计算刀尖轨迹，并按刀心轨迹运动，从而消除了刀尖圆弧半径对工件形状的影响，如图 6－32 和图 6－33 所示。

刀具半径补偿指令如下：
G40——取消刀具半径补偿，按程序路径进给；
G41——刀具半径左补偿，顺着刀具运动方向看，刀具在工件的左边，如图 6－34（a）所示；
G42——刀具半径右补偿，顺着刀具运动方向看，刀具在工件的右边，如图 6－34（b）所示。
使用刀尖半径补偿指令时应注意以下几点：
（1）G41 或 G42 指令必须和 G00、G01 指令一起使用。

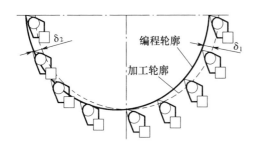

图 6-32 车削圆弧面产生的误差

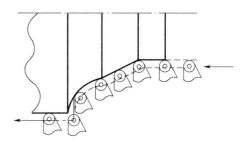

图 6-33 半径补偿后的刀具轨迹

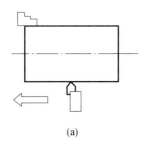

(a)

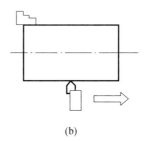

(b)

图 6-34 刀具半径补偿

（2）工件有锥度、圆弧时，必须在精车的前一段程序建立半径补偿，一般在加工之前建立刀具半径补偿。

（3）在刀具补偿参数页面的刀尖半径处输入该刀具的刀尖半径值，在设置刀尖圆弧自动补偿值时，还要设置刀尖圆弧位置编码。

刀尖圆弧位置编码是指假想刀尖点与刀尖圆弧中心的相对位置关系，用 0～9 共 10 个号码表示。

【例 6-6】 如图 6-35 所示的工件，为保证圆锥面的加工精度，试采用刀具半径补偿指令编程。

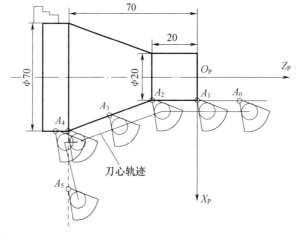

图 6-35 刀具半径补偿示例

加工程序如下：
N140 G50 X29 Z2;
N150 G41 G01 X20 Z0 F300;
N160 Z-20;
N170 X70 Z-70;
N180 G40 G01 X80 Z-70 F300;

6.3 数控车床的循环指令

6.3.1 单一固定循环指令

单一固定循环指令只能进行简单的重复加工。主要有外径／内径切削固定循环指令（G90）、螺纹切削固定循环指令（G92）和端面切削固定循环指令（G94）。

1. 外径/内径切削固定循环指令（G90）

1) 切削圆柱面时的内(外)径切削循环指令

如图 6-36 所示,该指令可使刀具从循环起点 A 走矩形轨迹,回到 A 点,然后进刀,再按矩形循环,依此类推,最终完成圆柱面车削。执行该指令刀具刀尖从循环起点（A 点）开始,经 $A \to B \to C \to D \to A$ 四段轨迹。其中,AB、DA 段按快速(R)移动,BC、CD 段按指令速度 F 移动。

编程格式如下：

G90 X(U)_Z(W)_F_;

其中,X、Z 值为圆柱面切削终点的坐标值;F 为进给速度。

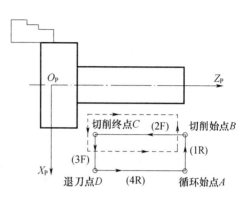

图 6-36 切削圆柱面时的内(外)径切削循环指令示意图

【例 6-7】 对于图 6-37 所示的工件,编制一个粗车 $\phi32$ 外圆的简单循环程序,每次切削深度 1mm(半径方向)。

(1) 确定切削深度及循环次数。单边径向余量为 $(40-32)/2 = 4$mm,每次切削深度为 1mm,其循环次数为 4 次。

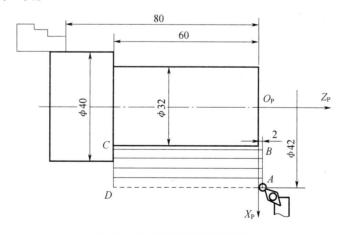

图 6-37 外圆循环程序示例

(2) 编写的循环程序。

① 绝对坐标方式程序：

G90 X38 Z-60 F300

G90 X36 Z-60 F30

G90 X34 Z-60 F300

G90 X32 Z-60 F300

② 增量坐标方式程序：

G90 U-4　　W-62 F300

G90 U-6　　W-62 F300

G90 U-8　　W-62 F300

G90 U-10　W-62 F300

2）带锥度的内（外）径切削循环指令

如图6-38所示，该指令可使刀具从循环起点A走直线轨迹，刀具刀尖从循环起点（A点）开始，经A→B→C→D→A四段轨迹，依次进行，最终完成圆锥面车削。

编程格式如下：

　　G90 X(U)_Z(W)_R_F_;

其中，X、Z为在圆锥面切削的终点坐标值；R为圆锥面切削的起点相对于终点的半径差，如果切削起点的X向坐标小于终点的X向坐标，R值为负，反之为正；F为进给速度。

2. 端面切削固定循环指令（G94）

1）端面切削循环

编程格式如下：

　　G94 X(U)_Z(W)_F_;

其中，X、Z为端面切削的终点坐标值；F为进给速度，如图6-39所示。

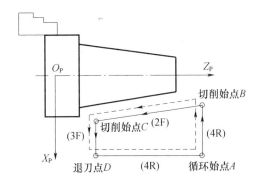

图6-38 带锥度的内（外）切削循环示意图

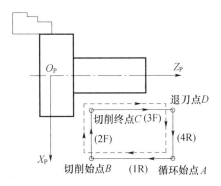

图6-39 端面切削循环示意图

【例6-8】 对于图6-40所示的工件，试编写其粗车端面的简单循环程序（Z轴方向每次进刀量3mm）。

（1）绝对坐标方式程序如下：

G94 X50 Z-3 F200；

G94 Z-6；

G94 Z-9；

（2）增量坐标方式程序如下：

G94 U-14 W-3 F200；

W-6；

W-9；

2）带锥度的端面切削循环指令

编程格式如下：

　　G94 X(U)_Z(W)_R_F_;

其中,X、Z 为端面切削的终点坐标值;R 为端面切削的起点相对于终点在 Z 轴方向的坐标分量。当起点 Z 向坐标小于终点 Z 向坐标时 R 为负,反之为正,如图 6-41 所示。

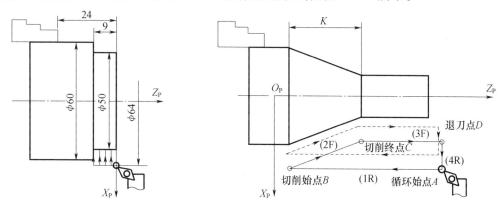

图 6-40 端面切削循环示例 　　　　图 6-41 带锥度端面切削循环示意图

6.3.2 复合固定循环指令

复合循环指令能解决复杂形面的加工。与简单循环的单一程序段不同,它有若干个程序段参加循环。运用复合循环切削指令,只需指定精加工路线和粗加工的背吃刀量,系统会自动计算出粗加工路线和加工次数,使程序得到进一步简化。

1. 外径/内径粗车复合循环(G71)

外径粗车循环是一种复合固定循环,适用于外圆柱面需多次走刀才能完成的粗加工,如图 6-42 所示。

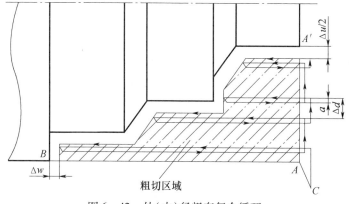

图 6-42 外(内)径粗车复合循环

编程格式如下:

G71 U(Δd) R(e)

G71 P(ns) Q(nf) U(Δu) W(Δw) F(f) S(s) T(t)

其中,Δd 为背吃刀量;e 为退刀量;ns 为精加工轮廓程序段中开始程序段的段号;nf 为精加工轮廓程序段中结束程序段的段号;Δu 为 x 轴向精加工余量;Δw 为 z 轴向精加工余量;f、s、t 为 F、S、T 代码。

该循环中,ns→nf 程序段中的 F、S、T 功能即使被指定,对粗车循环也无效。零件轮廓必须符合 X 轴、Z 轴方向同时单调增大或单调减少;X 轴、Z 轴方向非单调时,ns→nf 程序段中第一条

指令必须在 X、Z 向同时运动。

【例 6-9】 对于图 6-43 所示的工件,要求加工 A' 点到 B 点的工件外形。已知起始点在 $(250,0)$,切削深度为 3mm,退刀量为 2mm,X 方向精加工余量为 0.1mm,Z 方向精加工余量为 0.2mm,试编写其外径粗车复合程序。

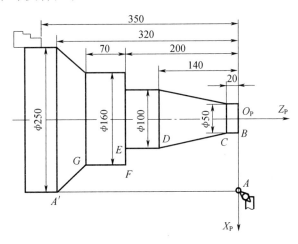

图 6-43 外(内)径粗车复合循环示例

假设加工 A' 点到 B 点的工件外形的头一程序段号为 N100,最后加工程序段号为 N200,使用 G71 编写的程序如下:

% O7061	程序名
N10 G54 G99 G21;	设置工件坐标系
N20 M03 S500;	主轴正转
N30 G00 X25 Z5;	快进到工件附近
N40 G90 G01 X250;N45 Z0;	进到 A 点
N50 G71 U3 R2;	
N60 G71 P100 Q200 U0.1 W0.2 F200;	G71 复合循环
N100 G00 X50 Z2;	从 A 点到 B 点
N110 G01 X50 Z-20;	到达 C 点
N120 X100 Z-140;	从 C 点到 D 点
N130 X100 Z-200;	从 D 点到 E 点
N140 X160 Z-200;	从 E 点到 F 点
N170 X160 Z-270;	从 F 点到 G 点
N200 X250 Z-320;	从 G 点到 A' 点
N70 G00 X250 Z0;	从 A' 点到 A 点
N80 M02;	程序结束

2. 端面粗车复合循环(G72)

端面粗切削循环是一种复合固定循环。端面粗切削循环适于 Z 向余量小、X 向余量最大的棒料粗加工,如图 6-44 所示。端面粗车复合循环与外(内)径粗车复合循环的区别仅在于切削方向平行于 X 轴。

编程格式如下:

    G72 U(Δd) R(e)
    G72 P(ns) Q(nf) U(Δu) W(Δw) F(f) S(s) T(t)

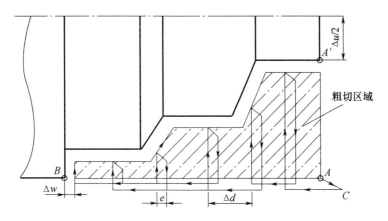

图 6-44 端面粗车复合循环

其中，Δu、Δw、Δd、e、ns、nf、f、s、t 的含义同 G71。ns→nf 程序段中的 F、S、T 功能,即使被指定对粗车循环也无效。零件轮廓必须符合 X 轴、Z 轴方向同时单调增大或单调减少。

3. 闭环车复合循环（G73）

闭环车削复合循环功能在切削工件时刀具轨迹为一闭合回路,刀具逐渐进给,使封闭的切削回路逐渐向零件最终形状靠近,完成工件的加工。此指令能够对铸造、锻造等粗加工已初步成形的工件进行高效率切削。对零件轮廓的单调性则没有要求,如图 6-45 所示。

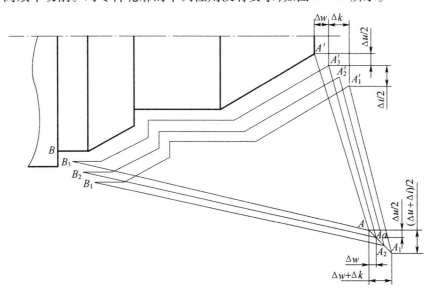

图 6-45 闭环车削复合循环

编程格式如下：

G73 U(i) W(k) R(d)

G73 P(ns) Q(n) U(Δu) W(Δw) F(f) S(s) T(t)

其中,i 为 X 轴向总退刀量(半径值);k 为 Z 轴向总退刀量;d 为重复加工次数;Δu 为 X 轴向精加工余量;Δw 为 Z 轴向精加工余量;f、s、t 为 F、S、T 代码。

如图 6-45 所示,该指令在切削工件时,刀具轨迹为一封闭回路,其运动轨迹为 $A→A_1→A_1{'}→B_1→A_2→A_2{'}→B_2→\cdots→A→A{'}→B→A$。

【例 6-10】 对于图 6-46 所示的工件,要求加工该工件的外形。已知 $\Delta u = 0.6$，$\Delta w =$

0.3mm,试编写其外径粗车复合程序。

假设精加工工件外形的第一个程序段号为 N100,精加工的最后一个程序段号为 N200,使用 G73 编写的程序如下:

%O707;	程序名
N10 G54 G21 ;	设置工件坐标系
N20 M03 S500;	主轴正转
N30 G00 X120 Z5;	快进到工件附近
N40 G73 U40 W0 R2;	
N50 G73 P100 Q200 U0.6 W0.3 F200;	G73 复合循环
N100 G00 X20 Z3;	精加工的第一个程序(快进)
N120 G01 X20 Z−15;	
N140 X40 Z−23;	
N160 G02 X80 Z−48 R35;	
N200 G01 X100 Z−58;	精加工的最后一个程序
N50 M05;	
N60 M02;	程序结束

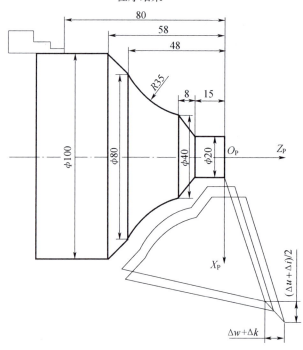

图 6−46 闭环车削复合循环示例

4. 精加工循环(G70)

由 G71、G72、G73 完成粗加工后,可以用 G70 进行精加工。精加工时,G71、G72、G73 程序段中的 F、S、T 指令无效,只有在 ns→nf 程序段 F、S、T 才有效。

编程格式:G70 P(ns) Q(nf)

其中,ns 为精加工轮廓程序段中开始程序段的段号;nf 为精加工轮廓程序段中结束程序段的段号。

如果在 G71、G72、G73 程序应用示例中的程序段后再加上"G70 Pns Qnf"程序段,并在 ns→nf 程序段中加上精加工适用的 F、S、T,就可以完成从粗加工到精加工的全过程。

6.3.3 螺纹加工

1. 螺纹加工中的问题

螺纹加工时必须使工件的旋转与丝杠的进给运动建立严格的速度比,即主轴旋转一圈,刀具进给一个螺距。

三角形普通螺纹的牙型高度按下式计算:

$$h = 0.6495P$$

式中:P 为螺距。

螺纹起点与终点轴向尺寸应考虑升速过程和减速过程,因此,螺纹切削应注意在两端布置足够的升速进刀段 δ_1 和降速退刀段 δ_2,以消除伺服滞后造成的螺距误差。通常升速进刀(空刀导入量)δ_1 和减速退刀段(空刀导出量)δ_2 按下式选取:

$$\delta_1 \geqslant 2 \times 导程 \qquad \delta_2 \geqslant (1 \sim 1.5) \times 导程$$

牙型较深、螺距较大时,可分数次进给,每次进给的背吃刀量用螺纹深度减去精加工吃刀量所得之差按递减规律分配,常用公制螺纹切削的进给次数与被吃刀量如表6-9所列。

表4-9 常用公制螺纹切削的进给次数与背吃刀量(双边) (mm)

螺距		1.0	1.5	2.0	2.5	3.0	3.5	4.0
牙深		0.649	0.974	1.299	1.624	1.949	2.273	2.598
背吃刀量和切削次数	1次	0.7	0.8	0.9	1.0	1.2	1.5	1.5
	2次	0.4	0.6	0.6	0.7	0.7	0.7	0.8
	3次	0.2	0.4	0.6	0.6	0.6	0.6	0.6
	4次		0.16	0.4	0.4	0.4	0.6	0.6
	5次			0.1	0.4	0.4	0.4	0.4
	6次				0.15	0.4	0.4	0.4
	7次					0.2	0.2	0.4
	8次						0.15	0.3
	9次							0.2

2. 螺纹加工指令(G32)

该指令为等螺距圆柱或圆锥螺纹车削指令,只需一个指令便可完成螺纹车削。

编程格式如下:

G32 X_Z_F_;

其中,X、Z 为螺纹切削的终点坐标值(X 坐标值需依据《机械设计手册》查表确定),X 省略时为圆柱螺纹切削,Z 省略时为端面螺纹切削;X、Z 均不省略时为锥螺纹切削;F 为螺纹的导程,即主轴每转一周时伺服系统驱动的进给值。当加工锥螺纹时,斜角 α 在45°以下为 Z 轴方向螺纹导程;斜角在45°以上为 X 轴方向螺纹导程。

【例6-11】 编写车削图6-47所示螺纹部分的加工程序。

(1)根据普通螺纹标准及加工工艺,确定该螺纹大径尺寸为 $\phi30$,牙深为 0.974mm(半径值),3次背吃刀量(直径值)的值分别为 $a_{p1} = 0.7$mm, $a_{p2} = 0.4$mm, $a_{p3} = 0.4$mm,升降速级别为 $\delta_1 = 1.5$mm, $\delta_2 = 1$mm。

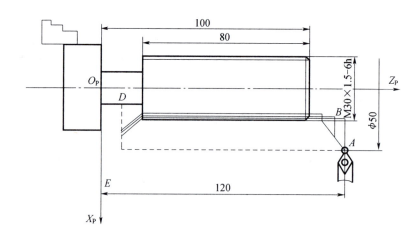

图 6-47 等螺距圆柱螺纹加工示例

（2）编程。

程序	说明
%O7031；	程序名
N10 M03 S500；	主轴正转,转速为 500r/min
N20 G00 X50 Z120；	绝对方式编程,刀具快速进至 A 点
N30 G00 X29.3 Z105.5	($a_{p1}=0.7$)；刀具工作进给,X 向工作进给 0.7mm
N40 G32 Z19 F1.5；	第一次车削螺纹
N50 G00 X40；	刀具快速退至 E 点
N60 Z101.5；	刀具快速返回工进点
N70 X28.9	($a_{p2}=0.4$)；工作进给,X 向工作进给 0.4mm
N80 G32 Z19 F1.5；	第二次车削螺纹
N90 G00 Z40；	
N100 Z101.5；	刀具快速返回工进点
N110 X28.5	($a_{p3}=0.4$)；
N120 G32 Z19 F1.5；	第三次车削螺纹
N130 G00 X40；	刀具快速返回换刀点 A
N140 X50 Z120；	
N150 M05；	主轴停
N160 M02；	程序结束

【例 6-12】 图 6-48 所示等距圆锥螺纹,螺纹导程为 3.5mm, $\delta_1=2$mm, $\delta_2=1$mm,每次吃刀量为 1mm,试写出其加工程序。

程序	说明
%O7041；	程序名
N10 M03 S500；	主轴正转,转速为 500r/min
N20 G00 U-38；	增量方式编程,刀具快速进到 B 点
N30 G32 U29 W-43 F3.5；	第一次车削螺纹
N40 G01 U7；	退刀
N50 G00 W43；	快速退回 A 点
N60 U-38；	快速进到 B 点
N70 G32 U29 W-43 F3.5；	第二次车削螺纹
N80 G01 U9；	

```
N90 G00 W43；
N100 U-40；
N110 G32 U29 W-43 F3.5；        第三次车削螺纹
N120 G01 U11；
N130 G00 W43；
N140 M05；                      主轴停
N150 M02；                      程序结束
```

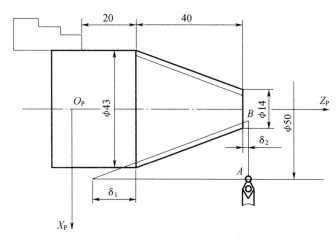

图 6-48 等距圆锥螺纹加工示例

3. 螺纹切削循环指令（G92）

编程格式如下：

G92 X_ Z_ R_ F_；

其中，X、Z 为螺纹切削的终点坐标值；R 为螺纹部分半径之差，即螺纹切削起始点与切削终点的半径差；F 为螺纹导程。

如图 6-49 所示，加工圆柱螺纹时，R=0；加工圆锥螺纹时，当 X 向切削起始点坐标小于切削终点坐标时，R 为负，反之为正。

【例 6-13】 图 6-50 所示工件中的螺纹的导程为 1.5mm，分 3 次加工，每次吃刀深度分别为 a_{p1} = 0.8mm，a_{p2} = 0.6mm，a_{p3} = 0.2mm，试编写车制螺纹的简单循环程序。

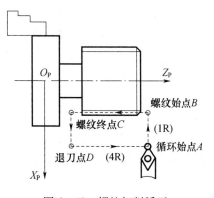

图 6-49 螺纹切削循环

```
%O0200；
N10 G54 G21；                   设置工件坐标系
N20 M03 S300；
N30 G00 X35 Z5；                到达螺纹加工起点
N40 G92 X29.2 Z-43 F1.5；       第一次车削螺纹
N50 X28.6；                     第二次车削螺纹
N60 X28.4；                     第三次车削螺纹
N70 G00 X100 Z100；
N80 M05；
N90 M02；
```

215

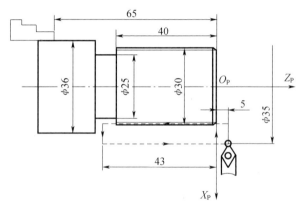

图 6-50 螺纹切削循环示例

4. 复合螺纹切削循环指令（G76）

复合螺纹切削循环指令可以完成一个螺纹段的全部加工任务。它的进刀方法有利于改善刀具的切削条件,在编程中应优先考虑应用该指令。螺纹循环切削的轨迹如图 6-51 所示,螺纹循环切削中的吃刀深度如图 6-52 所示。

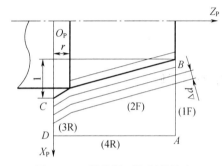

图 6-51 螺纹循环切削的轨迹

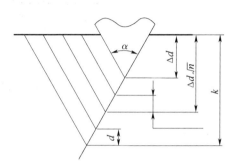

图 6-52 螺纹循环切削中的吃刀深度

编程格式如下：

G76 P(m) (r) (α) Q(Δ) R(d)
G76 X(U) Z(W) R(I) F(f) P(k) Q(Δd)

其中,m 为精加工重复次数(1~99);r 为倒角量,其值为螺纹导程 L 的倍数(在 0~99 中选值);α 为刀尖角,可在 80°、60°、55°、30°、29°、0° 中选择,由两位数规定;Δ 为最小切入量;d 为精加工余量;X(U) Z(W) 为终点坐标;I 为螺纹部分半径之差,即螺纹切削起始点与切削终点的半径差(加工圆柱螺纹时,$I=0$;加工圆锥螺纹时,当 X 向切削起始点坐标小于切削终点坐标时,I 为负,反之为正);k 为螺牙的高度(X 轴方向的半径值);Δd 为第一次切入量(X 轴方向的半径值);f 为螺纹导程。

拥有 X(U)、Z(W) 的 G76 指令段才能实现循环加工。该循环下,可进行单边切削,从而减少刀尖受力。第一次切削深度为 Δd,第 n 次切削深度为 $\Delta d\sqrt{n}$,使每次切削循环的切削量保持恒定。

6.4 编程与加工举例

【例 6-14】 编制图 6-53 所示零件的加工程序,材料为 45 钢,棒料直径为 40mm,棒料长度为 120mm。

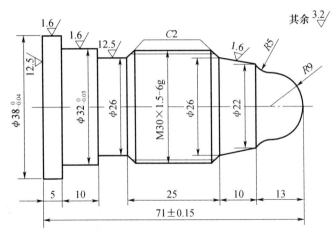

图 6-53 综合示例一

1. 刀具设置

机夹车刀(硬质合金右转位刀片)为 1 号刀,宽 4mm 的硬质合金焊接切槽刀为 2 号刀,600 硬质合金机夹螺纹刀为 3 号刀。

2. 工艺路线

(1) 棒料伸出卡盘外约 85mm,找正后夹紧。
(2) 用 1 号刀,采用 G71 进行轮廓循环粗加工。
(3) 用 1 号刀,采用 G70 进行轮廓精加工。
(4) 用 2 号刀,采用 G75 进行切槽循环加工。
(5) 用 3 号刀,采用 G76 进行螺纹循环切削。
(6) 用 2 号刀切下零件。

3. 相关计算

螺纹总切深:$h = 0.6495P = 0.6495 \times 1.5 = 0.974$mm。

4. 参考程序

O1010;	程序名
G54 G98 G21;	选 G54 为工件坐标系,分进给,米制编程
M3 S800;	主轴正转转速为 800r/min
T0101;	换 1 号外圆刀,同时导入刀具补偿
G0 X41 Z2;	绝对编程,刀具快速定位
G71 U1.5 R2 P100 Q200 U0.5 W0.1 F100;	外圆粗车循环,给定加工参数
N100 G1 X0;	粗车循环开始
Z0;	刀具到达精车轮廓起点
G03 X18 Z-9 R9;	逆圆进给加工 SR19 球头
G02 X22 Z-13 R5;	顺圆进给加工 R5 圆弧
G01 X26 Z-23;	直线进给加工圆锥
X29.8 Z-25;	加工倒角
Z-56;	车削螺纹部分圆柱
X32;	车削凹槽处的台阶端面
Z-66;	车削 φ32 外圆
X38;	车削台阶
N200 Z-76;	车削 φ38 外圆,粗车循环结束

代码	注释
/G00 X100；	刀具沿径向快退，"/"为程序跳跃符号
/Z200；	刀具沿轴向快退
/M05；	主轴停
/M00；	程序暂停，用于测量粗加工后的零件
M03 S1200；	启动主轴，转速1200r/min
/T0101；	重新调用1号外圆刀，加刀补
/G00 X41 Z2；	刀具快速定位
G70 P100 Q200 F50；	从N100到N200对外圆精车循环
G00 X100；	沿径向退刀
Z200；	沿轴向退刀
/M05；	主轴停
/M00；	程序暂停，用于测量精加工后的零件
M03 S600；	启动主轴，转速600r/min
T0202；	调用2号切槽刀，加刀补
G00 X33 Z-52；	刀具快速到达切槽起点
G75 R0.1；	指定径向退刀量
G75 X26 Z-56 P500 Q3500 R0 F50；	指定槽底、槽宽及加工参数
G00 X40；	切槽完毕后，沿径向快速退出
Z-50；	沿轴向移动
G01 X30 F50；	以50mm/min进给到螺纹圆柱
X25 Z-5；	倒角
G00 X100；	沿径向退刀
Z200；	沿轴向退刀
/M03 S600；	启动主轴，转速600r/min
T0303；	调用3号螺纹刀，加刀补
G00 X31 Z-20；	刀具快速到达螺纹切削起点，有导入量
G76 P20160 Q80R0.1；	螺纹循环参数设置
G76 X28.052 Z-50 R0 P974 Q400 F1.5；	螺纹循环参数设置
G00 X100；	沿径向退刀
Z200；	沿轴向退刀
/M05；	主轴停
/M00；	程序暂停，用于测量螺纹加工后的零件
/M03 S600；	启动主轴，转速600r/min
T0202；	调用2号切槽刀，加刀补
G00 X42 Z-75；	快速到达切断位置
G01 X0 F30；	切断
X42 F100；	沿径向进给退出
G00 X100；	沿径向退刀
Z200；	沿轴向退刀
T0101；	调用1号刀，加刀补，为下面的加工作准备
M30；	程序结束
%；	程序结束符

【例6-15】 编制图6-54所示零件的加工程序，材料为45钢，棒料直径40mm，棒料长度120mm。使用刀具、工艺路线、相关计算与例6-14相同。其参考程序如下：

O1020；	程序名
G54 G98 G21；	用G54为工件坐标系，分进给，米制编程

程序	说明
M03 S800;	主轴正转,转速为800r/min
T0101;	换1号外圆刀,加刀补
G00 X42 Z0;	绝对编程,刀具快速定位
G01 X-0.5 F50;	车端面,车过中心线,防止留凸块
G00 X41 Z2;	快速到达轮廓循环起点
G71 U1.5 R2;	外圆粗车循环,给定加工参数
G71 P45 Q90 U0.5 W0.1 F100;	N45~N90为循环部分轮廓
N45 G01 X17;	刀具以进给速度轴向移动到轮廓起点
Z0;	刀具以进给速度径向移动到轮廓起点
X19.8 Z-1.5;	倒角
Z-21;	车削螺纹部分圆柱
X22;	车削槽处的台阶端面
Z-31;	车削φ22外圆
X24;	车削台阶
X28.494 Z-53.469;	车削1:5圆锥
G02 X38 Z-63 R15;	车削R15顺圆弧
N90 G1 Z_76;	车削φ38外圆
/G00 X100;	沿径向退刀
/Z200;	沿轴向退刀
/M05;	主轴停
/M00;	程序暂停
M03 S1200;	启动主轴,转速1200r/min
T0101;	换1号外圆刀,加刀补
G0 X42 Z2;	刀具快速定位
G70 P45 Q90 F50;	精车循环,N45~N90为循环部分轮廓
G0 X100;	沿径向退刀
Z200;	沿轴向退刀
/M05;	主轴停
/M00;	程序暂停
M03 S600;	启动主轴,转速600r/min
T0202;	换2号切槽刀,加刀补
G00 X42 Z-19;	刀具快速定位
G75 R0.1;	指定径向退刀量
G75 X16 Z-21 P500 Q3500 R0 F50;	指定槽底、槽宽及加工参数
G00 X100;	沿径向退刀
Z200;	沿轴向退刀
/M03 S600;	启动主轴,转速600r/min
T0303;	换3号螺纹刀,加刀补
G00 X21 Z3;	刀具快速定位
G76 P20160 Q80 R0.1;	设置螺纹循环加工参数
G76 X18.052 Z-17 R0P974 Q400 F1.5;	设置螺纹循环加工参数
G00 X100;	沿径向退刀
Z200;	沿轴向退刀
/M05;	主轴停
/M00;	程序暂停
/G03 S600;	启动主轴,转速600r/min

```
T0202;                      换 2 号切槽刀,加刀补
G00 X42 Z-75;               刀具快速定位
G01 X0 F30;                 切断进给
X42 F100;                   沿径向进给退刀
G00 X100;                   沿径向退刀
Z200;                       沿轴向退刀
T0101;                      换 1 号刀,加刀补,准备后续零件加工
M30;                        程序结束
%;                          程序结束符
```

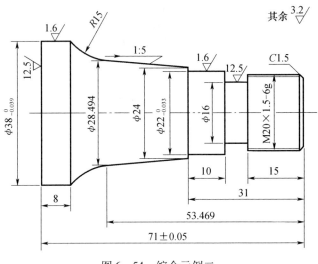

图 6-54 综合示例二

6.5 数控车削加工综合实例

对于图 6-55 所示的零件,毛坯直径为 $\phi150mm$;长为 40mm;材料为 Q235;未注倒角 C_1,其余 Ra 为 6.3;棱边倒钝。

1. 零件的工艺分析

该零件为典型的盘类零件,表面由内外圆柱、圆弧、倒角组成。尺寸标注完整,零件图上给定的几处精度要求较高的尺寸,公差值较小,编程时按基本尺寸编写。根据工件图样尺寸分布情况,确定工件坐标系原点 O 取在工件右端面中心处,换刀点坐标为(200,200)。

2. 确定加工路线

加工路线按由内到外,由粗到精,由右到左的加工原则。为保证在加工时工件可靠定位,夹 $\phi120mm$ 外圆,加工 $\phi145mm$ 的外圆及 $\phi102mm$、$\phi98mm$ 的内孔,具体路线为粗加工 $\phi98mm$ 的内孔→粗加工 $\phi102mm$ 的内孔→精加工 $\phi98mm$、$\phi102mm$ 的内孔及孔底平面→加工 $\phi145mm$ 的外圆。然后掉头,夹 $\phi145$ 外圆,加工 $\phi120mm$ 的外圆及端面,具体路线为加工端面→加工 $\phi120mm$ 的外圆→加工 $R2$ 的圆弧及平面。

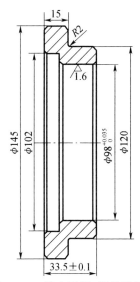

图 6-55 综合示例:端盖零件图

3. 确定刀具及夹具

采用三爪自定心卡盘定心夹紧即可。

根据加工要求需选用4把刀具。所用刀具有2把外圆车刀和2把内孔车刀。将所选的刀具参数填入数控加工刀具卡片中，如表6-10所列。

表6-10 数控加工刀具卡片

产品名称或代号			零件名称	盘类零件	零件图号	
序号	刀具号	刀具规格和名称	数量	加工表面	刀具半径	备注
1	T01	硬质合金90°外圆车刀	1	粗车外圆	0.20	右偏刀
2	T02	硬质合金内孔车刀	1	粗车端面和内孔	0.15	
3	T03	硬质合金90°外圆车刀	1	精车外圆	0.15	
4	T04	硬质合金内孔车刀	1	精车内孔	0.15	
编制		审核		批准		共 页 第 页

4. 确定切削用量

根据前面所述，确定加工的切削用量。并将确定的加工参数填入数控加工工艺卡片，如表6-11所列。

表6-11 数控加工工序卡片

单位名称		产品名称和代号		零件名称		零件图号		
				盘类零件				
工序号	程序编号	夹具名称		使用设备		车间		
001		三爪卡盘		FANUC 0i 数控车床				
工步号	工步内容	刀具号	刀具规格 /mm	主轴转速 /(r/min)	进给转速 /(mm/min)	背吃刀量 /mm	备注	
1	车端面	T02	25×25	400				
2	粗车内轮廓	T02	25×25	400	100			
3	精车内轮廓	T04	25×25	800	60			
4	粗车外圆	T01	25×25	800	100			
5	精车外圆	T03	25×25	1200	80	0.25		
6	掉头							
7	车右端面	T04	20×20	400	40			
8	粗车右端外圆	T01	20×20	800	100			
9	精车右端外圆	T03	25×25	1200	80	0.25		
编制		审核		批准		共 页 第 页		

5. 编写加工程序

1) 加工 $\phi 145$mm 的外圆及 $\phi 112$mm 和 $\phi 98$mm 的内孔

%
O7111　　　　　　　　　　　　　程序名
N10 G54 G98 G21 G90;　　　　　　设置工件坐标系
N15 G00 X200 Z200;　　　　　　　回换刀点

程序	说明
N20 M03 S400;	主轴正转,转速400r/min
N30 T0202;	换内孔车刀
N40 G00 X95 Z5;	快速定位到φ95直径,距端面5mm处
N50 G94 X150 Z0 F100;	加工端面
N60 G90 X97.5 Z-35 F100;	粗加工φ98内孔,留径向余量0.5mm
N70 G00 X97;	刀尖定位至φ97mm直径处
N75 G90 X105 Z-10.5 F100;	粗加工φ112内孔
N80 G90 X111.5 Z-10.5 F100;	粗加工φ112内孔,留径向余量0.5mm
N85 G00 X200 Z200;	
N90 T0200;	
N95 M05;	
N100 T0404;	换4号刀,进行内孔精加工
N105 M03 S800;	
N110 G00 X118 Z2;	快速定位到φ116直径,距端面2mm处
N115 G01 X112 Z-1 F60;	倒角1×45°
N120 Z-10;	精加工φ112mm内孔
N125 X100;	精加工孔底平面
N130 X98 Z-11;	倒角1×45°
N135 Z-34;	精加工φ98mm内孔
N140 G00 X95;	快速退刀到φ95直径处
N145 Z200;	
N150 X200;	
N155 T0400;	
N160 M05;	
N165 T0101;	换加工外圆的正偏刀
N170 M03 S800;	
N175 G00 X150 Z2;	刀尖快速定位到φ150直径,距端面2mm处
N180 G90 X145 Z-15 F100;	加工φ145外圆
N185 G00 X200 Z200;	
N190 M05;	
N195 T0100;	
N200 T0303;	
N205 M03 S1200;	
N210 G00 X141 Z1;	
N215 G01 X147 Z-2 F80;	倒角1×45°
N220 G00 X160 Z100;	刀尖快速定位到φ160直径,距端面100mm处
N225 T0300;	清除刀偏
N230 M05;	
N235 M02;	程序结束

2) 加工φ120mm的外圆及端面

%

O7112;	程序号
N10 G54 G98 G21 G90;	设置工件坐标系
N15 G00 X200 Z200;	
N20 M03 S800;	主轴正传,转速800r/min

N30 T0404；
N40 G00 X95 Z5； 　　　　　　　快速定位到 φ95 直径，距端面 5mm 处
N50 G94 X130 Z0.5 F50； 　　　　粗加工端面
N60 G00 X96 Z−2； 　　　　　　　快速定位到 φ96 直径，距端面 2mm 处
N70 G01 X100 Z0 F50； 　　　　　倒角 C1
N80 X130； 　　　　　　　　　　　精修端面
N90 G00 X200 Z200；
N95 T0400；
N100 T0101； 　　　　　　　　　　换加工外圆的正偏刀
N110 G00 X130 Z2； 　　　　　　　刀尖快速定位到 φ130 直径，距端面 2mm 处
N120 G90 X120.5 Z−18.5 F100； 　粗加工 φ120 外圆，留径向余量 0.5mm
N125 G00 X200 Z200；
N130 M05；
N135 T0100；
N140 T0303；
N145 M03 S1200；
N150 G00 X116 Z1；
N155 G01 X120 Z−1 F100； 　　　　倒角 C1
N160 Z−16.5； 　　　　　　　　　　精加工 φ120 外圆
N165 G02 X124 Z−18.5 R2 　　　　加工圆弧
N170 G01 X143； 　　　　　　　　　精修轴肩面
N180 X147 Z20.5； 　　　　　　　　倒角 C1
N190 G00 X160 Z100； 　　　　　　刀尖快速定位到 φ160 直径，距端面 100mm 处
N200 T0300； 　　　　　　　　　　清除刀偏
N210 M05；
N220 M02； 　　　　　　　　　　　程序结束

思考题与习题

6-1　简述数控车床的组成、作用和分类。

6-2　简述数控车床的加工对象。

6-3　简述数控车削刀具的要求及车刀的分类。

6-4　数控车削加工中心的切削用量指什么？车削用量的选择原则是什么？

6-5　什么是 F 功能、S 功能和 T 功能？

6-6　什么是预置工件坐标系（G54～G59）？

6-7　什么是绝对坐标方式与增量坐标方式？

6-8　指令 G90 后面的坐标值代表什么含义？

6-9　指令 G91 后面的坐标值代表什么含义？

6-10　快速定位指令 G00 的着眼点是在刀具运动之前还是在刀具运动之后？

6-11　直线切削指令 G01 是着眼于直线还是着眼于终点？

6-12　列写各倒角与圆角的编程格式。

6-13　何为单一固定循环指令？它包括哪些指令？各指令的编程格式是怎样的？

6-14　怎样理解复合循环切削？

6-15 螺纹加工中的问题是什么？

6-16 何为复合螺纹切削循环指令？

6-17 编写下图所示各零件的数控车削程序。

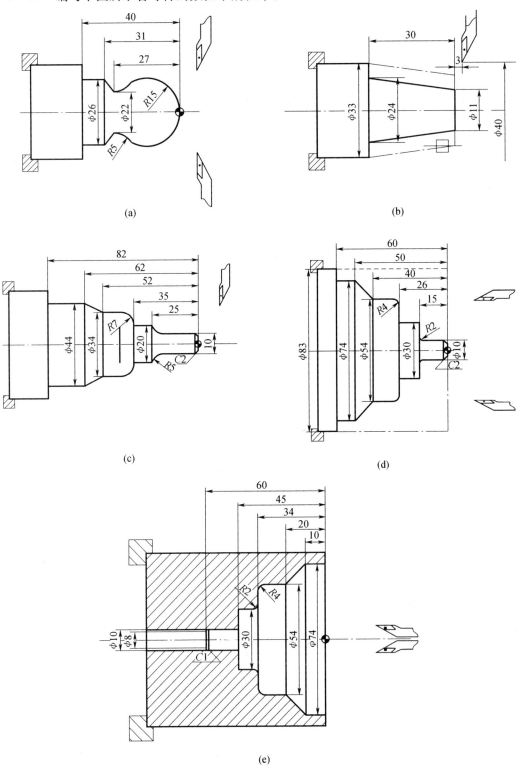

(a) (b) (c) (d) (e)

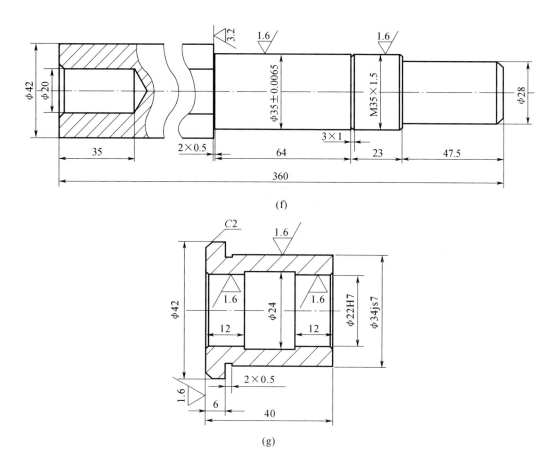

(f)

(g)

6-18 编写如下图所示零件的程序。要求：①车断面；②车外圆；③镗内孔及倒角；④车内螺纹；⑤切断。

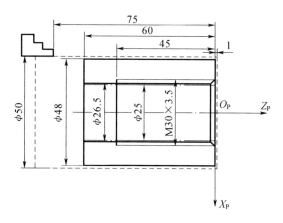

参 考 文 献

[1] 杨建明. 数控加工工艺与编程. 北京:北京理工大学出版社,2006.
[2] 李体仁,孙建功. 数控手工编程技术及实例详解. 北京:化学工业出版社,2008.
[3] 崔元刚. 数控机床技术应用. 北京:北京理工大学出版社,2006.
[4] 田坤,聂广华,陈新亚,等. 数控机床编程、操作与加工实训. 北京:电子工业出版社,2008.
[5] 张安全. 数控加工与编程. 北京:中国轻工业出版社,2009.
[6] 徐夏民,邵泽强. 数控原理与数控系统. 北京:北京理工大学出版社,2006.
[7] 顾京. 数控机床加工程序编制. 北京:机械工业出版社,2006.
[8] 任同. 数控加工工艺学. 西安:西安电子科技大学出版社,2008.
[9] 赵长明,刘万菊. 数控加工工艺及设备. 北京:高等教育出版社,2003.
[10] 朱晓春. 数控技术. 北京:机械工业出版社,2001.
[11] 全国数控培训网络天津分中心. 数控机床. 北京:机械工业出版社,1997.
[12] 于超,杨玉海,郭建烨. 机床数控技术与编程. 北京:国防工业出版社,2009.
[13] 胡占齐,杨莉. 机床数控技术. 北京:机械工业出版社,2003.